中国轻工业"十四五"规划教材

高等学校食品质量与安全专业适用教材

食品质量
与安全导论

刘玲　马良　主编

中国轻工业出版社

图书在版编目（CIP）数据

食品质量与安全导论 / 刘玲，马良主编. — 北京：
中国轻工业出版社，2024.6
ISBN 978-7-5184-4744-2

Ⅰ. ①食… Ⅱ. ①刘… ②马… Ⅲ. ①食品安全—质
量管理 Ⅳ. ①TS201.6

中国国家版本馆 CIP 数据核字（2024）第 064255 号

责任编辑：马　妍　巩孟悦
策划编辑：马　妍　　　　　责任终审：白　洁　　封面设计：锋尚设计
版式设计：砚祥志远　　　　责任校对：晋　洁　　责任监印：张京华

出版发行：中国轻工业出版社（北京鲁谷东街 5 号，邮编：100040）
印　　刷：北京君升印刷有限公司
经　　销：各地新华书店
版　　次：2024 年 6 月第 1 版第 1 次印刷
开　　本：787×1092　1/16　印张：14
字　　数：323 千字
书　　号：ISBN 978-7-5184-4744-2　定价：42.00 元
邮购电话：010-85119873
发行电话：010-85119832　010-85119912
网　　址：http://www.chlip.com.cn
Email：club@ chlip.com.cn

本书编写人员

主　编　刘　玲　沈阳农业大学
　　　　马　良　西南大学
副主编　叶淑红　大连工业大学
　　　　郭宇星　南京师范大学
　　　　钟　建　上海交通大学
参　编　(按姓氏笔画排列)
　　　　边媛媛　沈阳农业大学
　　　　沈昳潇　沈阳农业大学
　　　　贺　音　辽宁大学
　　　　赵　鑫　沈阳医学院
　　　　蒋东华　沈阳农业大学
主　审　董庆利　上海理工大学

前言 | Preface

食品质量与安全是食品科学与工程的重要分支学科，研究食品的营养、安全与健康的关系，食品安全标准及食品安全卫生质量管理等相关内容。食品质量与安全导论作为高等院校食品质量与安全专业的一门专业课程，对食品贮藏加工和食品质量安全控制起着引导和奠定基础的作用。通过对本书的学习，学生将对食品质量与安全知识有全面的认知，熟悉基本概念，了解食品质量与安全对于人类健康的重要作用、对环境的重要影响，明晰食品质量与安全同社会和谐、国家发展的重要联系，同时为全面系统学习食品质量与安全方面的专业知识奠定扎实的基础。

本教材主要特点如下：第一，以食品科学、预防医学和化学为基础，从食品质量与安全专业整体视角来设置内容，为专业学习搭建桥梁。第二，教材内容涉及食品质量管理、食品风险分析和控制、食品生产、食品营养等诸多领域，内容信息量大，涵盖多学科交叉知识。第三，导论内容为食品科学和生命科学领域的深入研究做铺垫，为食品质量与安全人才培养搭建知识和能力的框架，强化其承担的重要社会责任和需具备的家国情怀。本书适用于高等院校食品质量与安全、食品科学与工程、食品营养与健康等专业的教学，也适合于相关专业的本科和研究生对于食品质量与安全领域交叉学习的需要，同时可供食品工业及相关研究领域的科研人员、企事业管理者参考。

全书共八章，第一章由刘玲编写；第二章由叶淑红编写；第三章由马良、贺音编写；第四章由马良、贺音和刘玲编写；第五章由钟建、沈昳潇编写；第六章由蒋东华、边媛媛编写；第七章由郭宇星编写；第八章由赵鑫、郭宇星和刘玲编写。全书由刘玲和马良统稿，并对部分章节进行了修改。

上海理工大学董庆利教授、西南大学张宇昊教授、沈阳农业大学吴朝霞教授对本教材的编写提出了宝贵意见，在此一并感谢！

由于编者水平有限，本书难免有疏漏和不妥之处，敬请读者批评指正。

编者
2024 年 3 月

目录 | Contents

本书数字资源索引

资源名称	二维码	章节	页码	资源名称	二维码	章节	页码
食品质量与安全概念		第一章第一节	2	食品检验的内容		第五章第二节	109
食品安全强化措施		第一章第二节	4	食品检验技术方法		第五章第二节	110
食品中常见重金属的来源及危害		第二章第二节	30	食品安全风险分析的框架		第六章第一节	131
镉		第二章第二节	30	风险评估的步骤		第六章第二节	137
汞		第二章第二节	31	标准基本情况		第七章第一节	165
诺如病毒		第三章第三节	71	食品安全标准体系现状与发展		第七章第三节	178
姜片虫病		第三章第四节	73	主要食品安全控制体系及其关系		第八章第一节	189
食源性疾病的防控		第四章第一节	82	质量认证的分类及类别		第八章第二节	192
疯牛病		第四章第三节	90	质量认证的程序		第八章第二节	195
检验的一般要求		第五章第一节	100	食品安全追溯体系		第八章第三节	198
食品检验的分类		第五章第二节	103	食品安全预警技术		第八章第三节	202

第一章

CHAPTER

绪论

1

【学习要点】

1. 了解食品质量与安全的基本概念，熟悉食品质量与安全的内涵。

2. 了解我国食品质量与安全的现状和面临的主要问题，明确我国食品质量与安全的发展方向。

3. 了解食品质量与安全导论的学习内容。

食品质量与安全是关乎国计民生的重大问题。据国家统计局统计，2023 年，我国食品工业主要产品的产量如下：食用植物油 4897 万吨，鲜肉和冷藏肉 3923 万吨，乳制品 3054 万吨，软饮料 17499 万吨，白酒、啤酒和葡萄酒 4019 万吨。大量的食品需求，不仅反映出人民物质生活水平的提高，也带来了人们对食品安全的日益关注。食品，作为一个巨大的产业，不仅是社会和谐、公共安全的基石，更是国家的经济命脉。

中共中央、国务院高度重视食品安全工作，提出要始终坚持问题导向，牢固树立问题意识，在不断发现问题、解决问题中提高工作水平。党的十八届五中全会提出"实施食品安全战略"，二十大报告要求"强化食品药品安全监管"，可见食品安全已上升到国家战略高度。国家需要更多的学子投身到食品安全的研究中，需要更多的科研人员为食品安全的未来出谋划策。

第一节　食品与食品质量安全

一、食品的基本概念与功能

人类作为一种高级动物，以食物作为赖以生存的根本，此之谓"民以食为天"。人的身体需要食物中的营养成分和能量物质来参与机体的循环，从而维持人的正常生理功能。如果得不到足够的食物供应，会造成营养匮乏，严重时甚至造成疾病和死亡，所以没有食物就没有人类。

食物指一切生物为维持自身生理代谢而摄入的含有营养成分的物质，这与我们常说的食品不同，食品是指一切经过加工、可以入口食用的物质。食品重点在于"经过加工"，泛指一切人类的加工行为，包括饲养、种植、收集和采摘，侧重于感官和营养上具有功能。食品和食物两个概念的区别有时比较模糊，例如，野生山楂不是食品，只是食物，但被摘下来后就是食品，因为有采摘的过程。《中华人民共和国食品安全法》对食品的定义为：食品不仅指各种供人食用或者饮用的成品和原料，也包括按照传统既是食品又是中药材的物品，但是不包括以治疗为目的的物品。

（一）食品的基本功能

食品对人体的功能作用主要有两方面，即营养功能和感官功能，有的食品还具有调节功能。食品的营养功能是指食品能提供人体所需的营养素和能量，满足人体的营养需要，它是食品的主要功能。食品的感官功能是指食品能满足人们不同的嗜好要求，即对食品色、香、味、形和质地的要求。良好的感官性状能够刺激味觉和嗅觉，使味蕾兴奋，刺激消化酶和消化液的分泌，因而有增进食欲和稳定情绪的作用。食品的调节功能表示食品可对人体产生良好的调节作用，如调节人体生理节律，辅助提高机体的免疫力，降血压、降血脂、降血糖等功效。

食品应该安全、卫生、营养，并具有一定的感官特性，尽管这是对于食品的基本要求，但是目前有一些所谓的"食品"达不到这些基本条件。劣质食品可能引发重大安全问题，给国家和人民造成伤害，这样的事件敦促食品安全从业者加强自身学习，提高道德修养，遵守法规标准。

（二）食品的分类

食品有很多种分类方法，可以按照原料性质来分，也可以按照人类的饮食习惯、原料加工深度等来分。按照原料性质来分，可以分为植物类和动物类食品，动物类食品中包括水产品和畜禽产品；按照饮食习惯来分，分为主食类、副食类食品；按照加工深度来分，可以分为初加工、再加工和深加工食品等。

二、食品质量与安全内涵

（一）食品质量的概念

食品质量从广义讲是食品满足消费者需要的程度，即食品的适用性；狭义讲是食品针对其质量标准符合的程度，即食品的符合性。我们评价食品的质量应该以适用性为准，主要以食品食用中消费者对于其满意程度为依据。消费者通常了解的食品质量特性称为感官质量特性，如色泽、风味、质构等，同时有一些消费者无法直观评价的食品质量特性，被称为非直观性品质特性，如食品的安全、营养及功能特性等。

食品质量与
安全概念

（二）食品安全的概念

食品安全一般指食品无毒、无害，符合应当有的营养要求，对人体健康不造成任何急性、亚急性或者慢性危害。也就是说，这样的食品在规定的使用方式和用量的条件下长期食用，对食用者不产生可见的不良反应。这里所说的"不良反应"，可能是由于偶然摄入所导致的急性毒性，也可能是长期微量摄入所导致的慢性毒性，如致癌和致畸等。如果食品的种植、养殖、加工、包装、贮藏、运输、销售、消费等活动符合国家强制标准和要求，意味着在目前科学评价水平下，不存在可能损害或威胁人体健康、导致消费者病亡的隐患，也不可能存在危及消费者及其后代的有毒有害物质隐患。因此，确保食品安全既包括生产安全，也包括经营安全；既包括结果安全，也包括过程安全；既包括现实安全，也包括未来安全。食品安全是老百姓生存的最基本要求，也是涉及国家长治久安的重要因素。食品安全没有保证，人民群众的身体健康和生命安全就没有保证，和谐社会也无从谈起。

（三）食品质量与安全的内涵

质量是一个不断变化的概念，具有时代特征。一方面，人们常常根据自身在供应链中的角色不同而采用不同的标准来认识、评价质量，如生产者、营销者、消费者等对质量的理解和要求均有所不同；另一方面，质量的含义随着质量专业的发展和成熟而不断演变，在不同的历史时期给质量下的定义不一样，质量定义的内涵也不尽相同。传统意义上的食品质量主要着眼于食品的色、香、味、形态、质构和食品的组成，当代食品质量的概念已经扩展到食品的安全和营养等方面。它不仅包括食品的外观、口感、规格、数量、包装，同时也包括食品安全和营养。消费者和食品生产经营企业对食品供应商的要求，也可反映食品质量的内涵。

食品安全是个综合概念，涉及种植、养殖、加工、包装、贮藏、运输、销售、消费等环节。其内涵包括数量安全、质量安全、营养安全（营养均衡）及环境安全（可持续安全）。食品安全也是社会治理概念，不同国家以及不同时期，食品安全所面临的突出问题和治理要求有所不同。在发达国家，食品安全所关注的主要是因科学技术发展引发的问题，如转基因食品对人类健康的影响。在发展中国家，食品安全侧重的是市场经济发育不成熟引发的问题，如假冒伪劣、有毒有害食品的非法生产经营。我国的食品安全问题则包括上述全部内容。食品安全是企业和政府对社会最基本的责任和必须做出的承诺。食品安全与生存权紧密相连，具有唯一性和强制性，通常属于政府保障或者政府强制的范畴。

食品质量和食品安全，都是对食品的基本要求，二者不可分割也无法分割。我们不能认可高质量的食品存在安全风险；也不会接受安全食品缺乏色、香、味等质量要素。从食品安全管理体系与食品质量管理体系的发展过程分析，前者是在质量管理体系基础上形成的，后者是将食品质量的要求纳入质量管理体系而形成的，是质量管理体系在食品及其相关行业的细化与延伸。

第二节　我国食品质量安全状况与发展

党的十八大以来，我国食品安全形势稳定向好，这些进步得益于各方面共同的努力。随着《中华人民共和国食品安全法》（以下简称《食品安全法》）的颁布、实施和修订，以及国务院食品安全委员会、国家食品安全风险评估中心、国家市场监督管理总局等机构的成立，我国实施了一系列旨在保障食品安全的行动计划，逐步建立了较为完善的食品安全保障体系。2014年建立国家食品安全抽检制度以来，全国食品安全监督抽检合格率呈逐年上升趋势，从2017年到2021年已连续5年总体合格率在97%以上。我国食品安全标准体系初步形成，食品安全监管正在向统一集中的有效监管转变，食品安全监测能力显著提升，风险评估和风险交流已经实现了良好开局。

一、我国食品质量与安全存在的问题

虽然我国食品安全水平正在不断提升，但是我国食品安全治理体系仍然存在一些薄弱环

节，因此仍处于食品安全风险隐患凸显阶段。目前，我国食品安全面临的一些主要问题如下。

（一）法规标准和监管体系尚需进一步完善

尽管我国已对食品生产、流通和销售制定了相应的法律法规，但还不能够全面覆盖食品加工的全产业链。监管体系不完善，职能交叉、监管不力的情况还有发生。部门之间的协调性较弱，造成监管工作的成本较大。此外，由于监管人员有限，法规不够健全，使得监管力度不足，依然存在一些监管漏点。同时，黑心企业因违法成本不高、处罚不严而铤而走险。《食品安全法》出台后，国家和政府层面建立了比较完善的食品安全法律法规体系，但对于食品安全常态化问题，需要作出相应的监管规划。各监管部门之间需加强联系，确保职能分工明确、覆盖完整、信息对称。

（二）科技支撑和社会共治格局尚未形成

我国食品安全研究工作开展较晚，食品风险分析、过程追溯等方面的研究比欧美国家相对滞后。食品质量安全的评价和控制方法离不开大数据的收集、模型的建立和计算，这些研究需要食品科学、计算机科学、数学、信息学等多学科交叉完成。近年来，我国重大科技项目中对食品安全方面研究的科技支撑不断加强，但是研究成果还不足。目前，食品安全监管的宏观政策和运行机制把控还不够准确，部分地区人才缺乏，检测技术依然落后，难以满足监管的抽检需要，易于出现监查漏洞。因此，应在进一步提高人才培养质量的基础上，增强食品安全领域的科学研究水平，提高分析技术能力，加快技术研发速度。此外，食品安全监督管理不能仅依靠政府和监管机构，而需要动员全社会参与。社会共治是食品安全治理中提出的一个新理念。《食品安全法》在总则中明确了食品安全工作实行社会共治这样一个基本的原则，食品安全治理过程中调动政府、企业、消费者、社会公众全社会各个层面的积极性，由大家积极有序地参与共治工作，形成工作合力。

（三）不安全事件存在并导致消费者信心不足

近年来，食品安全恶性事件鲜有发生，但是安全问题依然存在。消费者对食品安全事件的担忧程度，一方面与事件本身的恶劣程度有关，另一方面也与消费者对于食品安全的认知程度有一定关系。消费者因食品知识储备差别较大，对于食品安全相关内容的理解也不尽相同。随着消费者对于食品安全关注度的提升，多数消费者对于食品的生产日期、新鲜程度和保质期有所了解，但是对于食品的营养成分、防伪标识、企业信息的关注度还不够，消费者对于影响食品安全的关键因素敏感度和鉴别能力还不足。反过来，当食品安全事件或者舆情出现时，部分消费者由于认知不足而容易受到严重的干扰，引发焦虑和恐慌心理。因此，在完善食品安全法规、增强食品安全监管力度的同时，加强公众的食品安全教育，提高食品安全知识的普及率非常重要。

二、我国现行的食品安全强化措施

（一）完善食品安全监管机制

2016年国务院政府工作报告中明确指出，"严守从农田到餐桌、从企业到医院的每一道防线，让人民群众饮食用药安全放心。"确保我国食品安全管理制度的完善是筑牢安全防线的基础，我国正在不断完善食品安全监督管理机制。对于一些地区监督管理机制不完善现状，需要依据地区特点改进并加以完善，实施协调统一的监督管理模式。同时，面对高端食品

食品安全强化措施

安全人才的缺乏和职责不清的问题，我国正在加速培养重大食品安全事故的预警、风险分析和应急处理方面的人才，建立相关标准的评价委员会，优化职责分工，努力减少监督管理漏点。

（二）建立全程监管的信息共享平台

由于食品质量安全涉及食品生产、加工、贮藏、运输、流通和消费等诸多环节，各个监督管理部门分别对食品各个阶段进行监督管理，容易形成"多头共管"的问题。为消除监督管理空隙，提高监督管理效率，打破重复监督管理的恶性循环，各职能部门在建立信息共享的全程食品安全监督管理体制的基础上，建立了信息合作共享为目的的信息沟通平台，初步形成了全方位的食品生产、加工、流通和消费环节的合作监管体制。

（三）加大对制假企业的违法惩罚力度

消费者因不符合食品安全标准的食品受到损害的，可以向经营者要求赔偿损失，也可以向生产者要求赔偿损失。接到消费者赔偿要求的生产经营者，实行首负责任制，先行赔付；属于生产者责任的，经营者赔偿后有权向生产者追偿；属于经营者责任的，生产者赔偿后有权向经营者追偿。生产不符合食品安全标准的食品或者经营明知是不符合食品安全标准的食品，消费者除要求赔偿损失外，还可以向生产者或者经营者要求支付价款十倍或者损失三倍的赔偿金；增加赔偿的金额不足一千元的，按一千元计。

（四）加强对企业和消费者的食品安全知识宣传

食品生产、流通和销售企业，需要加强管理人员和生产人员的责任意识，因此必须加强相关食品安全知识的培训。提升企业食品安全管理水平，要增强食品从业人员的责任意识、守法意识和诚信意识。2022 年 8 月，国务院食品安全委员会等 27 部门开展的全国食品安全宣传周活动，主题为"共创食安新发展，共享美好新生活"，旨在引导食品企业增强主体责任意识，加强生产经营过程质量安全控制，引领食品产业创新驱动、提档升级，发挥品牌效应，推动高质量发展。同时，食品安全部门和相关单位通过深入开展食品安全科普宣传、普及食品安全科学知识来引导群众自觉尊法守法，提高群众的维权能力和科学素养，提升食品安全社会共治能力。

三、食品质量与安全的发展方向

（一）以科技带动食品质量安全技术更新

我国政府正不断加大对科技的投入，确保食品质量的同时，使食品安全技术监控手段更先进、方法更完善。特别是以生物技术、智能技术、信息技术为代表的科技革命深入发展，为物联网、大数据、云计算等信息技术和高通量筛查、多残留速测等检测技术的应用提供了保障，更为创新食品质量安全管理模式，推进智慧监管、精准监管提供了有力的支撑。

（二）实现食品产业链的全程可追溯和预警

重大食品安全事件的发生对我国社会稳定和经济发展造成过巨大影响，因此在做好常规化食品安全监管的同时，建立完善的可追溯机制和重大事件预警机制，才能从根本上确保食品安全。当前，信息技术的条形码识别方式能够实现食品从原料端到销售端、监管端的全程可视、可控、可追溯。我国已经在部分农副产品（特别是有机食品）原料端和成品端实现了可追溯，未来将借助信息数据技术推动追溯技术的升级，实现产品生产流通的规范化，打通食品安全监管的全过程。安全预警制度是检测食品安全水平的重要指标和评价依据。安全预警需要建立在信息全面、灵敏、畅通的条件下，需要各监管部门协调统一反应。顺利运行食品安全预警体系体现出国家食品安全监管和应急管理机制的健全和通畅。

（三）食品安全管理的法律法规不断完善

2021 年 3 月，《中华人民共和国国民经济和社会发展第十四个五年规划和 2035 年远景目标纲要》明确提出，要严格食品药品安全监管，加强和改进食品药品安全监管制度，完善食品药品安全法律法规和标准体系，加强食品药品安全风险监测、抽检和监管执法。

四、食品质量与安全导论课程内容

（一）课程体系和主要内容

食品质量与安全导论是为高等院校食品类专业开设的前导课程。主要在食品质量与安全、食品科学与工程及相关专业开设，特别是在食品质量与安全专业中作为专业必修课程。食品质量与安全导论课程的先修课程包括数学、化学等基础课程；后续课程为食品类专业基础课和专业课，包括食品化学、食品生物化学、食品微生物学、食品工程原理、食品营养学、食品质量管理、食品法规标准、食品分析、食品风险评估、食品添加剂、食品工艺学等。食品质量与安全导论主要内容包括食品的危害因素、安全性评价、食品安全检测技术、控制技术及安全预警等，同时对国内外食品安全标准体系、食品安全法律法规及管理体系进行介绍。通过本课程的学习，学生对食品专业体系有全面概括的认识，明确食品质量安全与环境、人类健康、社会和经济发展之间的关系，为专业课程学习奠定基础。

（二）课程特色

食品质量与安全导论课程内容需要预防医学、营养学、毒理学、数学、化学等多个学科作为支撑，内容涉及食品质量管理、食品风险分析和控制、食品生产、食品营养等诸多领域，在食品科学和生命科学领域中发挥重要奠基作用，课程内容信息量大，内容涵盖范围广，体现多学科交叉的特点。

民以食为天，食以安为先。公众对于食品的要求早已不是为了解决温饱，而是追求营养和健康，这个目标实现的前提就是保障食品质量与安全。公众目前关注度最高的是安全的、营养均衡的食品，对于任何食品安全事件几乎是零容忍，因此，食品安全监管，完善的法规和预警体系的建设是未来需要优先发展的领域。食品质量与安全导论将聚焦于推介高水平科技在食品安全监管、检测和风险预警中的应用，为食品类专业课程提供更全面的引导。

思政案例：从食品监管的"四个最严"看我国政府维护人民食品安全的决心

食品安全关系人民群众身体健康和生命安全，关系中华民族的未来。2013 年，针对食品药品安全监管，"四个最严"要求首次提出，即"最严谨的标准、最严格的监管、最严厉的处罚、最严肃的问责"。2019 年 5 月，《中共中央、国务院关于深化改革加强食品安全工作的意见》对"四个最严"具体内容进行说明，精简解读为：

建立最严谨的标准，立足国情、对接国际，加快制修订食品安全通用标准，加快制修订食品安全基础标准、产品标准、配套检验方法标准。对食品安全标准的使用进行跟踪评价，充分发挥食品安全标准保障食品安全、促进产业发展的基础作用。

实施最严格的监管，包括严把产地环境安全关、严把农业投入品生产使用关、严把粮食收储质量安全关、严把食品加工质量安全关、严把流通销售质量安全关、严把餐饮服务质量安全关。

实行最严厉的处罚，修订食品安全法及其配套法规制度，修订完善刑法中危害食品安全犯罪和刑罚规定，推动危害食品安全的制假售假行为"直接入刑"。严厉打击违法犯罪，落实"处罚到人"要求，对违法企业、主要负责人等严厉处罚，大幅提高违法成本，实行食品行业终身禁业处罚。严厉打击刑事犯罪，影响恶劣的危害食品安全刑事案件依法从重判罚。建立全国统一的食品生产经营企业信用档案，加大对失信人员联合惩戒力度。

坚持最严肃的问责，完善对地方党委和政府食品安全工作评议考核制度，将食品安全工作考核结果作为干部奖惩和使用、调整的重要参考。严格责任追究，给国家和人民利益造成严重损害的，依规依纪依法追究相关领导责任。对监管工作中各种失职失责、不作为等行为依规依纪依法追究相关人员责任，对参与、包庇、放纵危害食品安全违法犯罪行为等依法从重追究法律责任。

以四个"最严"为主线，强化了涵盖生产、销售、贮藏、包装等关键环节的食品相关产品生产全过程控制。可以看出，我国政府为了确保人民"舌尖上的安全"，大力督促企业落实食品安全主体责任，强化属地监管人员的监管责任，加强食品相关产品质量安全监督管理，由此已经取得了瞩目的成果。我们相信，保障人民身体健康和生命安全是政府为人民服务的最有力体现。

🔍 **思考题**

1. 请通过查阅文献或实际调查，谈谈我国目前食品质量安全面临的主要问题并提出解决方案。

2. 根据食品质量与安全导论的主要内容，谈谈你认为课程对未来学习的作用。

3. 谈谈你对食品质量与安全未来发展的认识。

第二章

影响食品安全的天然有害物质
和化学污染物

【学习要点】

1. 了解原料中天然有毒有害物质，识别中毒症状并掌握预防措施。

2. 了解常见农用投入品、重金属污染的来源、污染途径及防治措施；了解常见农药、兽药、重金属的性质，明确农兽药残留和重金属污染对人体造成的危害。

3. 了解食品在生产及运输过程中环境污染物的主要来源；明确不同污染过程的成因及其危害；掌握减少或避免食品污染的方法。

4. 了解食品加工过程中形成的毒性物质以及食品包装材料的安全性；明确食品包装材料中潜在有毒物质的迁移；掌握食品加工过程中毒性物质的特征分类、污染来源、危害途径与危害性评价。

食品中含有对健康有潜在不良影响的生物、化学或物理有害物质，危害着食品安全。本章介绍食品原料中的天然有害物质和食品中的化学污染物质。这些有毒有害物质需要通过先进的检测方法发现和分析，因此从事食品质量与安全的专业人员需要熟悉和深入研究食品在原料生长、加工、贮藏、运输和销售等环节中存在的有害物质，从而确保食品的安全，保障人民的健康。

食品中的天然有害物质指某些食品本身所固有或由于贮存条件不当形成，对人体健康产生不良影响的一些物质。这些不良影响轻重表现不同，或降低食物的营养价值，或导致人体代谢的紊乱，或引起食源性疾病如食物中毒，有些还可产生致突变、致畸及致癌反应。这些有害物质主要存在于植物性食品中，在动物性食品中则多集中于海产鱼贝类食物。

食品中的化学性污染主要来自农用化学物质、食品添加剂、食品包装材料以及环境中的重金属污染物等。化学性污染导致的健康危害可以是急性中毒和死亡，更多的是长期的、慢性的影响，包括损害人体的神经系统、内分泌系统、生殖系统、消化系统、泌尿系统以及免疫系统等，引起各种慢性疾病或免疫力低下。这种损害过程较为缓慢，短时间内症状不是很明显，容易被人们所忽视，且有可能致突变、致癌、致畸，潜在的危害性很大。

第一节　原料中的天然有害物质

很多动植物体内存在少量的天然有害物质，这些动植物被人食用后可能引起食物中毒，甚至危及食用者的生命安全。

含有天然有害物质的动植物及菌类种类很多，但与人类食品安全关系密切的主要有菜豆、蚕豆、黄豆、木薯、发芽马铃薯、荞麦花、鲜黄花菜、芥菜、白果等植物和河豚、鲀鱼、青鱼、鳕鱼、文蛤、纹螺等动物以及毒蕈等。这些动植物及菌类原料作为食物来源或加工成为食品，如处理不当或误食极易造成食物中毒，甚至死亡，对食品安全影响极大。毒蕈、毒麦、毒芹、相思豆、有毒贝类和甲状腺、肾上腺、病变淋巴结等不能食用，其他绝大多数含毒动植物经正确加工，去除有毒部分或成分后仍可以正常食用。

一、植物性食品中的天然有害物质

植物不仅是人类粮食、蔬菜和水果的来源，也是许多动物赖以生存的饲料来源。世界上有30多万种植物，但可用作人类食物的植物不过数百种，这在很大程度上是由于植物体内的天然有害物质限制了它们的应用。目前，中国有毒植物约1300种，分属140个科。即使在可食用的植物中，有些也含有天然有毒物质。植物中天然有毒物质是指有些植物中存在的、对人体健康有害的非营养性天然物质成分，或因贮存方法不当在一定条件下产生的某种有毒成分。这些物质在植物中的含量虽然很少，却严重影响了食品的安全性，因而在食品加工和日常生活中应引起人们的足够重视。

（一）苷类

苷类又称糖苷，是糖分子中的半缩醛羟基和非糖化合物分子（醇、酚、固醇或碱基）中的羟基、氨基或巯基缩合而成的、具有环状缩醛结构的化合物，广泛分布于植物的根、茎、叶、花和果实中。苷类一般味苦，可溶于水和醇类，易被酸或酶水解，水解的最终产物为糖及苷元（配糖体）。由于苷元的化学结构不同，所以植物中苷的种类有多种，其中部分苷类，如氰苷、硫苷和皂苷有毒性，常常引起人的食物中毒。

1. 氰苷

（1）特性与中毒症状 氰苷（cyanogenic glycosides）是由氰醇衍生物的羟基和D-葡萄糖缩合形成的糖苷，常存在于豆科、蔷薇科、稻科等万余种植物中，在木薯、杏仁和亚麻籽等食用植物中广泛存在。氰苷类物质可水解生成高毒性的氢氰酸，长期食用会危害人体健康。与食物中毒有关的氰苷化合物主要有苦杏仁苷（amygdalin）、亚麻仁苦苷（linamarin）和洋李苷（prunasin）等。常见食源性植物中的氰苷如表2-1所示。

表2-1　　　　　　　　　　　常见食源性植物中的氰苷

氰苷种类	存在植物	水解产物
苦杏仁苷	杏、苹果、梨、桃、樱桃、李、海棠等	龙胆二糖、氢氰酸、苯甲醛
亚麻仁苦苷	木薯、菜豆、亚麻仁	D-葡萄糖、氢氰酸、丙酮
洋李苷	蔷薇科植物	葡萄糖、氢氰酸、苯甲醛
荚豆苷	野豌豆属植物	荚豆二糖、氢氰酸、苯甲醛
蜀黍苦苷	高粱及其他禾本科植物	D-葡萄糖、氢氰酸、对羟基苯甲醛

在氰苷中苦杏仁苷（图 2-1）和亚麻仁苦苷（图 2-2）毒性大、分布广且含量高。氰苷的毒性主要来自其水解后产生的氢氰酸和醛类化合物。氰苷的急性中毒症状有口中苦涩、头痛、头晕、恶心、呕吐、心悸、脉搏频率加快以及四肢无力等。重症患者表现为胸闷、呼吸困难、意识不清、心律失常、肌肉麻痹、昏迷、四肢冰冷和全身阵发性痉挛等，最后可因呼吸麻痹或心跳停止而死亡。

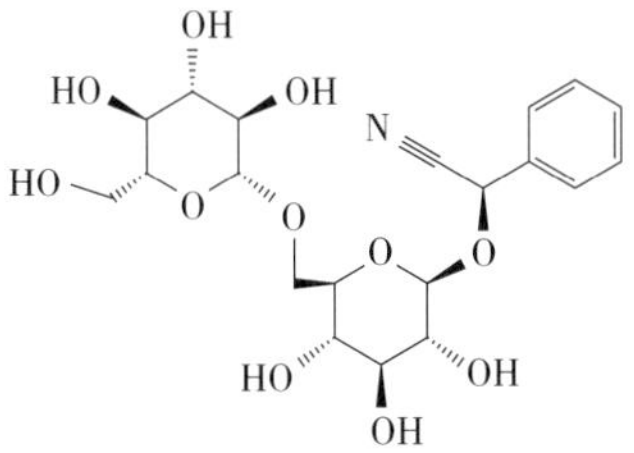

图 2-1　苦杏仁苷的分子结构 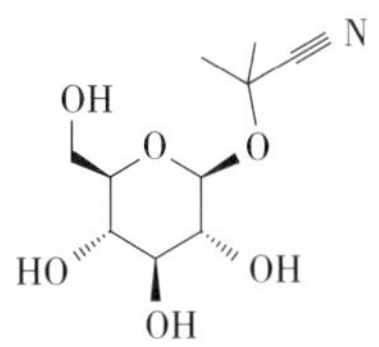　　　　图 2-2　亚麻仁苦苷的分子结构

木薯是世界三大薯类之一，广泛栽培于热带和部分亚热带地区。全世界有 8 亿人将木薯作为主要营养来源。在非洲和南美洲等一些以木薯为主食的地区多发热带神经性共济失调症，该病表现为视神经萎缩、共济失调和思维紊乱；还有热带性弱视疾病，该病症为视神经萎缩并导致失明。木薯中毒原因是木薯中亚麻仁苦苷转化为氢氰酸而致毒，生食或食入未煮熟的木薯及其薯汤导致生病。早期症状为胃肠炎，严重者出现呼吸困难、躁动不安、瞳孔散大，甚至昏迷，最后可因抽搐、缺氧、休克或呼吸衰竭而死亡。

（2）预防及救治措施　氰苷有较好的水溶性，水浸可去除产氰食物的大部分氰苷。杏仁等核仁类食物及豆类在食用前大都需要较长时间的浸泡和晾晒。木薯切片，用流水研磨可除去其中大部分氰苷和氢氰酸。发酵和煮沸同样用于木薯粉的加工。尽管如此，一般的木薯粉中仍含有相当量的氰化物。

氰化物导致的视神经损害通常只见于营养不良人群。如果膳食中有足够多的碘，由氰化物引起的甲状腺肿现象就不会出现。目前认为改变饮食中的某些成分可避免慢性氰化物中毒。膳食中缺乏硫可降低动物对氰化物的去毒能力，长期食用蛋白质含量低而氰化物含量较高的食物，会加重硫缺乏。因此，食用含氰苷的食物不仅可直接导致氰化物中毒，还可间接造成特征性蛋白质的营养不良症。

预防苦杏仁等果仁中毒的具体措施包括：不要让儿童生食各种核仁，尤其是苦杏仁与苦桃仁；用苦杏仁治疗疾病，必须遵照医生处方；用杏仁加工食品时，应反复用水浸泡、炒熟或煮透，充分加热，并敞开锅盖充分挥发而除去毒性；切勿食用干炒的苦杏仁；苦杏仁苷经加热水解生成的氢氰酸可挥发除去。

预防木薯中毒的具体措施包括：不能生吃木薯，必须加工去毒后食用；加工木薯时应去皮，注意勿喝煮木薯的汤，不空腹食用木薯，一次也不宜多食，否则均有中毒的危险；木薯加工方法有切片水浸晒干法、熟薯水浸法以及干片水浸法等。

2. 硫苷

（1）特性与中毒症状　硫苷（glucosinolate）（图 2-3）又称硫代葡萄糖苷、芥子苷，是一类含氮、硫的植物次生代谢产物。在植物中已知有 120 多种天然存在的硫苷，主要存在于十字

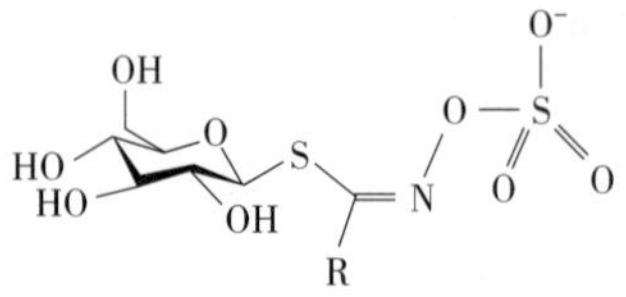

图2-3　硫苷的分子结构

花科植物中，如卷心菜、西蓝花、萝卜和芥菜的植株及种子中，是引起菜籽饼中毒的主要有毒成分。人或家畜食用处理不当的卷心菜或其菜籽饼，容易引起中毒。硫苷除了具有抗甲状腺功能之外，水解后导致植物具有刺激性气味。

目前对于长期低剂量食用硫代葡萄糖苷及其分解产物所造成的后果还所知甚少。一些体内实验表明，一种黑芥子苷（芥菜中的硫代葡萄糖苷）的水解产物异硫氰酸烯丙酯对大鼠有致癌作用，能使人皮肤发红、发热，甚至起水泡。异硫氰酸烯丙酯能抑制碘吸收，具有抗甲状腺作用。食用有毒的菜籽饼可引起甲状腺肿大，生物代谢紊乱，抑制机体生长发育，出现中毒症状，如精神萎靡、食欲减退、呼吸先快后慢、心跳慢而弱，并伴有胃肠炎、血尿等症状，严重者可死亡。

（2）去除硫苷的措施　140~150℃加热数分钟或70℃加热1h，利用强蒸气流高温湿热处理，破坏芥子苷酶活力；采用微生物发酵法去除硫苷是目前研究较多且比较提倡的方法。

3. 皂苷

（1）特性与中毒症状　皂苷（saponin）（图2-4）又称皂素，是以三萜或螺旋甾烷类化合物为皂苷配基，通过3-β-羟基与低聚糖糖链缩合而成的糖苷。其水溶液能形成持久大量泡沫，酷似肥皂，故名皂苷。

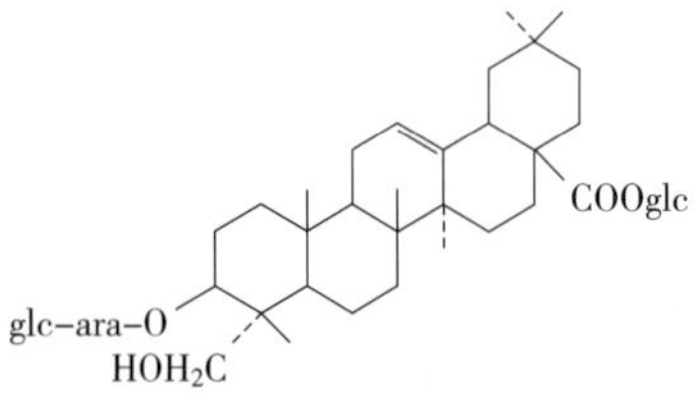

图2-4　皂苷的分子结构

皂苷大多数为白色或乳白色的无定形粉末，仅少数为结晶，多有苦味和辛辣味，其粉末对人体黏膜有强烈刺激性。皂苷可溶于水，易溶于热水、热甲醇、热乙醇中，在含水丁醇或戊醇中的溶解度较好，几乎不溶或难溶于乙醚、苯等极性小的有机溶剂。

皂苷主要存在于陆地高等植物中，如豆科、五加科、蔷薇科、菊科、葫芦科、苋科植物，也少量存在于海星和海参等海洋生物中。含有皂苷的食用植物主要是菜豆和大豆。皂苷具有溶血作用，它不被胃肠吸收，一般不发生吸收性中毒。但皂苷对胃肠有刺激作用，大量服用时可引起中枢神经系统紊乱，也可引起急性溶血性贫血，对冷血动物有极大的毒性。大豆皂苷大多数经口摄入后不呈现毒性。桔梗皂苷具有强烈的黏膜刺激性，具有一般皂苷所具有的溶血作用，但经口服溶血现象较少发生。

烹调不当、炒煮不够而未熟透的菜豆、大豆等豆类及其豆乳中含有的皂苷对消化道黏膜有强烈刺激作用，很容易产生一系列肠胃刺激症状而引起中毒。

（2）预防及救治措施　菜豆等豆类充分炒熟、煮透，最好是炖食，以破坏其中所含有的全部毒素；炒时应充分加热至青绿色消失，无豆腥味，无生硬感，勿贪图其脆嫩口感；不宜水焯后做凉拌菜，如做凉菜必须煮 10min 以上，熟透后才可拌食；应注意煮生豆浆时防止"假沸"现象。

4. 其他有毒苷类

芦荟苷（aloin，barbaloin）又称芦荟素、芦荟大黄素苷，存在于库拉索芦荟、好望角芦荟等芦荟中，黄色或淡黄色结晶粉末。略带沉香气味，味苦，易溶于吡啶，溶于冰乙酸、甲酸、丙酮、乙酸甲酯以及乙醇等。

根据《中国有毒植物》记载，芦荟全株汁液有毒，口服中毒会引起恶心、呕吐、腹泻、腹痛、血便、里急后重，并可损害肾脏，引起蛋白尿、血尿。有研究表明，芦荟对肠黏膜有较强的刺激作用，可引起明显的腹痛及盆腔充血。毒理学体外实验表明，芦荟苷可引起细菌、哺乳动物细胞基因突变，因为芦荟苷被氧化以后，转化为芦荟大黄素，而芦荟大黄素结构与大黄素相似，含有已知诱变剂 1，8-二羟基蒽醌结构，有致癌和肾损伤危险性。在临床上观察到，有少数人由于便秘或基于美容等原因，长期食用含有蒽醌成分的植物产品而出现了大肠黑变病。大肠黑变病与结肠癌有关，但到目前为止，还没有足够的科学依据证实二者的必然关联。

目前尚无芦荟苷长期食用安全剂量的毒理学研究资料。2009 年，卫生部等六部局发出《关于含库拉索芦荟凝胶食品标识规定的公告》，强调芦荟产品中仅有库拉索芦荟凝胶可以被用于食品生产加工；添加库拉索芦荟凝胶的食品必须标注"本品添加芦荟，孕妇与婴幼儿慎用"字样，并应当在配料表中标注"库拉索芦荟凝胶"。

（二）生物碱

生物碱（alkaloids）是一类含氮的碱性有机化合物，主要存在于双子叶植物中，如毛茛科、罂粟科、茄科、夹竹桃科、芸香科、豆科植物。生物碱的种类很多，已发现的就有 2000 种以上，分布于 100 多个科的植物中。不同种类生物碱的生理作用差异很大，引起的中毒症状各不相同。食用植物中的生物碱主要为龙葵碱（solanine）、秋水仙碱（colchicine）及吡咯烷生物碱（pyrrolizidine alkaloids）。其他常见的有毒生物碱有烟碱、吗啡碱、罂粟碱、麻黄碱、黄连碱和颠茄碱等。

生物碱大多数有复杂的环状结构，氮素多包含在环内。大多数生物碱为无色味苦的结晶形固体，少数为有色晶体或为液体。游离的生物碱难溶于水，而易溶于乙醇、乙醚、氯仿等有机溶剂中。生物碱有显著的生物活性，如镇痛、镇痉、镇静、镇咳、收缩血管、兴奋中枢、兴奋心肌、散瞳和缩瞳等作用，是中草药中重要的有效成分之一。

1. 龙葵碱

（1）特性与中毒症状　龙葵碱（图 2-5）又称茄碱或龙葵素，最早从龙葵（*Solanum nigrum*）中分离出来。龙葵碱是一类由葡萄糖残基和茄啶组成的弱碱性糖苷。龙葵碱广泛存在于马铃薯、番茄及茄子等茄科植物中。马铃薯中的龙葵碱含量随品种和季节不同而不同。在贮藏过程中龙葵碱含量逐渐增加，主要集中在芽眼、表皮的绿色部分，其中芽眼部位约占生物碱总量的 40%。发芽、表皮变青和光照均可使马铃薯中龙葵碱的含量增加数十倍，可高达 5000mg/kg，远超过安全标准。

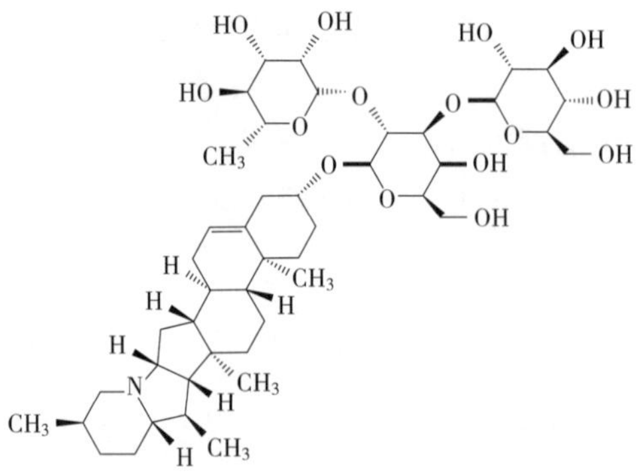

图 2-5　龙葵碱的分子结构

龙葵碱有较强的毒性，对胃肠道黏膜有较强的刺激作用，对呼吸中枢有麻痹作用，并能引起脑水肿、充血，进入血液后有溶血作用。此外，龙葵碱的结构与人类的类固醇激素如雄激素、雌激素、孕激素等性激素相类似，孕妇若长期大量食用龙葵碱含量较高的马铃薯，蓄积在体内对胎儿会产生致畸效应。

发芽和变绿色的马铃薯可引起食物中毒，潜伏期多为 2~4h。开始为咽喉抓痒感及灼烧感，并伴有上腹部灼烧感或疼痛，其后出现胃肠炎症状，如恶心、呕吐、呼吸困难、急促，伴随全身虚弱和衰竭，腹泻导致脱水、电解质紊乱和血压下降。轻者 1~2d 自愈，重症者可因心脏衰竭、呼吸麻痹而致死。

（2）预防及救治措施　马铃薯中毒绝大部分发生在春季及夏初季节。因此，要加强对马铃薯的贮藏，防止发芽是预防中毒的根本保证。此外，要禁止食用发芽的、皮肉青紫或腐烂的马铃薯。少许发芽未变质的马铃薯，可以将发芽的芽眼彻底挖去，将皮肉青紫的部分削去，然后在冷水中浸泡 30~60min，使残余毒素溶于水中，然后清洗。烹调时加食醋，充分煮熟后再食用。通过加热和加醋处理可加速龙葵碱的分解，使之变为无毒。但是以上做法不适用于发芽过多及皮肉大部分变紫的马铃薯。马铃薯中毒后应立即催吐洗胃；轻度中毒可多饮糖盐水补充水分，并适当饮用食醋水以中和龙葵碱；剧烈呕吐、腹痛者及严重者需要送医院治疗和抢救。

2. 秋水仙碱

（1）特性与中毒症状　秋水仙碱（图 2-6）又称秋水仙素，是不含杂环的生物碱，因最初从百合科植物秋水仙（*Colchicum autumnale*）中提取出来而得名。秋水仙碱为灰黄色针状结晶体，易溶于水，对热稳定，煮沸 10~15min 即可充分破坏。其本身并无毒性，但当它进入人

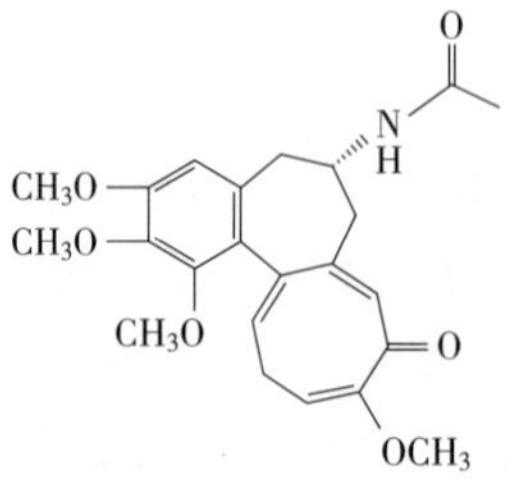

图 2-6　秋水仙碱的分子结构

体并在组织间被氧化后，会迅速生成毒性较大的二秋水仙碱。二秋水仙碱是一种剧毒物质，对人体胃肠道、泌尿系统和呼吸系统具有毒性并产生强烈刺激作用；常见恶心、呕吐、腹泻、腹痛、胃肠反应是严重中毒的前驱症状，严重的则会有肌肉疼痛无力、手指脚趾麻木、不正常的瘀伤或者流血等症状；肾脏损害可见血尿、少尿，对骨髓有直接抑制作用，可引起粒细胞缺乏、再生障碍性贫血等。

一般认为秋水仙碱主要存在于鲜黄花菜等植物中。黄花菜是多年生百合科草本植物，因其肥嫩的花蕾鲜美可食，晒干后形似金针，所以又称金针菜。据《本草纲目》记载，其"性味甘凉，无毒、解烦热、利胸膈，安五脏，煮食治小便赤涩"，清代著名的园艺学家陈淏子在我国重要的园艺学古籍《花镜》里明确指出萱草花"食之杀人"。1978—2021 年 40 多年间，我国共报道了约 33 起食用新鲜黄花菜导致腹泻的事件，超过 860 人出现严重腹泻的症状。

近年来，关于黄花菜因秋水仙碱引发中毒的问题存在一定争议。湖南农业大学曾建国教授及其团队的研究发现，无法从黄花菜中检测到秋水仙碱的存在，黄花菜中也不存在合成秋水仙碱的功能基因；山西农业大学邢国明教授和中国农业大学李景明教授发布了 25 项大同黄花菜研究阶段性成果，其中研究表明，新鲜黄花菜不含秋水仙碱。从这些新的研究成果来看，黄花菜中毒的原因与秋水仙碱是否相关还需要进一步检测分析与毒理评价等。

（2）预防及救治措施　最好食用黄花菜干制品。食用鲜黄花菜时需做烹调前的处理，制作鲜黄花菜必须加热至熟透再食用，且烫泡过鲜黄花菜的水不能食用。要控制摄入量，避免食入过多引起中毒。发生鲜黄花菜中毒时，应立即洗胃，并对症治疗。

3. 吡咯烷生物碱

吡咯烷生物碱是存在于多种植物中的一类结构相似的物质，其中包括千里光属、天芥菜属等许多可食用的植物。许多含吡咯烷生物碱的植物也被用作草药和药用茶，如日本居民常饮的雏菊茶中就富含吡咯烷生物碱。目前，各种植物中分离出的吡咯烷生物碱有 100 多种。

研究发现许多种吡咯烷生物碱对实验动物是致癌物。吡咯烷生物碱的致癌性和诱变性取决于其形成最终致癌物的形式。吡咯烷核中的双键是其致癌活性所必需的，该位置是形成致癌环氧化物的关键。除环氧化物可发生亲核反应外，在双键位置上产生脱氢反应生成的吡咯环也可发生亲核反应，从而造成遗传物质 DNA 的损伤和癌变的发生。

4. 茶碱

茶碱是茶叶和咖啡中含的一种生物碱，为可可碱（theobromine）的异构体。茶碱为白色结晶性粉末，味苦、无臭，在空气中稳定，微溶于冷水、乙醇、氯仿，难溶于乙醚，稍溶于热水，易溶于酸和碱溶液。茶碱具有松弛平滑肌、兴奋心肌以及利尿的作用。

茶碱是一种中枢神经兴奋剂，能引发大脑神经兴奋和心脏机能亢进，但是过量食用容易引起"茶醉"，表现为血液循环加速、呼吸急促，并能引起一系列不良反应，如造成人体内电解质平衡紊乱，进而使人体内酶的活性不正常。人的体质有差异，有些人对于茶碱敏感度高，连喝几杯浓茶后可能出现过敏、失眠、头痛、恶心等现象，严重者甚至出现心律失常、惊厥、抽搐等，出现这类情况应当立即送医院抢救。

（三）毒蛋白、毒肽和有毒氨基酸

植物中天然存在一些肽类和蛋白质类化合物，具有特殊的生物活性或强烈的毒性。通常将这些具有一定毒性的肽类和蛋白质类化合物分别称为毒肽和毒蛋白。还有些氨基酸不是组成一般蛋白质的成分，称为非蛋白质氨基酸。在正常情况下，动物机体中不存在这些氨基酸，一旦它们被摄入后，由于这些"异常"氨基酸与正常的氨基酸的化学结构类似，可成为后者的抗代谢物，从而引起多种类型的毒性作用。

1. 外源凝集素

（1）特性与中毒症状　外源凝集素（lectins）是植物合成的一类对红细胞有凝聚作用的糖蛋白。因其在体外有凝集红细胞的作用，故又称植物性血细胞凝集素（hemagglutinins）。外源凝集素是豆类和某些植物种子（如蓖麻）中含有的一种有毒蛋白质。外源凝集素广泛存在于800多种植物（主要是豆科植物）的种子和荚果中，其中有许多种是人类重要的食物原料，如大豆、菜豆、刀豆、豌豆、小扁豆、蚕豆和花生等。此外，蓖麻籽中也含有大量外源凝集素。

外源凝集素摄入后与肠道上皮细胞结合，减少了肠道对营养素的吸收，从而造成动物营养素缺乏和生长迟缓。各种外源凝集素的毒性不同，有的仅影响肠道对营养素的吸收，有的大量摄入可以致死（如蓖麻籽中的毒蛋白）。但是它们在加热后都可以解除毒性，因为它们都是蛋白质，加热会使其凝固而失去毒性。含有凝集素的食品在生食或烹调不充分时，不仅消化吸收率低，而且还可以使人恶心、呕吐，造成中毒，严重时可致人死亡。

（2）预防与救治措施　外源凝集素不耐热，受热很快失活，因此豆类在食用前一定要彻底加热。外源凝集素中毒症状轻者不需治疗，症状可自行消失；重者应对症治疗。

2. 酶抑制剂

酶抑制剂（enzyme inhibitor）是一类可以结合酶并降低其活性的分子。酶抑制剂常存在于豆类、谷类、马铃薯等食物中。比较重要的有胰蛋白酶抑制剂和淀粉酶抑制剂两类，前者在豆类和马铃薯块茎中较多，后者见于小麦、菜豆、芋头、生香蕉、芒果等食物中。其他食物如茄子、洋葱等也含有此类物质。

在豆类、棉籽、花生、油菜籽等90余种植物源性食物中，特别是豆科植物中含有能抑制胰蛋白酶、糜蛋白酶、胃蛋白酶等13种蛋白酶的特异性物质，统称为蛋白酶抑制剂（protease inhibitor）。其中最重要的是胰蛋白酶抑制剂，其次是糜蛋白酶抑制剂。

3. 有毒氨基酸及其衍生物

有毒氨基酸及其衍生物主要有 β-氰基丙氨酸、刀豆氨酸和 L-3,4-二羟基苯丙氨酸等，主要存在于刀豆和青蚕豆等中。其中 β-氰基丙氨酸存在于蚕豆中，是一种神经毒素。刀豆氨酸能阻抗体内的精氨酸代谢，加热14~45min 可破坏大部分刀豆氨酸。L-3,4-二羟基苯丙氨酸能引起急性溶血性贫血症。过多地摄食青蚕豆（无论煮熟或是去皮与否）可能导致中毒。

（四）酶类

某些植物中含有对人体健康有害的酶类，能够分解维生素等人体必需营养成分或释放出有毒化合物。如蕨类植物中的硫胺素酶，可破坏动物体内的硫胺素，引起人的硫胺素缺乏症；豆类中的脂肪氧化酶可氧化降解豆类中的亚油酸、亚麻酸，产生众多的降解产物。现已鉴定出近百种降解产物，其中许多成分可能与大豆的腥味有关，从而产生了有害物质。此外，大豆脂肪氧化酶还能破坏胡萝卜素，食用未经热处理的大豆可使人体血液和肝脏中的维生素 A 含量降低，从而降低了大豆的营养价值。

（五）亚硝酸盐

叶菜类蔬菜如韭菜、菠菜、小白菜等可主动富集土壤中的硝酸盐，其硝酸盐含量明显高于谷类。叶菜类蔬菜中的硝酸盐在一定的条件下可还原成具有毒性的亚硝酸盐。

亚硝酸盐是一种强氧化剂，可导致人的机体缺氧，引起青紫、呼吸困难、昏迷、血液循环衰竭等症状。叶菜类蔬菜中富含的硝酸盐会在某些还原菌，如大肠杆菌、枯草杆菌、沙门氏菌作用下，被还原成毒性亚硝酸盐。还原作用通常容易发生在腐烂的蔬菜、变质的腌制蔬菜及烹调后存放过久的蔬菜中。此外，短时间内大量食用新鲜叶菜类蔬菜如菠菜、小白菜等也会引起亚硝酸盐中毒。如果病人胃肠功能紊乱，肠道菌群结构发生变化，导致硝酸盐还原菌比例增加，也可短时间内产生大量亚硝酸盐，随血液循环引起机体中毒。

（六）毒酚类

酚类物质具有很多优点，在食品中作为抗氧化活性物质。但是部分有毒的酚类可能抑制酶作用、伤害组织、改变生殖模式及妨碍生长等，严重者可能造成死亡，因此对于生物具有毒性或抑制性。毒酚以棉籽中的棉酚（gossypol）为代表。

（1）棉酚特性与中毒症状 棉酚是锦葵科植物草棉、树棉或陆地棉成熟种子、根皮中提取的一种多元酚类物质。棉籽中的棉酚存在于棉花的叶、茎、根和种子中，其中棉籽含游离棉酚 0.15%～2.80%。在棉籽饼与粗制棉籽油中游离棉酚的含量均较高。当棉籽油中含有 0.05% 游离棉酚时对动物的健康是有害的，高于 0.15% 时则可引起动物严重中毒。生棉籽榨油时棉酚大部分转移到棉籽油中，毛棉籽油含棉酚量可达 1.0%～1.3%。因此，食用含棉酚较多的毛棉籽油后会引起中毒。棉酚有较强的毒性，可使生殖系统受损而影响生育能力。棉酚急性中毒潜伏期短者 1～4h，一般 2～4d，长者 6～7d。慢性中毒初期主要表现为皮肤潮红干燥，日光照射后更明显。女性和青壮年发病率高，治疗不及时可引起死亡。

（2）预防及控制棉酚中毒的措施 因治疗棉酚中毒无特效解毒剂，因此需要加强宣传教育，做好预防工作。在产棉区要宣传生棉籽油的毒性，勿食毛棉籽油。榨油前，必须将棉籽粉碎，经蒸炒加热脱毒后再榨油；榨出的毛油再加碱精炼，则可使棉酚逐渐分解破坏；生产厂家的质检部门应对棉籽油中的游离棉酚进行严格检验，产品符合 GB 8955—2016《食品安全国家标准 食用植物油及其制品生产卫生规范》。GB 2716—2018《食品安全国家标准 植物油》增加了煎炸过程中棉籽油的游离棉酚的限量为 200mg/kg，将食用植物油中游离棉酚的限量由 0.02% 修改为 200mg/kg。

（七）其他植物源有毒成分

1. 血管活性胺

香蕉、鳄梨、茄子、葡萄、无花果、李子等植物含有天然的生物活性胺，如多巴胺（dopamine）和酪胺（tyramine）。这些外源多胺对动物血管系统有明显的影响，故称血管活性胺。

多巴胺是重要的肾上腺素型神经细胞释放的神经递质。该物质可直接收缩动脉血管，显著提高血压，故又称增压胺。酪胺是哺乳动物的异常代谢产物，它可通过调节神经细胞的多巴胺水平间接提高血压。酪胺可将多巴胺从贮存颗粒中解离出来，使之重新参与血压升高的调节。

一般而言，外源血管活性胺对人的血压无影响，因为它可被人体内的单胺氧化酶和其他酶迅速代谢。当单胺氧化酶被抑制时，外源血管活性胺可使人出现严重的高血压反应，包括高血压发作和偏头痛，严重者可导致颅内出血和死亡。这种情况可能出现在服用单胺氧化酶抑制性药物的精神压抑患者身上。

2. 甘草酸和甘草次酸

豆科植物甘草是常见的药食两用植物。甘草根及根状茎提取物作为天然的甜味剂广泛应用于糖果和罐头食品。甘草的甜味来自甘草酸（glycyrrhizic acid）和甘草次酸（glycyrrhetinic acid）。甘草次酸具有细胞毒性，长时间大量食用甘草糖（100 g/d）可导致严重的高血压和心脏肥大，临床症状表现为钠离子的贮留和钾离子的排出，严重者可导致极度虚弱和心室纤颤。甘草有肾上腺皮质激素样药理作用，过量食用甘草会减少尿液及钠的排出，身体会积存过量的钠（盐分）引起高血压；水分储存量增加，会导致水肿。同时过多血钾流失引起的低血钾症，导致心律失常，肌肉无力。

3. 白果酸

白果酸（ginkgolic acid）又称银杏酸，是从我国特有植物银杏的果皮、果肉中分离出的有毒物质。白果中毒的表现一般在吃白果后 1~2h 内出现，潜伏期最长可达 16h。早期先有恶心、呕吐、食欲不振、腹痛、腹泻等症状，患者呕吐物中常可发现白果的残渣。轻度中毒者 1~2d 内可以自愈；中毒较重者继而出现发烧和神经系统症状，甚至引起呼吸困难或心跳减弱。部分中毒患者出现末梢神经功能障碍，表现为两下肢轻瘫或完全性软瘫。种仁和果皮与皮肤接触后可引起皮肤局部红肿发痒。发现白果中毒后应立即给予催吐、洗胃、导泻等一般解毒措施，同时加速毒物的排泄，对有发热、惊厥的患者应及时给予降温、镇静止惊等对症处理。当患者出现恐惧等精神症状时，经肌肉或静脉注射药物缓解症状；对重度中毒的患者应根据病情进行保肝、强心等治疗。白果不能生吃，煮或炒熟后食用也不能过量，吃白果时一定要先去除果仁内绿色的胚。

二、动物性食品中的天然有害物质

动物性食品对人类健康具有重要意义，是膳食蛋白质的主要来源。值得注意的是很多动物性食品中也含有天然毒素，尤其是水产品。已知 1000 种以上的海洋生物是有毒的或能分泌毒液的，其中许多是可食用的或能进入食物链的。

（一）河豚毒素

（1）特性与中毒症状　河豚中的有毒物质称为河豚毒素（tetrodotoxin）（图 2-7）。雌河豚的毒素含量高于雄河豚。河豚毒素也因部位不同及季节不同而有差异。一般认为，河豚的肝脏和卵巢有剧毒，其次是肾脏、血液、眼睛、鳃和皮肤。大多数肌肉可认为无毒，但如河豚死后较久，内脏毒素溶于体液，则能逐渐渗入肌肉中，其毒性仍不可忽视。

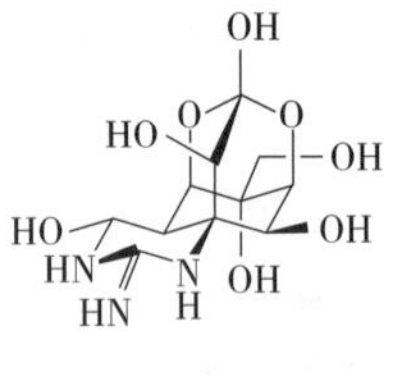

图 2-7　河豚毒素的分子结构

河豚毒素是一种氨基过氢喹唑啉化合物，对热与酸的作用非常稳定，在 0.1μPa 加压锅内加热 2h 后开始失去毒性。河豚毒素遇碱不稳定，可分解成河豚酸，但毒性并不消失。河豚毒素对日晒、30%盐腌毒性稳定。

河豚毒素是一种强力的神经毒素，是目前自然界发现的毒性最强的非蛋白毒素之一，其毒力相当于氰化钠的 1250 倍。中毒后出现症状的快慢、严重程度除了与毒素摄入量有关外，还与人本身的体质有关。河豚毒素对人的致死剂量为 6~7μg/kg 体重。它是有效的呼吸抑制剂，在摄入量为 0.5~3μg/kg 体重时，就可使动物突然呼吸停止。一般摄入毒素 30min 后出现典型中毒症状，但大多数中毒严重者在 17min 后迅速发生呼吸麻痹和循环衰竭而致死。有报道中毒症状最快可在进食后的 5~10min 发生。

（2）预防及救治措施　加强监督管理，水产品收购、加工、供销等部门应严格把关，禁止鲜河豚进入市场或混进其他水产品中销售。新鲜河豚必须统一收购、集中加工。加工时应去净内脏、皮、头，洗净血污，规范处理，使其毒性降至对人无害的程度，可制成干制品或罐头，经鉴定合格后方可食用。加强卫生宣传，使消费者会识别河豚，防止误食。

（二）生物胺

生物胺（biogenic amines）是一类含氮的具有生物活性的小分子有机化合物的总称。根据结构可以将生物胺分成三类：脂肪族（腐胺、尸胺、精胺、亚精胺等）、芳香族（酪胺、苯乙胺等）和杂环族（组胺、色胺等），其中组胺（histamine）是一种食品中常见的生物胺。

生物胺在很多食品中存在，在发酵食品中的含量更高。食用生物胺含量高的食品会引发一些敏感的消费者食物中毒，同时生物胺含量高也是食品腐败变质的前兆。食品在腐败或感官评价不能接受之前其组胺的含量已经很高，因此可以通过测定食品中组胺的含量来间接评价食品的新鲜程度。

组胺是鱼体中的游离组氨酸在组氨酸脱羧酶的催化下，发生脱羧反应而形成的。组胺致敏因子可引起过敏性食物中毒和组胺性哮喘等。

鱼体组胺的形成与鱼的种类和微生物有关。鱼类死后如果在常温下放置较长时间，易受含有组氨酸脱羧酶的微生物污染而形成组胺。当鱼体不新鲜或腐败时，组胺含量更高。许多国家的食品安全标准中建议用组胺含量作为鱼类和水产品中微生物腐败的指标。我国的食品安全标准中也明确规定各类海产品中组胺的允许摄入量：鲐鱼 ≤100mg/100g，其他 ≤30mg/100g。

组胺中毒发病快，潜伏期一般为 0.5~1h，长则可至 4h。组胺的中毒主要表现为脸红、头晕、头疼、心跳加快、脉快、胸闷和呼吸促迫等。部分病人有眼结膜充血、瞳孔散大、脸发胀、唇水肿、口舌及四肢发麻、荨麻疹、全身潮红、血压下降等症状。但多数人症状轻、恢复快，患者一般 1~2d 内可恢复，死亡者较少。由于鱼肉中高组胺的形成是微生物的作用，而且腐败鱼类还产生腐败胺类，它们与组胺的协同作用可使毒性大为增强，不仅过敏性体质者容易中毒，非过敏性体质者食后也可同样发生中毒。所以最有效地防止组胺中毒的措施是防止鱼类腐败。

（三）贝类毒素

贝类毒素（shellfish toxin）是一些贝类所含的能引起摄食者中毒的物质，但此类毒素本质上并非贝类的代谢物，而是来自贝类的食物涡鞭毛藻等藻类中的毒性成分。贝类所含毒素成分很复杂，主要有石房蛤毒素（saxitoxin）及其衍生物、大田软海绵酸及其衍生物、软骨藻酸及其异构体、短裸甲藻毒素等。其中石房蛤毒素（又称岩藻毒素）毒性最强，其毒素受体位于可兴奋细胞膜外侧、钠通道外口附近，其毒性机制是选择性阻断细胞钠离子通道造成神经系统传输障碍，中毒后引起神经肌肉麻痹。中毒的早期症状为唇、舌、手指出现麻木感，继之随意肌共济失调，出现步态不稳、发音障碍、流涎、头痛、口渴、嗳气和呕吐等，进一步出现颈胸部肌肉麻痹症状，严重者死于呼吸肌麻痹引起的呼吸衰竭。贝类由于摄食了含有石房蛤毒素的涡鞭毛藻，对该毒素产生了富集作用。

石房蛤毒素易溶于水，耐热，易被胃肠道吸收，炒煮温度下不能分解。石房蛤毒素是一种神经毒素，摄食后数分钟至数小时后发病。部分毒素即使加热也难以破坏。这些毒素对贝类自身并无毒性作用，但是人食用后能够引起中毒。

贝类引起的中毒类型主要有四种，即麻痹性贝类中毒（paralytic shellfish poisoning，PSP）、腹泻性贝类中毒（diarrhetic shellfish poisoning，DSP）、神经性贝类中毒（neurotoxic shellfish poisoning，NSP）、失忆性贝类中毒（amnesic shellfish poisoning，ASP），如表 2-2 所示。

表 2-2 贝类毒素中毒类别

中毒类别	贝类	主要症状	分布水域
麻痹性贝类中毒	双贝类（扇贝、带子、青口、蚝、蚬、蛤）；扁蟹	由轻微刺痛/麻痹至呼吸停顿	热带及温带气候带海域
神经性贝类中毒	双贝类（蚝、蚬、青口、蛤）；蛾螺	感觉异常、冷热感觉颠倒、动作不协调	墨西哥湾、美国佛罗里达州东岸、西大西洋、西班牙、葡萄牙、希腊、日本、新西兰
腹泻性贝类中毒	双贝类（青口、扇贝、带子、蚝、蚬）	腹泻、恶心、呕吐、腹痛	日本、欧洲、挪威海岸
失忆性贝类中毒	青口、蚬、蟹	腹部痉挛、呕吐、丧失方向感、部分病者会出现失忆	美国、加拿大、新西兰、日本

食用了被污染的贝类可能产生各种症状，这取决于毒素的种类、毒素在贝类中的浓度和食用被污染贝类的量。贝类中毒发病急，潜伏期短，中毒者的病死率较高，国内外尚无特效疗法。因此关键在于预防，尤其应在夏秋贝类食物中毒多发季节禁食有毒贝类。

（四）螺类毒素

目前现存已知螺类有 8 万多种，大多数的螺类都是可食的，只有少部分种类的螺类含有有毒物质，如红带织纹螺、蛎敌荔枝螺、节棘骨螺等。其有毒部位多分布在其肝脏、唾液腺、鳃下腺及卵中。其中荔枝螺毒素主要成分为千里酰胆碱和丙烯酰胆碱，与骨螺毒素及织纹螺毒素均属于非蛋白质类神经毒素，体内易溶于水且对酸、碱、消化酶都表现出耐受性。摄入过量毒螺的有毒部位会引起人中毒，根据不同的症状，毒螺可分为麻痹型与皮炎型。

（五）海兔毒素

海兔，又称海蛞蝓，属于浅海生活贝类，甲壳类软体动物家族特殊成员，其贝壳已经退化为内壳，因其头上的两对触角突出如兔耳而得名。较常见的种类有黑指纹海兔、红海兔和蓝斑背盖海兔，在我国福建南部、广东和海南均有分布，其卵群可入药。海兔内脏"墨囊"所含的毒素对人呼吸中枢有强烈的麻痹作用，严重者可致死；海兔体内毒腺能分泌出一种略带酸性的乳状液体，气味难闻，是御敌的化学武器。误食或皮肤伤口接触海兔有毒部位会引起中毒，表现为头晕、呕吐、失明等症状，严重者可致死。

（六）动物肝脏、胆汁、甲状腺和肾上腺的毒素

动物肝脏是动物机体最大的解毒器官，进入体内的有毒有害物质均在肝脏进行解毒。当肝脏功能下降或有毒有害物质摄入较多时，肝脏来不及处理，这些外来有毒有害物质就会蓄积在肝脏中。此外，动物也可能发生肝脏疾病，如肝炎、肝硬化、肝寄生虫和黄曲霉毒素中毒等。动物肝脏中的毒素主要表现为外来有毒有害物质在肝脏中的残留、动物机体的代谢产物在肝脏中的蓄积和由于疾病原因造成的肝组织受损。

很多鱼类如青鱼、草鱼、白鲢、鲈鱼、鲤鱼的鱼胆中含胆汁毒素，可损害人体肝、肾，使其变性坏死，对脑细胞与心肌细胞也有所损伤，造成神经系统和心血管系统的病变。

在牲畜腺体中毒中，以甲状腺中毒较为多见。由于甲状腺分泌甲状腺素，人误食牲畜甲状腺，其过量的甲状腺素造成一系列神经精神症状，且体内甲状腺素的增加使组织细胞氧化速率增高，代谢加快，分解代谢增高，产热增加，出现类似甲状腺功能亢进的症状。甲状腺中毒的原因在于屠宰者未将牲畜的甲状腺取出，与喉颈等部位碎肉混在一起销售被人误食。对于甲状腺中毒最有效的防护措施是屠宰者和消费者在烹饪前摘除牲畜的甲状腺。

家畜的肾上腺也是一种内分泌腺体，位于两侧肾脏上端，俗称"小腰子"。肾上腺的皮质能分泌多种重要的脂溶性激素，其生理功能包括参与蛋白质或葡萄糖代谢，维持体内钠钾离子平衡等。然而误食家畜肾上腺会导致机体肾上腺素水平过高，引起中毒。

三、蕈菌毒素

蕈菌，又称伞菌，俗称蘑菇，通常指那些能形成大型肉质子实体的真菌，包括大多数担子菌类和极少数的子囊菌类。蕈菌广泛分布于地球各处，在森林落叶地带更为丰富，可供食用的种类有 2000 多种。目前已利用的食用菌约有 400 种，其中约 50 种已能进行人工栽培，如常见的双孢蘑菇、木耳、银耳、香菇、平菇、草菇和金针菇、竹荪等，少数有毒或引起木材朽烂的种类则对人类有害。

毒蕈中毒多发生于高温多雨的夏秋季，采集缺乏经验而误食中毒。毒蕈中毒多为散发，也有雨后多人采集而出现的大规模中毒事例。此外，也曾有收购时验收不细而混入毒蕈引起的中毒。毒蕈的成分比较复杂，往往一种毒素含于几种毒蕈中，或一种毒蕈可能含有多种毒素。几种蕈菌毒素同时存在时，会发生拮抗或协同作用，所引起的中毒症状较为复杂。毒蕈含有毒素的多少又可因地区、季节、品种、生长条件的不同而异。个体体质、烹调方法、饮食习惯以及是否饮酒等，都与能否中毒或中毒轻重程度相关。

一般按临床表现将毒蕈中毒分为六型：肝肾损害型、神经精神型、溶血毒型、胃肠毒型、呼吸与循环衰竭型和光过敏皮炎型。

（一）肝肾损害型蕈菌毒素

肝肾损害型毒蕈中毒主要由环肽毒素、鳞柄白毒肽和非环状肽的肝肾毒素三类蕈菌毒素引起。

1. 环肽毒素

环肽毒素（cyclopeptides）主要包括两类毒素，即毒肽类（phallotoxins）（图 2-8）和毒伞肽类（amanitoxins）。含这些毒肽的蕈菌主要是毒伞属的毒伞、白毒伞或称春生鹅膏和鳞柄白毒伞。此外，毒肽和毒伞肽在秋生盔孢伞、具缘盔孢伞和毒盔孢伞中也存在。

2. 鳞柄白毒肽

鳞柄白毒伞中发现有环状肽类毒肽，其结构和毒性与上述的毒肽近似。

3. 非环状肽的肝肾毒素

非环状肽的肝肾毒素是存在于丝膜蕈（*Cortinarius orellanus*）中的丝膜蕈素（orellanine）。

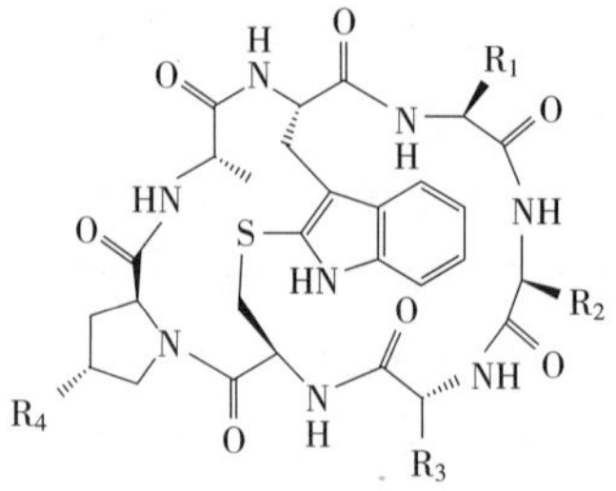

图 2-8　毒肽的分子结构

丝膜蕈素作用缓慢但能致死，曾在欧洲造成很多人死亡。我国也有此种蕈菌分布。

（二）神经精神型蕈菌毒素

引起神经精神型中毒的蕈菌约有 30 种，此型的临床症状除有胃肠反应外，主要有精神神经症状，如精神兴奋或抑制、精神错乱、交感或副交感神经受影响等症状。引起神经精神型中毒的毒素主要有以下几种。

1. 毒蝇碱

毒蝇碱主要存在于丝盖伞属和杯伞属蕈类中，在某些毒蝇伞和豹斑毒伞中也存在。

2. 毒蝇母、毒蝇酮和蜡子树酸

毒蝇母、毒蝇酮和蜡子树酸也存在于毒伞属的一些毒蕈中，各蕈中含量差别较大。在毒蝇伞中平均含量约为 0.18%，在干豹斑毒伞中约为 0.46%。其中主要毒素为异恶唑氨基酸，此类毒素可作用于中枢神经系统，能引起精神错乱、色觉紊乱和出现幻觉等中枢神经症状。同时，毒蝇碱与异恶唑衍生物之间存在着拮抗作用。

3. 光盖伞素及脱磷酸光盖伞素

某些光盖伞属、花褶伞属、灰斑褶伞属和裸伞属的蕈类含有能引起幻觉的物质，如光盖伞素及脱磷酸光盖伞素。

4. 幻觉原

在牛肝菌属、球盖菇属和红菇属中发现含有幻觉原。该毒素是一种生物碱毒素。研究表明其化学结构类似于中枢神经递质麦角酸二乙酰胺（lysergic acid diethylamide，LSD）。它作用于中枢神经系统，可产生头晕、视力模糊、幻觉、幻听等症状。在我国云南地区常因食用含有神经毒素的牛肝菌后出现"小人国幻视症"。除幻视外，部分患者还有被迫害妄想症（类似精神分裂症）。

（三）溶血毒型蕈菌毒素

鹿花蕈属和马鞍蕈属的蕈菌含有鹿花蕈素（gyromitrin），可引起溶血型中毒。鹿花蕈素具有挥发性，在烹调或干燥过程中可减少，但炖汤时可溶在汤中，故喝汤能引起中毒。鹿花蕈素易溶于乙醇，低温易挥发，易氧化，对碱不稳定。因能溶于热水，故煮食时弃去汤汁可达到安全食用的目的。

（四）胃肠毒型蕈菌毒素

胃肠毒型蕈菌毒素中毒以剧烈恶心、呕吐、腹泻和腹痛为主。此型中毒发病快，一般不发热，没有里急后重症状。对症治疗可迅速恢复，病程短，很少死亡。存在于毒蘑菇中的胃肠毒素主要为树脂类、甲酚类化合物，其精确的化学成分目前尚不明晰。含此类胃肠毒素的常见毒蘑菇有粉褶菌属中的毒粉褶菌、内缘菌，红菇属中的毒红菇、臭黄菇，乳菇属中的毛头乳菇、白乳菇等，白蘑属中的虎斑菇，伞菌属、牛肝菌属、环柄伞属中的某些种类及月光菌等。

（五）呼吸与循环衰竭型蕈菌毒素

引起这种类型中毒的毒蘑菇主要是亚稀褶黑菇（*Russula subnigricans* Hongo），别名毒黑菇、火炭菇。其中含有的有毒物质为亚稀褶黑菇毒素。此种毒菌误食中毒发病率70%以上，半小时后发生呕吐等，死亡率达70%。

（六）光过敏性皮炎型蕈菌毒素

光过敏性皮炎型蕈菌毒素主要造成皮肤过敏、炎症等中毒症状。误食24h后，会发生面部肌肉麻木、嘴唇肿胀，凡是被日光照射过的部位都出现红肿，呈明显的皮炎症状，如红肿、火烤样发烧及针刺般疼痛。另外，有的病人还出现轻度恶心、呕吐、腹痛、腹泻等胃肠道病症。我国目前发现引起此类症状的是叶状耳盘菌。

蕈菌毒素中毒应及时采用催吐、洗胃、导泻和灌肠等方法以迅速排出尚未吸收的毒素。急救治疗可按毒素和症状不同，分别进行对症处理或特效处理。为防止毒蕈中毒，卫生部门应组织技术人员进行调查，制定本地区食蕈和毒蕈图谱，并广为宣传以提高广大群众的识别能力。凡是识别不清或过去未曾食用的新蕈种，必须经有关部门鉴定确认无毒后方可采用。干燥后可以食用的蕈种，应明确规定其处理方法。

思政案例：培养食品安全意识，勇于担负社会责任

食品安全、公共卫生问题与我们的生活息息相关。如毒蕈的中毒问题，毒蕈中毒多发生于高温多雨的夏秋季，个人或家庭采集野生鲜蕈，常由于缺乏经验而误食中毒。毒蕈中毒多为散发，也有雨后多人采集而出现的大规模中毒事例。提高公众对于各类毒蕈的认识，也要制定本地区食蕈和毒蕈图谱。这就需要卫生部门组织有关技术人员向采集食蕈类有经验者进行调查，并广为宣传科普。为避免误食识别不清或过去未曾食用的蕈种，采集蕈类需要有组织地进行，采摘后经有关部门鉴定，确认无毒后才可采用。预防中毒一直是我国卫生安全相关部门区域工作重点之一，卫生部门不仅要加强对公众的安全教育，也应倡导民众增强社会责任感。

我们要学好毒物的毒作用机制，了解毒作用特点，为今后有毒物质的中毒预防、治疗、宣传提供科学依据。同时，作为食品专业的学生，加强学习食品安全理论知识和食品安全法规，并利用所学知识积极投入到社会安全教育和宣传中，勇于承担起社会责任。预防有毒成分中毒体现了我国对食品安全和人民生命健康的重视。随着越来越健全的食品安全法律法规出台，我们的食品安全必然得到切实保障，人们的生活幸福感也会随之大幅提升。

第二节　食品中的化学污染物质

在食品生产、贮藏、运输过程中化学物质所带来的化学性污染，是导致食品污染的最常见因素，严重危害消费者身体健康，甚至引起急性中毒和死亡，并且造成大量食品资源浪费。

一、农用投入品残留

食品的生产过程少不了农用投入品的参与，而在生产过程中往往由于操作疏忽或不按照规定使用造成食品污染。农用投入品残留污染主要包括农药残留和兽药残留，种子、种苗会有抗虫剂残留，肥料、饲料及饲料添加剂等生产原料和农膜、农机、农业工程设施设备等农用工程生产设备，在生产过程中也会造成一定程度的有害物质残留。

（一）农药残留

农药（pesticide）是指用于预防、消灭或者控制危害农业、林业的病、虫、草及其他有害生物，以及有目的地调节植物、昆虫生长的化学合成的或来源于生物或其他天然物质的一种或几种物质的混合物及其制剂。在美国，由于消费者的强烈反对，35 种有潜在致癌性的农药已列入禁用的行列。中国于 1983 年已停止生产和使用有机氯农药，随之代替的有机磷类、氨基甲酸酯类、拟除虫菊酯类等农药。这些农药虽然残留期短、用量少、易于降解，但由于农业生产中对其滥用，导致害虫耐药性的增强，使人们加大了农药的用量，并采用多种农药交替使用的方式进行农业生产。这样的恶性循环，对食品的安全性以及人类健康构成了很大的威胁。

1. 农药污染食品的途径

农药对食品的污染有施药过量或施药期距离收获期间隔太短而造成的直接污染；也有作物从污染环境中对农药的吸收、生物富集及食物链传递作用而造成的间接污染。

（1）直接污染　施用农药时可直接污染食用作物，作物可通过根、茎、叶从周围环境中吸收药剂。黏附在作物表面上的农药可被部分吸收；喷洒于果实表皮的农药可直接摄入人体。一般来讲，对农药的吸收能力最强的蔬菜是根菜类，其次是叶菜类和果菜类。此外，施药次数越多，施药浓度越大，时间间隔越短，作物中的残留量越大。所以，农药在食用作物上的残留受农药的品种、浓度、剂型、施用次数、施药方法、施药时间、气象条件、植物品种以及生长发育阶段等多种因素影响。熏蒸剂、杀虫剂、杀菌剂也会造成农药在饲养的动物体内残留。食品在运输和储存中与农药直接或间接接触，也可引起农药对食品的污染。

（2）间接污染　间接污染主要是指大气污染、食物链和生物富集作用造成的污染、饲料中的残留农药转入畜禽类食品，以及意外事故造成的污染。

空气中农药的分布可分为三个带。第一带是农药浓度最高的，导致农药进入空气的药源带；第二带是由于蒸发和挥发作用，施药目标和土壤中的农药向空气中扩散，在农药施用区相邻的地区形成的空气污染带；第三带是大气中农药迁移最宽和浓度最低的地带，此带可扩散到离药源数百公里甚至上千公里。

有机氯、汞和砷制剂等化学性质比较稳定的农药，在食物链中逐级浓缩富集，若食用该类生物性食品，尤其是水产品，可使进入人体的农药残留量成千上万倍增加。陆生生物如果长期食用这些含毒很高的生物性食品，不断积累于体内，造成累积中毒。乳、肉、蛋等畜禽类食品含有农药，主要是由于饲料污染。畜禽的饲料主要为农作物的外皮、外壳和根茎等废弃部分。

食品或食品原料在运输或储存过程中由于和农药混放，或是运输过程中包装不严以及农药容器破损导致运输工具污染，再以未清洗的运输工具装运粮食或其他食品，会造成食品污染。农药泄漏、逸出事故也会造成食品的污染。

2. 农药分类

农药按照原料来源可分为：矿物源农药（无机农药）、生物源农药及化学合成农药。按照用途可分为：杀虫剂、除草剂、杀真菌剂、杀鼠剂、杀线虫剂等。按照成分主要有六类：第一类是有机磷农药，它是世界上最常用的农药之一；第二类是有机硫农药，通常具有神经毒性；第三类是氨基甲酸酯类农药，其典型特征是高水溶性和热不稳定性；第四类是有机氯农药，在早期曾广泛使用，但由于毒性大、难降解而逐渐被替代；第五类是拟除虫菊酯类农药，它是合成的，比天然拟除虫菊酯更稳定，具有高效、低残留的特点，但存在交叉耐药问题；第六类是新烟碱类农药，是通过优化天然生物碱结构得到的，其特点是对昆虫中枢神经系统中烟碱乙酰胆碱受体具有高亲和力。

3. 农药残留及其危害

农药残留是指动植物体内或体表残存的农药化合物及其降解代谢产物，以农药占本体物质量的百万分比浓度来表示，单位为 mg/kg。残留的数量叫残留量。当农药施用过量或长期施用，导致食物中农药残留量超过最大残留限量时，将对人和动物产生不良影响，或通过食物链对生态系统中其他生物造成毒害作用。

（1）急性毒性　急性中毒主要在生产和使用过程中引起，如果农喷洒农药中毒，误食农药，食用刚喷洒高浓度农药的蔬菜或水果等。中毒后常出现神经系统功能紊乱和胃肠道症状，严重时会危及生命。

（2）慢性毒性　目前使用的绝大多数有机合成农药是脂溶性的，易残留于食品原料中。若长期食用农药残留量较高的食品，农药会在人体内逐渐蓄积，可损害人体的神经系统、内分泌系统、生殖系统、肝脏和肾脏，引起结膜炎、皮肤病、不育、贫血等疾病。这种中毒过程较为缓慢，症状短时间内不是很明显，容易被人们所忽视，因而其潜在的危害性很大。

（3）特殊毒性　动物实验证明，有些农药具有致癌、致畸和致突变的"三致"作用，或者具有潜在"三致"作用。

4. 控制食品中农药残留的措施

食品中农药残留对人体健康的损害不容忽视。为了确保食品安全，必须采取正确的对策和综合防治措施，控制食品中农药的残留。

（1）加强农药管理　为了实施农药生产和经营管理的法制化和规范化，我国很重视农药管理，颁布了《农药登记规定》《农药管理条例》、GB/T 15670.1—2017《农药登记毒理学试验方法》、GB 15193.1—2014《食品安全国家标准　食品安全性毒理学评价程序》等法律法规。在现行的 GB 2763—2021《食品安全国家标准　食品中农药最大残留限量》中，对农药的使用实行严格的管理制度，内容全面覆盖我国批准使用的农药品种和主要植物源性食品，受到管理的农药数量达到 CAC 规定的近 2 倍，可见我国确保人民"舌尖上的安全"的决心。农业农村部从 2011 年起就要求高毒农药经营单位核定规范化、购买农药实名化、流向记录信息化、定点管理动态化，落实《到 2020 年农药使用量零增长行动方案》，力争到 2025 年化肥农药利用率再提高 3 个百分点，推动农业生产方式全面绿色转型。

（2）合理安全使用农药　我国自 20 世纪 70 年代后相继禁止或限制使用了一些高毒、高残留、有"三致"作用的农药。1971 年，农业部发布命令，禁止生产、销售和使用有机汞农药；1974 年，禁止在茶叶生产中使用农药六六六和滴滴涕；1983 年，全面禁止使用六六六、滴滴涕和林丹。近年来，农业农村部通过公告形式对 39 种高毒、高风险农药实施了禁用措施，并退出了 22 种高毒农药。现行使用包括涕灭威、甲拌磷、水胺硫磷、硫丹、溴甲烷、灭线磷、氧乐果、甲基异柳磷、磷化铝、杀扑磷、克百威、灭多威在内的 12 种高毒农药，依据风险大小和替代产品生产使用情况，将加快淘汰进程。在使用方面，农业部门对现有的高毒农药实现从生产、流通到使用的全程监管。

世界各国对食品中农药的残留限量都有相应规定，并进行广泛监督。我国 HJ 556—2010《农药使用环境安全技术导则》和 GB/T 8321.1~GB/T 8321.6《农药合理使用准则》规定了常用农药所适用的作物、防治对象、施药时间、最高使用剂量、稀释倍数、施药方法、最多使用次数、安全间隔期和最大残留量等，以保证农产品中农药残留量不超过食品安全标准中规定的最大残留限量标准。

（3）食品农药残留的消除　农产品中的农药，主要残留于粮食糠麸、蔬菜表面和水果表皮，可用机械或热处理的方法予以消除或减少，尤其是化学性质不稳定、易溶于水的农药，在洗涤、浸泡、去壳、去皮、加热等处理过程中均可大幅度消减。积极研制和推广使用低毒、低残留、高效的农药新品种，尤其是开发和利用生物农药，逐步取代高毒、高残留的化学农药。在农业生产中，应采用病虫害综合防治措施，大力提倡生物防治。进一步加强环境中农药残留检测工作，健全农田环境监控体系，防止农药经环境或食物链污染食品和饮水。

（二）兽药残留

兽药是指在畜牧业生产中，用于预防、治疗畜禽等动物疾病，有目的地调节其生理机能，并规定了其作用、用途、用法、用量的物质，包括抗生素、磺胺制剂、生长促进剂和各种激素等。其目的是防治动物疾病，促进动物生长，提高动物的繁殖能力以及改善饲料的利用率。这些药物往往在畜禽体内残留，并随肉类食品进入人体，对健康产生有害的影响。

1. 兽药残留的原因

养殖环节用药不当是产生兽药残留的最主要原因。兽药残留的管理、检测标准等不够完善也会造成药物的残留。

（1）非法使用违禁药物　农业部办公厅印发《2017 年农产品质量安全工作要点》的通知中提到，畜牧兽医上，继续实施生鲜乳专项整治，依法打击使用"瘦肉精"和禁用兽用抗菌药、非法收购屠宰病死畜禽、私屠滥宰、注水等行为，坚决切断违法犯罪利益链条。渔业上，重点治理大菱鲆、乌鳢、鳜鱼等重点品种上违法使用孔雀石绿和硝基呋喃类药物问题，强化水产品抗生素、禁用化合物及兽药残留专项整治，加强违禁药物源头管控，积极推进健康养殖。聚焦农兽药残留超标、病原微生物及生物毒素、收贮运防腐保鲜添加剂使用、产地环境污染等重点环节和因子。

（2）不遵守休药期的规定　休药期是指自停止给药到动物获准屠宰或其动物性食品获准上市的间隔时间，休药期过短是造成动物性食品兽药残留过量的一个重要原因。该问题主要集中在药物饲料添加剂方面，一般添加的药物都应按照休药期规定（剂量、休药期）进行，如果药物添加剂一直使用到屠宰前，会使药物残留超标。

（3）不遵守兽药标签规定　《兽药管理条例》明确规定，标签必须写明兽药的主要成分及其含量等。如果在产品中添加一些化学物质，但不在标签中进行说明，或者某些情况下不按兽药标签说明来给动物服药，均有可能造成残留量超标。

（4）未经批准的药物用于可食性动物　使用未经批准的药物作为饲料添加剂来喂养可食性动物，或使用人药处方给动物，均可造成动物的兽药残留。人使用的药物在动物性食品中的残留需要进行毒理学评价。

（5）环境污染造成药物残留　环境中工业"三废"污染以及残留兽药的畜禽排泄物污染，可通过陆生食物链与水生食物链，逐步经过生物转移、生物富集和生物放大作用进入人体，严重威胁人体健康。

（6）兽药残留监督管理不严　药品监督部门对生产销售和使用违禁药物管理不严，缺乏兽药残留检验机构和必要的检测设备，或者兽药残留检测标准、制度不够完善，都可能导致兽药残留的发生。

2. 兽药残留的危害

（1）兽药残留对人体健康的危害　长期摄入含残留兽药的动物性食品后，药物不断在体内蓄积，达到一定剂量后，就会对人体产生毒性作用。经常食用含低剂量抗菌药物（如青霉素、四环素、磺胺类药物及某些氨基糖苷类抗生素等）残留的食品能使易感的个体出现过敏反应，刺激机体内相应抗体的形成，严重者可引起休克、喉头水肿、呼吸困难等症状。

呋喃类药物、磺胺类药物、青霉素药物等也会引起不同的过敏反应。苯并咪唑类药物是兽医临床上常用的广谱抗蠕虫病的药物，可持久地残留于肝内并对动物具有潜在的致畸性和致突变性。另外，残留于食品中的丁苯咪唑、苯咪唑、阿苯达唑和苯硫氨酯具有致畸作用，克球酚、雌激素则具有致癌作用。激素类物质虽有很强的作用效果，但也会带来很大的副作用。人们长期食用含低剂量激素的动物性食品，会引起积累效应，导致人体的激素分泌体系和机体正常机能受到干扰，特别是类固醇类和 β-兴奋剂类在体内不易代谢破坏，其残留对食品安全威胁很大。

（2）兽药残留对畜牧业生产的影响　滥用药物对畜牧业本身也有很多负面影响，并最终影响食品安全。如长期使用抗生素会造成畜禽机体免疫力下降，影响疫苗的接种效果。长期使用抗生素还容易引起畜禽内源性感染和二重感染。耐药菌株的日益增加，使有效控制细菌疫病的流行越来越困难，不得不使用更大剂量、更强副作用的药物，对食品安全造成了新的威胁。

（3）兽药残留对环境的影响　兽药残留对环境的影响程度取决于兽药对环境的释放程度和速度。动物养殖生产中滥用兽药、药物添加剂，动物的排泄物、动物产品加工废弃物未经无害化处理就排放于自然界中，使得有毒有害物质持续性蓄积，环境受到严重污染，最终导致对人类的危害。

（4）兽药残留对经济发展的影响　据欧盟食品和饲料快速预警系统（Rapid Alert System for Food and Feed，RASFF）反馈，2022 年 10 月荷兰通过 RASFF 通报本国出口猪肉不合格，不合格猪肉销至比利时、加拿大、丹麦、意大利、波兰、乌克兰和英国等国家，不仅造成经济损失也产生不良影响。同月，比利时也通过 RASFF 系统通报印度出口虾不合格，呋喃唑酮超标，产品被拒绝入境。从不断出现的兽药残留问题看，国家之间常因为此类问题造成贸易摩擦和壁垒，国内因残留问题造成民众恐慌和信任缺失。我国是畜禽产品生产大国，加入世界贸易组织

（World Trade Organization，WTO）后，我国畜禽产品在国际贸易中面临更加激烈的竞争。包括兽药残留在内的化学物质残留是食品贸易中最主要的技术贸易壁垒，它不仅会造成巨大经济损失，而且严重冲击我国在国际市场的地位，影响我国对外经济的发展。

4. 动物性食品中兽药残留的控制措施

（1）严格执行有关法律法规　《食品安全法》第三十四条对于兽药超标进行了规定。GB 31650—2019《食品安全国家标准　食品中兽药最大残留限量》，共涉及 267 种兽药。到 2025 年，兽药残留限量国家标准将达到 1.5 万项，与国际标准相衔接。

（2）完善兽药残留监控体系　加快国家、部、省三级兽药残留监控机构的建立，实行国家残留监控计划，加大监控力度，严把检验检疫关，严防兽药残留超标的产品进入市场，对超标者给予销毁和处罚，促使畜禽产品由数量型向质量型转换，使兽药残留超标的产品无销路、无市场，迫使广大养殖场户科学合理使用兽药，遵守休药期的规定，从而控制兽药残留。为切实加强兽药产品质量监管，不断提高兽药质量，维护养殖业生产安全和动物产品质量安全，农业农村部依据《兽药管理条例》《兽药质量监督抽样规定》等，制定兽药质量监督抽检和风险监测计划，对兽药的使用起到了很好的监管作用。

（3）规范兽药生产和使用　必须高度重视兽药质量安全监管工作，尤其在兽药审批环节，推进实施兽药非临床研究质量管理规范、兽药临床试验质量管理规范，对所有上市的兽药严格注册审查，确保兽药产品安全、有效、质量可控。生产与使用环节全面实施兽药生产质量管理规范，保证兽药生产条件，提高管理水平。禁止不明成分以及与标签标示成分不符的兽药进入市场，加大对违禁兽药的查处力度，严格规定和遵守兽药的使用对象、使用期限、使用剂量和休药期等，严禁使用农业农村部规定以外的兽药作为饲料添加剂。

（4）加强饲养管理　倡导学习和借鉴先进的饲养管理技术，创造良好的饲养环境，增强动物机体的免疫力，实施综合卫生防疫措施，降低畜禽的发病率，减少兽药的使用。充分利用各种媒体宣传，使全社会充分认识到兽药残留对人类健康和生态环境的危害，广泛宣传和介绍科学合理使用兽药的知识，全面提高广大养殖户的科学技术水平，使其能自觉地按照规定使用兽药和自觉遵守休药期规定。另外，加速开发并应用新型绿色安全的饲料添加剂，逐渐替代现有的药物添加剂，减少致残留的药物和药物添加剂的使用。

（5）加快兽药残留检测技术开发　完善兽药残留的检测方法，特别是快速筛选和确认的方法，加大筛选兽药残留试剂盒的研究和开发力度。积极开展兽药残留的立法和方法标准化等方面的国际交流与合作，使我国的兽药残留监控与国际接轨。

二、有害金属

在食品安全领域，有害金属包括铅、镉、汞等有毒金属和铬、锰、锌、铜等摄入过量可对人体产生毒性作用的某些必需元素，也包括铍、铝等轻金属和砷、硒等类金属以及氟等非金属元素。

食物摄入是有害金属危害人体健康的主要途径。这些金属进入人体后不能被分解，在人体内有蓄积性，半衰期较长，早期在临床上的表现症状也并不明显，在毒发前一般未能引起足够重视，但一旦病发，后果非常严重，会对机体产生慢性潜在的化学危害性损伤，且有可能引起"三致"潜在危险。

（一）有害金属污染食品的途径

1. 食品原材料有害金属污染

食品中有害金属污染多数来源于食品原材料的污染，原材料的有害金属污染可以分为自然地理环境污染、工业废料污染和农药兽药化肥污染三种。

自然环境中含有各种有害金属元素，某些地区特殊的自然地质条件会造成食品原材料在生长过程中受到有害金属污染。尤其是矿区、海底火山活动区域，其有害金属自然本底值明显高于其他区域，并随自然沉降作用向周边土壤、空气和水体等介质发散，随后波及食品原材料。

矿山开发、金属冶炼、工矿企业生产等活动产生大量有害金属废料，以及工业"三废"的不合理排放导致空气、土壤及水体受到污染。

农药、兽药和化肥的滥用也是有害金属污染泛滥的一个重要原因。农药、兽药和化肥中含有一定的有害金属元素，农作物施用农药、化肥不当后导致有害金属元素在环境中的游离量持续增加，进而造成原材料所含的有害金属超标，有害金属成分随着喂饲过程进入饲养动物体内，大部分会在动物各组织与器官中蓄积，少部分会随排泄物排出作为肥料进入土壤、水源，加剧环境中有害金属本底浓度，进一步影响食品安全。

2. 食品加工过程有害金属污染

除了食品原材料会受到有害金属污染，在食品加工制作过程中也存在有害金属的污染。加工过程中的污染主要来源于食品加工工艺、不合标准的添加剂和食品加工器具三个方面。食品种类繁多，加工方式多样，为获得良好的食品风味，常在食品加工过程中添加一定量的添加剂等辅料，目前存在非法添加物和用工业级产品来代替食品级产品的问题，导致食品中有害金属含量超标。此外，生产加工过程中常因机械和管道的磨损使得一些有害金属粉尘落入食品中，引起有害金属污染。食品加工时间过长和加工原料反复使用，也会导致有害金属污染。

3. 食品贮藏销售中有害金属污染

食品在贮藏销售过程中，也会受到有害金属污染，主要体现在贮藏材料和化学反应两个方面。食品贮藏材料包括包装盛放食品用的各种材料和直接接触食品的涂料，在与食品直接接触的过程中，其组分或成分中的有害金属元素在使用时会迁移到食品中，引起食品感官性状和品质劣变，危及人体健康。有些贮藏材料由于其本身及在制造时加入的一些有害金属元素，带来的危害更大。食品在贮藏销售过程中，由于受到外界贮藏环境变化的影响，食品贮藏器具可能会因与食品发生一系列化学反应腐蚀破损，使得有害金属溶入食品引起污染，尤其以饮料、罐头最为严重，如锡酒壶、含铅的陶器釉彩等。

（二）有害金属的毒性作用特点

人体摄入的有害元素大多为有害金属，不仅其本身表现出毒性，而且可在人体微生物的作用下转化为毒性更强的金属化合物，如汞的甲基化作用。其他生物还可以从环境中摄取有害金属，经过食物链的生物放大作用，在体内千万倍地富集，并随食物进入人体而造成慢性中毒。有害金属形成的化合物在体内不易分解，半衰期较长，有蓄积性，可引起急性或慢性中毒反应，还有可能产生致畸、致癌和致突变作用。有害金属在体内的毒性作用受许多因素影响，与侵入途径、浓度、溶解性、存在状态、膳食成分、代谢特点及人体的健康状况等因素密切相关。

20 世纪 50 年代日本曾出现"水俣病"和"骨痛病"，经查明是由于食品遭到汞污染和镉污染所引起的"公害病"，至此有害金属造成的食源性危害问题开始引起人们的极大关注。

（三）常见有害金属对食品的污染及对人体的毒性

1. 铅（Pb）

食品中常见
重金属的来源
及危害

铅是人类最早提炼出来的重金属之一。2017 年，世界卫生组织国际癌症研究机构（International Agency for Research on Cancer，IARC）公布的致癌物清单，铅被列为 2B 类致癌物。人体对铅的吸收以及铅的毒性大小与铅的形态及溶解度密切相关。铅可以通过皮肤、呼吸道和消化道进入人体，对组织的亲和力极强，主要的靶器官是神经系统和造血系统。体内蓄积铅主要通过三条途径排出体外，包括经肾脏随尿排出；通过胆汁分泌排入肠腔，然后随粪便排出；随皮屑、头发及指甲脱落（存在于头发及指甲中），或是经唾液、汗液、胎盘及乳汁等途径排出体外。一般认为软组织中的铅能直接引起毒害作用，而硬组织内的铅具有潜在的毒害作用。

（1）急性中毒　铅的急性中毒主要症状表现为口腔有金属味、流涎、呕吐、阵发性腹绞痛、腹泻等，严重时出现痉挛、抽搐、瘫痪、昏迷或循环衰竭。

（2）致铅性贫血　铅通过干扰亚铁血红素的合成而阻滞血红蛋白（Hb）生物合成。同时血铅增高还可抑制原卟啉向血红素的转变，这些均会导致铅性贫血。另外，铅与红细胞膜上的三磷酸腺苷酶结合并对它产生抑制作用，从而引起溶血，最终引起贫血。

（3）对神经系统的损害　铅对神经系统的毒性主要表现在心理、智力、感觉和神经肌肉的功能障碍上，尤其低龄儿童对铅的敏感性明显高于成年人，环境中低浓度铅即可引起儿童中枢神经系统功能失调。如果长期接触铅会影响儿童的记忆力、语言、运动和学习能力，甚至能引起永久性、不可逆的脑损伤。铅导致周围神经系统运动功能障碍，降低神经传导速度，进而造成肌肉损伤。

（4）对消化系统的损害　过量的铅与人体中少量的 H_2S 形成 PbS，在牙龈、口唇、颊等处沉积，形成灰蓝色的颗粒线"铅线"。铅损伤交感神经节细胞，引起神经紊乱，使消化道平滑肌、肠系膜血管发生痉挛，出现腹绞痛、胃肠道出血、局部贫血、溃疡等症状；铅会与肠道中的 H_2S 结合，造成胃肠运动无力，出现食欲不振、顽固性便秘等症状。此外，铅对肝脏的损害多见于消化道铅中毒，可使肝内小动脉痉挛而缺血，发生急性铅中毒肝病。

（5）对肾脏的损害　铅对肾脏的毒性作用分为急性铅肾病和慢性铅肾病两类，急性铅肾病是以氨基酸尿、糖尿及血磷酸过少为特征。铅的早期或急性肾毒性的表现是轻微的，局限于肾小管上皮细胞，损伤是可逆的，血铅水平达 $70\mu g/100mL$ 以上的长期铅接触，可引起慢性不可医治的铅肾病。铅还可损害肾小球旁器，刺激肾素的合成释放，影响肾素-血管紧张素-醛固酮系统平衡，这可能是铅高血压的发病机制。

2. 镉（Cd）

镉

镉是一种银白色、有延展性的金属，主要以硫镉矿形式存在。在哺乳动物、禽类和鱼等生物体内的镉多数与蛋白质分子呈结合态。镉是联合国粮食及农业组织（Food and Agriculture Organization，FAO）和世界卫生组织（World Health Organization，WHO）公布的对人体毒性最强的重金属元素，是人体的非必需元素，被称为"五毒之首"。

镉与铅的摄入途径基本相同，均为皮肤、呼吸和消化道。其中镉经消化道的吸收率，与镉化合物的种类、摄入量及是否共同摄入其他金属有关。吸收进入血液的镉主要与红细胞结合。肝脏和肾脏是体内贮存镉的两大器官，所含的镉约占体内镉总量的 60%。吸收的镉主要通过肾脏由尿排出，有相当数量可通过肝脏，经胆汁最后随粪便排出。乳汁也有排出，但排出速度很慢。镉对人体的危害会导致急性中毒和慢性中毒。

（1）急性中毒　误食镉化合物可引起急性中毒，出现急剧的胃肠刺激症状（如流涎、恶心、呕吐、腹泻、腹痛等）、全身疲乏、肌肉酸痛和虚脱等。中毒严重者可导致死亡，一般其死亡的原因并不是肝脏、肾脏损害，而是心脏功能衰竭。

（2）慢性中毒　慢性中毒主要体现在对肾脏、骨骼、免疫系统和生殖系统的影响。肾脏是镉慢性中毒作用的最重要的蓄积部位和靶器官，肾损伤是其对人体的主要损害，通常这种损伤是不可逆的，临床上可以出现蛋白尿、氨基酸尿、糖尿和高钙尿等症状，造成钙、蛋白质等营养成分从体内大量流失。镉对骨组织的毒害作用是通过镉和钙竞争与钙调素（CaM）结合，干扰钙与 CaM 结合时所调控的生理生化体系，使 Ca^{2+}-ATP 酶和磷酸二酯酶活性受到抑制，影响细胞骨架，刺激动脉血管平滑肌细胞，导致血压升高。镉中毒还表现在骨质密度降低、骨骼中矿物质含量减少，引起骨质疏松。镉中毒也使免疫系统、生殖系统受到损害。

3. 汞（Hg）

汞

汞是唯一的液态金属，在常温下具有可蒸发、吸附性强、容易被生物体吸收等特性。汞可以在生物体内积累，通过生物体内积累和食物链能大大增加汞的危害性。汞与烷基化合物及卤素可以形成挥发性的有机汞化合物，如甲基汞、乙基汞、丙基汞、醋酸苯汞等。

汞及其化合物的毒性效应，主要原因是汞（甲基汞）具有极强的亲疏基性，其可以和众多膜蛋白上的疏基结合，使功能蛋白失去活性。另外，进入细胞内的汞（甲基汞）会使胞内 Ca^{2+} 失衡，进而诱发一系列不可逆的生物损伤。汞及无机汞进入体内后，皆被转化为二价汞离子（Hg^{2+}），以此种化学状态发挥毒性作用。金属汞主要经呼吸道侵入，皮肤也有一定吸收能力，但消化道的吸收甚微。无机汞盐的吸收取决于其溶解度。金属汞在体内的分布、代谢、排泄、毒性等与 Hg^{2+} 相似。有机汞的毒性最大，以甲基汞最大，无机汞次之。金属汞尚有小部分以物理状态溶解于血液中，并可透过血脑屏障长期积存于脑，故金属汞的中枢神经毒性远大于汞盐。游离汞在自然界很少存在，虽毒性相对较低，但长期接触会引起慢性中毒。呼吸和饮食是人体摄入汞的主要途径，此外，还包括皮肤接触。食物中的汞摄入主要来自鱼类等水产品，汞被累积在水生生物体内，进而进入人体。

（1）神经系统损伤　甲基汞进入人体后主要损伤神经系统，特别是中枢神经系统，损害最严重的是大脑和小脑。当大量的甲基汞等有机汞在短时间快速地被人体吸收时，人会出现头晕发热、意识混乱、痉挛、全身或部分器官麻痹等症状，引起急性中毒。由于是急性发作，大多数患者会死亡。情况稍好的患者也有可能会患上肝炎、肾炎和尿毒症等疾病，这类病有很严重的后遗症，并且死亡率很高，甚至会遗传下一代。短时间内被人体吸收的有机汞的量比较少时，会出现亚急性中毒，此时人体的末梢神经出现障碍，并伴有听力下降、语言能力衰退、运动能力降低等症状。当被吸收的甲基汞等有机汞的量极少时，会出现乏力、头晕等慢性中毒情况。

（2）肾脏损伤　肾脏是无机汞的主要靶器官，汞离子对肾脏细胞产生毒性作用。主要蓄积在肾小管上皮细胞内，影响上皮细胞中的酶活力并使蛋白质变性，破坏上皮细胞的膜结构和功能。

（3）生殖毒性和致畸性　母体摄入的甲基汞可通过胎盘进入胚胎体内，使胚胎发生中毒。严重者可造成流产、死胎或使初生婴儿患先天性水俣病，表现为发育不良，智力减退，甚至发生脑麻痹而死亡。另外，无机汞可能还是精子的诱变剂。

4. 砷（As）

砷是一种非金属元素，常称为"类金属"。食品中砷的毒性因其价态和化学形态不同而差异显著。元素砷和砷的硫化物几乎无毒；砷的氢化物（AsH_3）毒性很大，但在自然界极少见；通常 As^{3+} 的毒性强，砒霜（As_2O_3）是无机砷化物中毒性最强的；As^{5+} 及有机砷的毒性弱，As^{5+} 的毒性仅为 As^{3+} 的 1/5。

砷通过呼吸道、消化道及皮肤进入人体，主要蓄积于人的肝、肾、脾、肺中，最终主要通过尿液排出。许多哺乳动物能将无机砷甲基化，这是机体内降解的主要途径，这个过程可在人体大多数器官中进行，但主要在肝脏中进行。砷与体内蛋白质及多种氨基酸具有很强的亲和力，尤其是对含双巯基结构的酶（如胃蛋白酶、胰蛋白酶等）有很强的抑制作用，可造成体内代谢障碍。同时，砷可导致毛细血管通透性增加，引起多器官的广泛病变。砷对人体的危害会导致急性和慢性毒性。

（1）急性毒性　砷的急性中毒通常是由于误食或自杀吞服可溶性砷化合物引起，10min 至 1.5h 即可出现中毒症状。

（2）慢性毒性　砷是国际肿瘤机构确认的人类致癌物之一，无机砷可引起皮肤癌、肺癌、肝癌、肾癌等。实验证明，砷会引起机体染色体畸变、基因突变、染色体损伤，并抑制 DNA 和酶修复。

砷对皮肤的损害主要是慢性砷中毒所致，导致皮肤色素改变、皮肤角化和皮肤癌等。砷进入人体后随血流分布到全身各组织器官，临床上主要表现为与心肌损害有关联的心电图异常和局部微循环障碍导致的雷诺氏综合征，心脑血管疾病等。砷对消化系统影响集中在肝脏且具有神经毒性。砷对周围神经损害涉及面广泛，运动神经、感觉神经都可受到不同程度影响。砷对呼吸系统的影响并非局限于致癌作用，研究表明，燃煤污染型砷中毒对肺间质损害显著，临床上主要表现为限制性通气功能异常。流行病学和实验研究表明砷的摄入会对机体免疫功能产生抑制作用。

5. 铝（Al）

铝为银白色轻金属，在潮湿空气中能形成一层防止金属腐蚀的氧化膜，易溶于稀硫酸、硝酸、盐酸、氢氧化钠和氢氧化钾溶液，难溶于水。铝是地壳中含量最丰富的金属元素，又因其具有优良的理化性质，被广泛应用于人们的日常生活。随着对铝生物毒性效应的认知，WHO 和 FAO 于 1989 年正式将铝确定为食品污染物，并加以限量控制［暂定摄入量标准为 7mg/（kg 体重·d），2011 年修正为 2mg/（kg 体重·d）］。2014 年，国家卫生和计划生育委员会联合食药监总局等五部门联合下发了"禁铝令"，酸性磷酸铝钠、硅铝酸钠和辛烯基琥珀酸铝淀粉三种产品不再作为食品添加剂使用。

铝的吸收量受到其形态影响。普遍认为水溶性铝化合物的生物利用率较非水溶性铝化合物高。柠檬酸盐可增加铝的吸收量，而硅酸盐、磷酸盐等其他化合物则可能会减低其吸收量。

铝吸收后会进入体内大部分器官，并主要积聚于骨骼，而且血液和个别组织（如脑部、骨骼、肌肉、肾脏和肺部等）的铝含量会增加。铝主要经粪便和尿液排出体外。摄入过量的铝对人体危害比较严重，初期并无明显症状，积累后会给机体生理功能造成严重影响。

（1）对神经系统的损害 铝摄入过量后对神经细胞形态与功能均有明显的影响。摄入过多的铝，可能引起学习记忆障碍、记忆力下降等症状。随着对阿尔茨海默病认识加深，人们发现铝元素属于比较严重的诱因之一，铝会促进大脑萎缩与神经元纤维的变性。

（2）对骨骼组织的损害 铝会对骨细胞活性造成直接损害，对骨基质合成有抑制作用。骨软化症主要是铝摄入过量后，沉积在骨内，使得骨软化或引发佝偻病，发生骨痛，这类人群更容易出现骨折、肌无力及肌肉疼痛等症状。

（3）对免疫系统的损害 铝可抑制体内 T 淋巴细胞的生长和增殖，同时也抑制了 T 淋巴细胞合成分泌的细胞因子与肿瘤坏死因子。通过对亚慢性铝中毒影响雏鸡免疫功能的模型研究表明，铝对免疫系统有影响，且这种影响作用长时间存在。

（4）对生殖系统和胚胎发育的损害 水溶性铝化合物对生殖系统产生毒性。研究发现，铝暴露抑制大鼠生长发育并且导致大鼠卵巢受损；铝可在卵巢内积存，对雌性大鼠的生殖功能产生一定的抑制作用，对激素生理作用的发挥也产生一定的抑制作用。此外，铝蓄积可导致精子损伤。水溶性铝会导致胚胎发育畸形。

（5）对消化系统的损害 胃溃疡或胃酸过多的疾病中采取铝制剂治疗也比较常见，如氢氧化铝。有研究指出，长期服用铝凝胶的患者可能导致血液中铝浓度升高，发生可逆性痴呆；长期大量应用铝制剂，容易诱发肠梗阻和便秘等症状，严重情况下会诱发骨质疏松与低磷血症等。

（6）其他损害 铝与肾病、肿瘤等疾病有一定的关系；对造血功能也有毒性作用。此外，铝是引起细胞性贫血和肾疾病晚期恶性贫血的一个因素。

6. 铬（Cr）

铬是人体和动物必需的微量元素之一，属于过渡系金属，不溶于水，溶于盐酸和硫酸，在空气中不易被氧化。在环境中，它以无机铬和有机铬两种形式存在，其中有机铬的含量远远小于无机铬。常见的两种稳定氧化态铬为三价铬和六价铬，三价铬为人体及动植物维持生命所必需的微量元素，与人体糖、脂肪、蛋白质的新陈代谢有关，但浓度过高会对生命产生危害。

进入机体内的铬主要分布于肝、肾、脾和骨骼中，主要在小肠被吸收。人体对金属铬的吸收率只有 0.5%～1.0%，对无机铬的吸收率不到 1%，对有机铬的吸收率可达 10%～25%；六价铬的吸收率大于三价铬，并可通过胃酸作用还原为三价铬。铬进入血液后，主要与血浆中的铁球蛋白、白蛋白、γ-球蛋白结合，六价铬还可透过红细胞膜进入细胞，进入红细胞后与血红蛋白结合。铬的代谢产物主要从肾排出，少量经粪便排出。

铬在天然食物中的含量较低，均以三价的形式存在。人们从食物中获取的铬含量很少，通常不易导致中毒现象。六价铬具有强氧化性，其毒性是三价铬的 100 倍，是已确认的致癌物质之一。

（1）三价铬的危害 三价铬是人体和动物体必需的微量元素，通过对临床上常用的富铬酵母、氨基酸铬、烟酸铬和吡啶铬等补铬剂的动物实验和临床试验，迄今都没有发现有铬中毒症状。三价铬是否有致癌性和诱发基因突变的作用，也一直被人们所关注。

（2）六价铬的危害 六价铬的毒性比三价铬大，并可干扰体内的氧化、还原和水解过程，具有致癌并诱发基因突变的作用。美国 EPA 将六价铬确定为 17 种高度危险的毒性物质之一。误服或自杀口服六价铬化合物也可导致急性中毒。长期摄入会引起流鼻涕、打喷嚏、瘙痒、鼻出血、溃疡和鼻中隔穿孔等症状，并会引起扁平上皮癌、腺癌、肺癌等。摄入超大剂量的铬会导致肾脏和肝脏损伤以及恶心、胃肠道不适、肌肉痉挛等症状，严重时会使循环系统衰竭，失去知觉，甚至死亡。父母长期接触六价铬还可能对其子代的智力发育带来不良影响。

（四）有害金属污染的防治措施

食品中有害金属污染与环境密切相关，人与环境的物质和能量交换过程主要依靠人与资源环境之间复杂的食物链来实现，而食物链的平衡关系需要靠良好的环境来维持。只有环境安全，食品安全才可以得到保障。"一方水土养育一方人"充分说明了人类对食品资源环境的依赖性。

1. 食品污染源头管理

食品有害金属污染一部分来自种养殖类产品有害金属富集，另一部分则来自食品生产加工、贮存、运输过程中出现的污染。食品加工原料污染主要来自种植、养殖环节，因此关键要严格控制工业"三废"和生活垃圾对土壤、水和渔业的污染，做好污染源头的管理控制。

2. 食品生产过程管理

加快推行标准化生产，加强食品质量安全关键控制技术研究与推广，加大无公害农产品生产技术标准和规范的实施力度，相关部门应加大对种植、养殖环节使用药物、化肥及饲料等的科学管理。企业应严把食品原料质量和成品储存运输关。

3. 食品安全监测和应急机制

通过食品安全风险监测网络，进行食品质量的动态监测，为保证食品安全提供实时信息，制定防止食品污染突发事件应急预案和保障措施，建立健全食品安全保障应急机制。

三、环境中有机污染物

环境污染是造成食品化学性污染的主要因素，它能够产生部分生物性的危害，严重威胁食品安全和人体健康。

（一）环境污染与食品安全

排放到环境中的污染物通过多种途径和方式进入人体。其中，许多环境污染物通过食品进入人体，如以半挥发性和挥发性有机物、类激素、多环芳烃等为代表的微量难降解的有毒化学品，引起水体和土壤污染。通过污染土壤生产出的农副产品进入食物链，进而进入人体引发安全问题，如进入人体的二噁英90%以上来源于污染的食品。

许多国家在经受了环境污染的惨痛教训后，开始从环境污染走向环境治理。我国经过多年坚持不懈的努力，环境污染得到有效控制，部分污染比较严重的城市和地区环境质量大幅改善，得到了国际社会的普遍认可和赞誉。

（二）环境中有机污染物的种类

环境有机污染物污染引起的食品安全性问题，主要是通过环境中的有害物质在动植物中累积造成的。污染物质随污水进入水体以后，能够通过植物的根系吸收向地上部分以及果实中转移，使有害物质在作物中累积，同时也能进入生活在水中的水生动物体内并蓄积。

1. 酚类

酚类污染物来源广，如炼油厂、石油化工厂等在生产过程中，产生大量的含酚废水，通常以苯酚和甲酚的含量最高。当水中含酚0.022mg/L时可闻到讨厌的臭味，灌溉水和土壤里过量的酚会在粮食、蔬菜中蓄积，影响农作物产品的品质。

酚在植物体内的分布是不同的，一般茎叶较高，种子较低；不同植物对酚的积累能力也有差别。研究表明，蔬菜中以叶菜类较高，其排列顺次是：叶菜类>茄果类>豆类>瓜类>根菜类。植物本身含有一定量的酚类化合物，同时从含酚的水和土壤中吸收外源酚。植物具有多种能分解酚的酶类，有分解酚的能力，酚进入植物体后，能将吸收的酚通过生化反应降解为无毒的化合物或代谢为 CO_2，因此植物在积累酚的同时也能代谢酚。污水中的酚在低浓度时能影响鱼类的洄游繁殖，高浓度能引起鱼类的大量死亡。

2. 石油工业废水

石油工业废水来自炼油厂，石油工业废水不仅对作物的生长产生危害，还会影响食品的品质。由高浓度石油工业废水灌溉土地而生产的稻米，煮成的米饭有汽油味，花生榨出的油也有油臭味，生长的蔬菜（如萝卜）也有浓厚的油味，这种受到石油工业废水污染而生产的食品，人食用后会感到恶心。石油工业废水中还含有致癌物 3,4-苯并芘，这种物质能在灌溉的农田土壤中积累，并能通过植物的根系吸收进入植物，引起积累。石油工业废水能对水生生物产生较严重的危害。高浓度时，能引起鱼虾死亡，特别是幼鱼、幼虾。石油中的油臭成分能从鱼、贝的腮黏膜侵入，通过血液和体液迅速扩散到全身，降低海产品的食用价值。

3. 苯及其同系物

苯及其同系物在化学上称芳香烃，是基本的化工原料之一。工业上制造和使用芳香烃的行业，如化工、合成纤维、塑料、橡胶、制药、电子和印刷等，会产生含芳香烃的废水和废气。苯及其同系物影响人的神经系统，剧烈中毒能麻醉人体，使人失去知觉，甚至死亡；轻则产生头晕、无力和呕吐等症状。含芳香烃废水浇灌作物，对食品食用安全性的影响在于它能使粮食、蔬菜的品质下降，且在粮食、蔬菜中残留，不过其残留量较小。如用含苯 25mg/L 的污水灌溉的黄瓜淡而无味，涩味增加，含糖量下降 8%，并随着废水浓度的增加，其涩味加重。GB 5084—2021《农田灌溉水质标准》对灌溉水中甲苯、二甲苯、苯酚等含量做了限量规定。

（三）环境中有机污染物的防治措施

1. 大气有机污染物防治

环境污染会给生态系统造成直接的破坏和影响，也会给生态系统和人类社会造成间接的危害，有时这种间接环境效应的危害比当时造成的直接危害更大，也更难消除。

植物在保持大气中 O_2 与 CO_2 的平衡以及吸收有毒气体等方面有着举足轻重的作用。地球上大气总量中 O_2 的 60% 来自陆生植物，特别是森林。植物还有吸收有毒气体的作用，不同的植物可以吸收不同的毒气。植物对大气飘尘和空气中放射性物质也有明显的过滤、吸附和吸收作用。植物吸收大气中有毒气体的作用是明显的，但当污染十分严重、有害物浓度超过植物能承受的限度时，植物本身也将受害，甚至枯死。所以选择某些敏感性植物又可起到对毒气的警报作用。

2. 水源有机污染物防治

（1）加强水污染的治理　强化行政、法制手段，对工业企业、乡镇工业实行达标排放；严禁产生有毒有害"三废"的企业设置在居民住宅区、主要河道及耕地附近；加强对城镇生活污水和面污染源的治理；加快城镇生活污水处理厂的建设；开展面污染源定性、定量研究，寻求治理面污染源的良策。

（2）开展水污染、土壤污染与农作物污染之间分布规律的研究　不同品种的农作物对有害物质的吸收和蓄积能力有很大差别，利用这种富集强弱的差异，在被污染的地方指导农民合理规划使用土地，有选择地种植作物，以达到充分利用耕地、减少对人体健康危害的目的。

（3）选择无工业污染的地区　目前一些地区发展"绿色食品"往往片面理解为无农药污染，而忽视了工业污染的影响。建立"菜篮子"工程，意义不仅是选择清洁区作为生产基地，引用的灌溉水卫生质量也能得到保障。农业和水利部门目前所提倡和推广的集中喷灌式浇水法既可避免水资源的浪费，又可防止受污染水体中的有害物进入农田。

（4）开展粮食、蔬菜中有害物质含量卫生标准的制定　土壤中有毒有害化学成分含量与农作物中相关元素之间有着极为密切的联系。因此需要制定粮食蔬菜中有害物质含量卫生标准，规范地方生产基地及加工服务管理，控制有毒有害物质浓度，加强对市售粮食、蔬菜的卫生及安全控制。

3. 土壤有机污染物防治

目前我国许多农产品的质量安全问题，主要表现是农药残留。为了确保食品安全，必须采取正确的对策和综合防治措施。

首先要对症下药，农药的使用品种和剂量因防治对象不同应有所不同。其次是适时、适量用药。制定农药的每日允许摄入量，并根据人们饮食习惯，制定出各种作物与食品中的农药最大残留限量。农作物种类不同，对各种农药的吸收率也不同。在污染较重地区，在一定时间内不宜种植易吸收农药的作物，代之以栽培果树、菜类等不易吸收农药的作物品种，减少农药的污染。高效、低毒、低残留农药是开发农药新品种的主要发展方向。

四、食品加工过程中形成的毒性物质

（一）N-亚硝基化合物

1. N-亚硝基化合物的分类

N-亚硝基化合物对动物是强致癌物，研究的 100 多种亚硝基类化合物中，80 多种有致癌作用。N-亚硝基化合物是在食品贮存、加工过程中或在人体内生成的。天然食品中 N-亚硝基化合物的含量极微，但可通过各种污染途径进入食品，也可由食品中广泛存在的 N-亚硝基化合物前体物在适宜条件下生成，即含有 N-结构化合物与亚硝酸盐反应生成。目前发现含 N-亚硝基化合物较多的食品有烟熏鱼、腌制鱼、腊肉、火腿、腌酸菜等。

N-亚硝基化合物根据其化学结构可分为两大类，即 N-亚硝胺类与 N-亚硝酰胺类。N-亚硝胺类化学性质较 N-亚硝酰胺类稳定，除了某些 N-亚硝胺（如 N-亚硝基二甲胺、N-亚硝基二乙胺，N-亚硝基二乙醇胺等）可以溶于水及有机溶剂外，大多数 N-亚硝胺都不溶于水，仅溶于有机溶剂。

2. N-亚硝基化合物的来源

（1）N-亚硝基化合物的前体物质　它广泛存在于环境中，人类与之接触十分频繁。在城市的大气、水体、土壤及各种食品中，如鱼、肉、蔬菜、谷类中均发现存在多种 N-亚硝基化合物的前体物质，主要经消化道进入体内。

（2）水果蔬菜　水果蔬菜中含有的硝酸盐来自土壤和肥料。贮存过久的新鲜蔬菜、腐烂蔬菜及放置过久的煮熟蔬菜中的硝酸盐在硝酸盐还原菌的作用下转化为亚硝酸盐。食用蔬菜过多时，大量硝酸盐进入肠道，若肠道消化功能欠佳，则肠道内的细菌可将硝酸盐还原为亚硝酸盐。

（3）畜禽肉类及水产品　这类产品中含有丰富的蛋白质，在烘烤、腌制、油炸等加工过程中蛋白质会分解产生胺类，腐败的肉制品会产生大量的胺类化合物。

（4）乳制品　乳制品中的枯草杆菌，可使硝酸盐还原为亚硝酸盐。

（5）腌制品　刚腌制不久的蔬菜含有大量亚硝酸盐，一般于腌后20d消失。腌制肉制品时加入一定量的硝酸盐和亚硝酸盐，以使肉制品具有良好的风味和色泽，且具有一定的防腐作用。

（6）啤酒　传统工艺生产的啤酒含有 N-亚硝基化合物，改进工艺后含量大幅降低。

3. 人体内 N-亚硝基化合物的危害途径

人体可通过各种途径受到 N-亚硝基化合物毒害，简单来说可分为直接摄入和体内合成两大途径，即通过食物和水直接摄入 N-亚硝基化合物或摄入前体物后在胃肠道中合成。

4. N-亚硝基化合物的危害评价

N-亚硝基化合物的前体物（亚硝酸盐、氮氧化物和胺等）广泛存在于食品中，在食品加工过程中易转化成亚硝胺和其他 N-亚硝基化合物。硝酸盐、亚硝酸盐及 N-亚硝基化合物的毒物动力学及代谢途径是紧密相连的。

硝酸盐和亚硝酸盐的急毒性表现为不同的受试动物其半数致死剂量不同。据报道，在所知的 N-亚硝基化合物中约有90%对受试动物具有致癌性，尤其是非挥发性亚硝基化合物。能形成 N-亚硝基化合物的前体较多，如硝酸盐、亚硝酸盐、胺类及氨基化合物等，而这些前体广泛存在于人类食品中。因此，这些前体摄入过量就要考虑它们在体内转化为亚硝基化合物的可能性。硝酸盐对生殖能力影响的数据尚不明确。硝酸盐在本质上是没有基因毒性，但它能转化为亚硝酸盐和 N-亚硝基化合物。

（二）杂环胺类化合物

1. 杂环胺类的特征

杂环胺（heterocyelic aromatic amines，HAAs）是在食品加工过程中由于蛋白质、氨基酸热解产生，由碳、氢与氮原子组成的具有多环芳香族结构的类化合物。杂环胺在多种煎炸食品、咖啡饮料等食品中都可以检测到。食品中HAAs生成量的多少与食品种类、烹调温度、加热时间、加工方式等因素有关，其中最为关键的因素是烹调温度和加热时间。一般来说，烹调温度越高，加热时间越长，HAAs的生成量就越多。已有实验证明，正常烹调食品中均含有不同量的杂环胺，几乎所有的人都无法避免每天从食品中摄入杂环胺类物质。

2. 杂环胺类的来源

杂环胺类是从烹调食品中分离出来的一类带有杂环的伯胺，主要由肉制品的氨基酸、肌酸酐、肌酸和碳水化合物为前体的原料在高温下产生。根据化学结构可以将其分为氨基咪唑氮杂环芳烃（amini-imidazoazaaren，AIA）和氨基咔啉（amino-carboline congener，ACC）两大类。AIA又包括喹啉类（quinoline congener，IQ）、喹喔啉类（quinoxaline congener，IQx）、吡啶类（pyridine congeners）和苯并嗪类，陆续鉴定出新的化合物大多数为这些类别的化合物。氨基咪唑氮杂环芳烃在普通烹调温度（100~225℃）时形成，有时称为热诱导突变物质，含有咪唑环，其上的a位置有一个氨基，在体内可以转化为 N-羟基化合物，具有致癌、致突变活性。目前已有超过20种的此类化合物被鉴定出来，包括喹啉类、喹喔啉类和吡啶类。因AIA上的氨基能耐受2mmol/L的亚硝酸钠的重氮化处理，与最早发现的IQ性质相似，因此又被称为IQ型HAAs。氨基咔啉类在300℃以上的高温下形成，包括如下胺类：α-咔啉、γ-咔啉和δ-咔啉。氨基咔啉类环上的氨基不能耐受2mmol/L的亚硝酸钠的重氮化处理，在处理时氨基会脱离成为 C-羟基，失去致癌、致突变活性，也被称为非IQ型HAAs。

3. 杂环胺类的危害评价

杂环胺类的发现对探明食品中具有致癌、致突变性物质的诱因意义重大。1939年Widmark发现用烤马肉的提取物涂布于小鼠的背部可以诱发乳腺肿瘤，表明烤马肉中含有致癌物。20世纪后期，人们发现直接用明火或炭火炙烤的烤鱼在污染物致突变性检测试验中检出强烈的致突变性，其活性远远大于其所含的苯并芘的活性。后来在烤焦的肉，甚至在正常烹调的肉中也同样检出强烈的致突变性，接着新的致癌、致突变物HAAs被相继发现。

烹调食品中形成的HAAs是一类间接诱变剂。HAAs的助诱变作用发生机理可能是通过影响代谢活化或DNA解螺旋，使诱变剂易攻击DNA，导致诱变率增加。烹调食品中发现诱变性HAAs后，进行啮齿类动物致癌试验并得到阳性结果，该试验作为遗传毒理学预测致癌物的方法针对性强，试验证明大部分HAAs具有致癌性，且具有多种靶器官。

（三）苯并芘

1. 苯并芘的特征

苯并芘，是含苯环的稠环芳烃，有强致癌性。根据苯环的稠合位置不同，苯并芘有多种异构体，常见的有两种，一种是苯并 [a] 芘，另一种是苯并 [e] 芘。苯并[a]芘又称3,4-苯并[a]芘（3,4-benzo[a] pyrene, B[a]P），主要是一类由5个苯环构成的多环芳烃类污染物，是常见的多环芳烃的一种，对食品的安全影响最大。

2. 食品中苯并芘的污染来源

（1）熏烤食品污染   熏烤食品的熏烟中含有多环芳烃，其来源主要有以下方面：熏烤所用的燃料木炭含有少量的B[a]P，在高温下有可能伴随着烟雾侵入食品中；烤制时，滴于火上的食物脂肪焦化产物热聚合反应，形成B[a]P，附着于食物表面；熏烤的鱼或肉自身的化学成分糖和脂肪，其不完全燃烧也会产生B[a]P以及其他多环芳经。

（2）高温油炸食品污染   多次使用的高温植物油、油炸过火的食品都会产生B[a]P，油炸食品对身体健康的危害不容忽视。煎炸时所用油温越高，产生的B[a]P越多。另外，食用油加热到270℃时，产生的油烟中含有的B[a]P等化合物，吸入人体可诱发肿瘤及导致细胞染色体的损害。

3. 苯并芘的危害性评价

B[a]P对人的健康有巨大危害，它主要是通过食物和饮水进入机体，在肠道被吸收，进入血液后很快分布于全身。乳腺和脂肪组织可以蓄积B[a]P。B[a]P对眼睛、皮肤有刺激作用，是致癌物和诱变剂，有胚胎毒性。动物实验发现，经口摄入B[a]P可通过胎盘进入胎仔体内，引起毒性及致癌作用。B[a]P主要经过肝脏、胆道从粪便排出体外。

（1）致癌性   B[a]P是目前世界上公认的强致癌物质之一。B[a]P等多环芳烃类化合物通过呼吸道、消化道、皮肤等均可被人体吸收，严重危害人体健康。B[a]P能引起胃癌、肺癌及皮肤癌等癌症。B[a]P引起癌症的潜伏期很长，一般要20~25年。现已证实，大气中B[a]P的浓度与肺癌发病率有关。

（2）致畸性和致突变性   B[a]P对兔、豚鼠、大鼠、鸭、猴等多种动物均能引起胃癌，并可经胎盘使子代发生肿瘤，造成胚胎死亡或畸形及仔鼠免疫功能下降。B[a]P是许多短期致突变实验的阳性物，在Ames试验及其他细菌突变、细菌DNA修复、染色体畸变、哺乳类细胞培养及哺乳类动物精子畸变等试验中均呈阳性反应。

（3）长期性和隐匿性   B[a]P如果在食品中有残留，即使人当时食用后无任何反应，也会在人体内形成长期性和隐匿性的潜伏，在表现出明显的症状之前有一个漫长的潜伏过程，甚至可以影响到下一代。GB 2762—2022《食品安全国家标准　食品中污染物限量》中规定，油脂及其制品中 B[a]P 最大限量值为 10μg/kg。

（四）氯丙醇类化合物

人们关注氯丙醇是因为 3-氯-1,2-丙二醇（3-MCPD）和 1,3-二氯-2-丙醇（1,3-DCP）具有潜在致癌性，其中 1,3-DCP 属于遗传毒性致癌物。

水解植物蛋白被应用于酱油工业提高了产量，降低了成本，但在生产酸水解植物蛋白过程中产生了氯丙醇，由于多种因素的影响，一氯丙醇生成量通常是二氯丙醇的 100~10000 倍，而一氯丙醇中 3-MCPD 的量通常又是 2-MCPD 的数倍至 10 倍左右。所以水解蛋白质的生产过程，以 3-MCPD 为主要品控指标，而且 3-MCPD 是氯丙醇类化合物中污染最严重、毒性也相对较大的一种，以下主要以 3-MCPD 为例对氯丙醇的毒性及危害做评述。

1. 一般毒性

在大鼠和小鼠的亚急性毒性试验中发现，肾脏是 3-MCPD 的毒性作用靶器官，3-MCPD 会引起癌症，影响肾脏。

2. 生殖毒性

氯丙醇能够使精子减少和精子活性降低，并有抑制雄性激素生成的作用，使生殖能力减弱，甚至有人将 3-MCPD 作为男性避孕药开发，但是后来由于其毒副作用而舍弃。3-MCPD 对其他雄性哺乳动物生殖力的影响要比大鼠弱，而且增加了雄性的肾脏及睾丸患肿瘤的概率，以及包皮腺癌的发生率。

3. 遗传毒性

目前认为体外试验中 3-MCPD 呈现的遗传毒性，是由 3-MCPD 和培养基成分发生化学反应的产物所致，而不是生物转化的结果。大多数研究结果表明 3-MCPD 属于非遗传毒性致癌物。

4. 神经毒性

小鼠和大鼠对 3-MCPD 的神经毒作用敏感性相同，尤其是对脑干的对称性损伤。最早的神经毒性改变局限在神经系统胶质细胞中，主要是星状细胞的严重水肿、细胞器严重破坏。实验动物中枢神经系统损伤呈现显著的剂量-效应关系。

（五）丙烯酰胺类化合物

丙烯酰胺（acrylamide）为结构简单的小分子化合物，是聚丙烯酰胺合成中的化学中间体（单体），是制造塑料的化工原料。一些普通食品在经过煎、炸、烤等高温处理时也会产生丙烯酰胺，如油炸薯条、薯片等含碳水化合物高的食品，经 120℃ 以上高温长时间油炸，在食品内检测出丙烯酰胺。

动物实验发现丙烯酰胺单体是一种有毒的化学物质，引起动物致畸和致癌。丙烯酰胺还可损伤雄性动物的生育能力。丙烯酰胺的毒性特点是在体内有一定的积蓄效应，并具有神经毒性效果，主要导致周围神经病变和小脑功能障碍，损坏用坏神经系统，甚至使人瘫痪，并能引起神经损伤、基因损伤。

1. 急性毒性

一次性经口给予实验动物大剂量丙烯酰胺，可造成神经系统损害，产生神经毒性效应。

2. 遗传毒性

实验研究表明，丙烯酰胺具有遗传毒性。丙烯酰胺在哺乳动物细胞基因突变实验中结果为阴性或弱阳性。丙烯酰胺可诱导哺乳动物细胞的染色体畸变、微核的产生、姐妹染色单体交换、多倍体和非整倍体的产生，以及其他有丝分裂的紊乱等。环氧丙烯酰胺可以诱导大鼠肝细胞和人体细胞的程序外 DNA 合成。在果蝇中，丙烯酰胺既可以诱导性连锁隐性致死突变，也可以诱导体细胞突变。对啮齿类动物，丙烯酰胺是生殖细胞致突变剂，可能在基因和染色体水平对生殖细胞产生损伤。

3. 亚急性毒性

对 BLAB/c 小鼠实验表明丙烯酰胺对小鼠的心、肝、脾均有一定的毒性。人亚急性中毒的症状及体征主要集中于皮肤、神经系统和消化道，以神经系统最为突出，表现为各种深反射减弱（肱二头肌反射、肱三头肌反射、膝反射、跟腱反射）等。

4. 生殖毒性

丙烯酰胺可以影响雄性动物的生育能力，具体表现为精子计数减少和精子活动能力减弱。

5. 慢性毒性

机体长期接触丙烯酰胺时，神经系统的相关症状会加剧，提示丙烯酰胺在体内有积蓄作用。人慢性中毒症状主要表现为中脑和末梢神经系统的功能障碍，出现肌无力、感觉缺失、反射消失以及平衡失调等。

6. 致癌性

小鼠实验表明肿瘤发生率与对照组相比有统计学意义，肺、肾上腺、甲状腺、中枢神经系统、口腔、阴囊、乳腺和子宫的肿瘤发生率明显增加。除经口途径外，皮肤接触和腹腔给予丙烯酰胺也能够引起实验动物肺和皮肤的肿瘤。目前尚未有研究表明丙烯酰胺可以使人类患癌的危险性增加。

五、食品包装材料中潜在有毒物质的迁移

常用的食品包装材料和容器主要有纸和纸包装容器，塑料和塑料包装容器，金属和金属包装容器，复合材料及其包装容器，玻璃、陶瓷容器，木质容器，麻袋、布袋、草、竹等其他包装物。其中，纸、塑料、金属和玻璃已成为包装工业的四大支柱材料。由于包装材料直接和食品接触，很多材料成分可进入食品中，这一过程一般称为迁移。迁移现象可在玻璃、陶瓷、金属、硬纸板和塑料等包装材料中发生。因此，对于食品包装材料安全性的基本要求是，不能向食品中迁移释放有害物质，不与食品中成分发生反应。2011 年台湾"塑化剂事件"酿成的重大食品安全事件，正是食品包装中污染物的安全危害，这引起了人们对食品包装材料和容器安全性的重视。

（一）塑料包装材料

1. 塑料包装材料及其制品的食品安全性

塑料是一种以高分子聚合物树脂为基本成分并适量加入一些改善性能的添加剂制成的高分子材料。根据塑料受热后的变化情况，将其分为两类：一类是热塑性塑料，如聚乙烯和聚丙烯，它们在被加热到一定程度时开始软化，可以吹塑或挤压成型，降温后可重新固化，这一过程可以反复多次；一类是热固性塑料，如酚醛树脂和脲醛树脂，这类塑料受热后可变软被塑成一定形状，但在硬化后再加热也不能软化变形。

2. 塑料包装材料中的不安全因素

塑料包装材料的不安全性主要表现为材料内部残留的有毒有害物质溶出和迁移导致的食品污染，其主要来源有以下几个方面。

（1）树脂材料　树脂中未聚合的游离单体、裂解物（氯乙烯、苯乙烯、酚类、丁腈胶、甲醛）、降解物及老化产生的有毒物质对食品安全均有影响。FDA 指出，不是聚氯乙烯本身而是残存其中的氯乙烯在摄取后有致癌、致畸的可能，因而禁止聚氯乙烯制品作为食品包装材料。

（2）塑料包装容器表面　因塑料易带电，吸附在塑料包装表面的微生物及微尘杂质可引起食品污染。

（3）塑料制品制作过程中使用添加剂　稳定剂大多数为金属盐类，其中钙、锌盐稳定剂在许多国家允许使用，但铅、钡和镉盐对人体危害较大，一般不添加于接触食品的工具和容器中；塑化剂又称增塑剂，主要是增加了聚合物的塑性，表现为聚合物的硬度、软化温度和脆化温度下降，而伸长率、曲挠性和柔韧性提高，起到增加塑料弹性的作用。主要应用于玩具、食品包装材料、医用血袋和胶管、乙烯地板和壁纸、清洁剂、润滑油、个人护理用品的生产中。GB 9685—2016《食品安全国家标准　食品接触材料及制品用添加剂使用标准》对应用于食品包装材料中的塑化剂（主要为邻苯二甲酸酯类）的使用范围、最大使用量、特定迁移量或最大残留量做了明确要求，并规定"仅用于接触非脂肪性食品的材料，不得用于接触婴幼儿食品用材料"；抗氧化剂可使塑料制品表面光滑，并能改进其结构和性质以防止氧化，常用丁基羟基茴香醚和二丁基羟基甲苯，两者毒性很低；抗静电剂一般为表面活性剂，有阳离子型、阴离子型和非离子型，其中非离子型毒性最低；绚丽多彩的塑料制品不仅丰富了市场，也美化了生活，但不合格塑料着色剂或着色剂的不当使用，则可能给消费者的健康安全造成隐患。由着色剂使用导致的品质问题已成为塑料制品安全卫生指标不合格的重要原因之一。

（4）塑料回收再利用　国家明确规定聚乙烯回收再生品不得用于制作食品包装材料，而其他回收的塑料材料，往往由于种种原因影响食品安全问题。主要有以下几个方面：其一，由于回收渠道复杂，回收容器上常残留有害物质，如添加剂、重金属、色素、病毒等，难以保证清洗处理完全，从而对食品造成污染。其二，有的回收品被添加大量涂料以掩盖质量缺陷，导致涂料色素残留大，造成对食品的污染。其三，因监管不当等原因，有些有毒塑料被回收利用，造成食品安全隐患。

（5）油墨　油墨大致可分为苯类油墨、无苯油墨、醇性油墨和水性油墨等种类。油墨中主要物质有颜料、树脂、助剂和溶剂。油墨厂家往往考虑树脂和助剂对食品安全性的影响，而忽视颜料和溶剂对食品安全的间接危害。国内的小油墨厂家甚至用染料来代替颜料进行油墨的制作，而染料的迁移会严重影响食品的安全性；另外为提高油墨的附着牢固度会添加一些促进剂，如硅氧烷类物质，此类物质基团会在一定的干燥条件下生成甲醇等物质，而甲醇会对人的神经系统产生危害。

（6）复合薄膜用黏合剂　黏合剂大致可分为聚醚类和聚氨酯类。聚醚类黏合剂正逐步被淘汰，而聚氨酯类黏合剂以其良好的黏结强度和耐超低温性能，广泛地应用于食品复合薄膜。聚氨酯类黏合剂有脂肪族和芳香族两种。我国目前没有食品包装用黏合剂的国家标准，各个生产供应商的企业标准中也没有重金属含量的指标，而国外对食品包装中的芳香胺含量有严格的限制。欧盟规定芳香族异氰酸酯迁移量小于 10mg/kg。

3. 食品包装常用塑料材料及其安全性

（1）三聚氰胺甲醛树脂（melamine-formaldehyde resin，MF）　三聚氰胺甲醛树脂由三聚氰胺和甲醛制成，在其中掺入填充料及纤维等而成型。三聚氰胺甲醛树脂成型温度比脲醛树脂高，甲醛的溶出也较少。三聚氰胺甲醛树脂一般用来制造带盖的容器，但在食品容器方面的应用要比酚醛树脂少一些。

（2）聚氯乙烯（polyvinyl chloride，PVC）　聚氯乙烯是由氯乙烯聚合而成。聚氯乙烯塑料是以聚氯乙烯树脂为主要原料，再加以增塑剂、稳定剂等加工制成。聚氯乙烯树脂本身是一种无毒聚合物，但其原料单体氯乙烯具有麻醉作用，可引起人体四肢血管的收缩而产生痛感，同时还具有致癌和致畸作用。表 2-3 为日本国立卫生试验所发表的聚氯乙烯塑料包装食品在室温储存 8 周，氯乙烯单体溶入食品中的试验结果。

表 2-3	聚氯乙烯容器溶入食品中的单体试验	单位：mg/kg
容器	氯乙烯单体含量	室温保存 8 周食品中氯乙烯单体含量
食用油容器	2.8	>0.05
威士忌酒容器	1.7	<0.05
酱油容器	5.0	<0.05
醋容器	2.6	<0.05

（3）聚偏二氯乙烯（polyvinylidene chloride，PVDC）　聚偏二氯乙烯是由偏氯乙烯单体聚合而成，具有极好的防潮性和气密性，化学性质稳定，并有热收缩性等特点。聚偏二氯乙烯薄膜主要用于制造火腿肠、鱼香肠等灌肠类食品的肠衣。聚偏二氯乙烯中可能有氯乙烯和偏二氯乙烯残留，属中等毒性物质。

（4）聚乙烯（polyethylene，PE）　聚乙烯为半透明和不透明的固体物质，是乙烯的聚合物。聚乙烯塑料本身无毒。聚乙烯塑料的污染物主要包括聚乙烯中的单体乙烯、添加剂残留以及回收制品污染物。其中乙烯有低毒，但由于沸点低，极易挥发，在塑料包装材料中残留量很低，加入的添加剂量又非常少，基本上不存在残留问题，故一般认为聚乙烯塑料是安全的包装材料。但低分子量聚乙烯溶于油脂使油脂具有蜡味，从而影响产品质量。

（5）聚丙烯（polypropylene，PP）　聚丙烯是由丙烯聚合而成的一类高分子化合物。它主要用于制作食品塑料袋、薄膜、保鲜盒等。聚丙烯塑料残留物主要是添加剂和回收再利用品残留。由于其易老化，需要加入抗氧化剂和紫外线吸收剂等添加剂，因此易造成添加剂残留污染。

（6）聚苯乙烯（polystyrene，PS）　聚苯乙烯是由苯乙烯单体聚合而成。聚苯乙烯本身无毒、无味、无臭，不易生长霉菌，可制成收缩膜、食品盒等。其安全性问题主要是苯乙烯单体、甲苯、乙苯和异丙苯等的残留。

（7）聚对苯二甲酸乙二醇酯（polyethylene glycol terephthalate，PET）　由对苯二甲酸或其甲酯和乙二醇缩聚而成的聚对苯二甲酸乙二醇酯，由于具有透明性好、阻气性高的特点，广泛用于液体食品的包装。在美国和西欧作为碳酸饮料容器使用。聚对苯二甲酸乙二醇酯的溶出物，可能来自乙二醇与对苯二甲酸的三聚物聚合时的金属催化剂（锑、锗），不过其溶出量非常少。

（8）复合材料 复合薄膜是塑料包装发展的方向，它具有以下特点：可以高温杀菌，延长食品的保质期；密封性能良好，适用于各类食品的包装；防氧气、水、光线的透过，能保持食品的色、香、味；如采用铝箔层，能增加印刷效果。复合薄膜的突出问题是黏合剂。目前采用的黏合方式有两种：一种是采用改性聚丙烯直接复合，它不存在食品安全问题；另一种是采用黏合剂黏合，多数厂家采用聚氨酯型黏合剂，这种黏合剂中含有甲苯二异氰酸酯（toluene diisocyanate，TDI），用这种复合薄膜袋包装食品经蒸煮后，就会使甲苯二异氰酸酯迁移至食品，并水解产生具有致癌性的 2,4-二氨基甲苯（toluene-2,4-diamine，TDA）。

4. 塑料容器和塑料包装材料的卫生要求

用于食品容器和包装材料的塑料制品本身应纯度高，禁止使用可能游离出有害物质的塑料。我国对塑料包装材料及其制品的卫生标准也做了规定，如表 2-4 所示。

表 2-4 我国对几种塑料或塑料制品制定的卫生标准 单位：mg/kg

指标名称	浸泡条件*	聚乙烯	聚丙烯	聚苯乙烯	三聚氰胺甲醛树脂	聚氯乙烯
单体残留量		—	—	—		<1
蒸发残留量	4%乙酸	<30	<30	<30	—	<20
	65%乙醇	<30	<30	<30		<20
	蒸馏水	—	—	—	<10	<20
	正己烷	<60	<30	—		<15
高锰酸钾消耗量	蒸馏水	<10	<10	<10	<10	<10
重金属量（以 Pb 计）	4%乙酸	<1	<1	<1	<1	<1
脱色试剂	冷餐油	阴性	阴性	阴性	阴性	阴性
	乙醇	阴性	阴性	阴性	阴性	阴性
	无色油脂	阴性	阴性	阴性	阴性	阴性
甲醛	4%乙酸				—	

注：*浸泡液接触面积一般以 $2mL/cm^2$ 计。

5. 塑料容器和塑料包装材料引起的食品安全问题的对策和建议

塑料的生产和使用问题一直是食品包装行业的一个重要控制点，能否规范塑料及其添加剂的流通和使用，关系到食品包装行业的发展，更与人们的身体健康密切相关，关于塑料容器和包装材料的管理、使用等建议如下。

（1）对于新型的食品容器包装材料进行申报审批 2016 年，经食品安全国家标准审评委员会审查通过，国家卫生和计划生育委员会对外发布 GB 4806.1—2016《食品安全国家标准食品接触材料及制品通用安全要求》等53项食品安全国家标准，于2017年实施。随着科技的进步，添加剂的种类也在不断创新，可用于食品包装容器、材料的添加剂不断增加，但仍不能满足生产需要。因此，对于新的可用于食品容器、包装材料的物质，我国也在不断出台新的政策。

（2）正确认识和使用塑料包装   消费者要加强自身对食品包装方面的认识，正确使用塑料包装容器和材料，改变日常的一些生活习惯，尽量不使用一次性塑料餐饮具。在选食品容器时，应尽量避免使用塑料器材，改用高质量的不锈钢、玻璃和搪瓷容器；保存食品用的保鲜膜宜选择不添加塑化剂的PE材质，并避免将保鲜膜和食品一起加热。最好少用保鲜膜、塑料袋等包装和盛放食品；尽量避免用塑料容器和塑料袋放热水、热汤、茶和咖啡等；尽量少用塑料容器盛放食品在微波炉中加热，因为微波炉加热时温度相当高，油脂性食品更会加速有害物质的溶出。

（二）食品包装用纸

纸是从纤维悬浮液中将纤维沉积到适当的成型设备上，经干燥制成的平整均匀的薄页，是一种古老的食品包装材料。随着塑料包装材料的发展，纸质包装曾一度处于低谷。近年来，随着人们对白色污染等环保问题的日益关注，纸质包装在食品包装领域的需求和优势越来越明显。有些国家（如爱尔兰、加拿大和卢旺达）规定食品包装一律禁用塑料袋，提倡使用纸制品进行绿色包装。目前世界上用于食品的纸包装材料种类繁多，性能各异，各种纸包装材料的适用范围不尽相同。

1. 纸中有害物质的来源

（1）造纸原料本身带来的污染   生产食品包装纸的原材料有木浆、草浆等，存在农药残留。有的纸质包装材料使用一定比例的回收废纸制纸。废旧回收纸虽然经过脱色，但只是将油墨颜料脱去，而有害物质铅、铬、多氯联苯等仍可残留在纸浆中；有的采用霉变原料生产，使成品含有大量霉菌。

（2）造纸过程中的添加物   造纸需在纸浆中加入化学品，如防渗剂/施胶剂、填料、漂白剂、染色剂等。纸的溶出物大多来自纸浆的添加剂、染色剂和无机颜料，而这些物质的制作多使用各种金属，这些金属即使在mg/kg级以下也能溶出。此外，从纸制品中还能溶出防霉剂或树脂加工时使用的甲醛。我国不允许食品包装材料使用荧光染料或荧光增白剂等致癌物。

（3）油墨污染   我国没有食品包装专用油墨，在纸包装上印刷的油墨，大多是含甲苯、二甲苯的有机溶剂型凹印油墨，为了稀释油墨常使用含苯类溶剂，造成残留的苯类溶剂超标。苯类溶剂在GB 9685—2016《食品安全国家标准   食品接触材料及制品用添加剂使用标准》中禁止使用，但仍有不法分子在大量使用；油墨中所使用的颜料、染料中，存在重金属（铅、镉、汞、铬等）、苯胺或稠环化合物等物质，容易引起重金属污染，而苯胺类或稠环染料则是明显的致癌物质。印刷时因相互叠在一起，造成无印刷面也接触油墨，形成二次污染。所以，纸制包装印刷油墨中的有害物质，对食品安全的影响很严重。为了保证食品包装安全，采用无苯印刷将成为发展趋势。

（4）贮存、运输过程中的污染   纸包装物在贮存、运输时表面受到灰尘、杂质及微生物污染，对食品安全造成影响。此外，纸包装材料封口困难，受潮后牢度会下降，受外力作用易破裂。因此，使用纸类作为食品包装材料，要特别注意避免因封口不严或包装破损而引起的食品包装安全问题。

2. 食品包装用纸中的主要有毒有害物质

（1）荧光增白剂　荧光增白剂是能够使纸张白度增加的一种特殊白色染料，它能吸收不可见的紫外光，将其变成可见光，消除纸浆中的黄色，增加纸张的视觉白度。添加荧光增白剂，纸张白度可提高10%以上，是纸张增白的重要手段。

GB 9685—2016《食品安全国家标准　食品接触材料及制品用添加剂使用标准》中规定，食品包装用原纸禁止添加荧光增白剂等有害助剂。但是，由于世界范围的植物资源短缺和人类对环境保护的日益重视，废纸越来越多地用于制浆造纸工业。废纸中的荧光增白剂和纯木浆中添加的荧光增白剂是食品包装用纸荧光增白剂的重要来源。

（2）有害金属　食品包装用纸中有害金属的来源主要有两个方面。一方面，是造纸用的植物纤维在生长过程中吸收了自然界存在的有害金属。另一方面，由于一些不法企业使用了废纸，废纸中的油墨、填料等可能含有有害金属，从而导致食品包装用纸中可能含有大量的有害金属，对人们的健康构成了严重威胁。

欧盟指令94/62/EC《包装和包装废弃物法令》及其修正案2004/12/EC，对包装及其包装废品中的重金属含量提出了限量要求：从2001年6月30日起，各成员国保证所使用的包装及其材料中，铅、镉、汞、六价铬的总量低于100mg/kg。该指令适用于市场中用于工业、商业、家用或其他任何用途的所有包装及其包装废品，所规范的包装材料包括玻璃、塑胶、纸板、金属合金及木头等。

目前，国内涉及纸品中重金属检测的国家标准只有GB 4806.8—2022《食品安全国家标准　食品接触用纸和纸板材料及制品》，其中对铅和砷进行了限量规定：铅≤3mg/kg，砷≤1mg/kg。以上两者的测定方法见GB 31604.49—2016《食品接触材料及制品　砷、镉、铬、铅的测定和砷、镉、铬、镍、铅、锑、锌迁移量的测定》。在ISO 10775—2013《纸、纸板和纸浆　镉含量的测定　原子吸收光谱法》标准中，注明了分析方法。一般来说，纸品中的有害金属含量很低，所以需采用石墨炉原子吸收法测定。

（3）甲醛　食品包装用纸产品中甲醛的可能来源主要有三个方面：第一，造纸过程中加入的助剂可能带来甲醛，如二聚氰胺甲醛树脂等；第二，部分不法企业使用废纸作原料，废纸中的填料、油墨等可能含有甲醛；第三，食品包装容器在成型时所使用的胶黏剂可能带来甲醛的残留。

（4）多氯联苯（polychlorinated biphenyls，PCBs）　多氯联苯易溶于脂肪，极难分解，易在生物体的脂肪内大量富集，很难排出体外。动物毒性试验表明其具有高毒性，表现为：致癌性，国际癌症研究所已将多氯联苯列为2A致癌物，即对动物致癌和人类可能致癌；生殖毒性，多氯联苯可引起人类精子数量减少、精子畸形；神经毒性，多氯联苯能抑制脑细胞合成，造成脑损伤，使婴儿发育迟缓、智商降低；干扰内分泌系统。我国食品包装用纸中多氯联苯的来源主要是脱墨废纸。废纸经过脱墨后，虽可将油墨颜料脱去，但是多氯联苯仍可残留在纸浆中。有些不法企业，为降低成本通常掺入一定比例的废纸，用这些废纸作为食品包装纸时，纸浆中残留的多氯联苯就会污染食品，从而进入人体，对人们的健康带来很大威胁。

（5）二苯甲酮　随着食品工业的快速发展以及对环境保护要求的提高，要求减少包装材料释放的挥发性有机物，从而使得比较环保的光固油墨以及光固胶黏剂的用量不断增加。光固油墨与传统使用的苯胺油墨不一样，它不含或很少含有有机挥发成分。最常用的光固油墨是紫外光光固油墨，其主要组分是色料、低聚物、单体、光引发剂以及一些助剂。光引发剂的类型比较多，但是最常用的引发剂是二苯甲酮。通常，紫外光光固油墨中含有 5% ~ 10% 的光引发剂，在光固化反应的过程中只有少量的光引发剂会被反应掉。那么，没有反应掉的部分就不能结合入交联状的膜中，这部分的光引发剂留在纸张中，最后可能会迁移到被包装的食品中。

（6）芳香族碳水化合物　纸质包装材料中存在的芳香族碳水化合物主要为二异丙基萘同分异构体混合物，用来作为多氯联苯的代替品，作为生产无碳复写纸的染料溶剂。有报道显示，6 种二异丙基萘（DIPNs）同分异构体很容易从纸张中迁移到干燥的食品中，实验证实这些二异丙基萘同分异构体来自无碳复写纸。

（7）二噁英　二噁英是一类含有一个或两个氧键连结两个苯环的含氯有机化合物的总称。根据氯原子在 1~9 位的取代位置不同分为两类：一类是有 75 种异构体的多氯代二苯并对二噁英，一类是有 135 种异构体的多氯代二苯并呋喃，其中有 17 种（2,3,7,8 位被氯原子取代）被认为对人类健康有巨大危害。制浆造纸中含氯漂白剂的使用，是食品包装用纸中二噁英产生的主要原因。二噁英除了可能由氯漂白时的残余木素引起外，还可能来源于制浆过程使用的消泡剂。此外五氯苯酚常用作木材的防腐剂，也是 2,3,7,8-四氯二苯并对二噁英（2,3,7,8-tetra-chlo rodibenzo-p-dioxin，TCDD）的一个重要来源。现在，欧盟已经严禁使用五氯苯酚作为木材原料的防腐剂，但是我国尚无明确的规定。

（8）防油剂　通过使用有机氟化物对纸和纸板包装材料进行处理，可以使纸张具有防油性，即阻止油和油脂从食品中渗透到纸张中。有些防油剂同时也是很好的防水剂。常用的防油剂主要是全氟烃基磷酸酯和全氟烃基铵盐。英国研究者研究发现，最常用的防油剂是由单铵全氟烃基磷酸盐和二铵氟烃基磷酸盐组成，在受热时形成了全氟辛磺酰胺。有研究表明，全氟辛磺酰胺是具有中等毒性的肝致癌物，可引起脂肪代谢紊乱、能量代谢障碍、儿童正常骨化延迟和脂质过氧化作用，给人类健康带来潜在危害。

由于纸包装材料潜在的不安全性，很多国家对食品包装用纸材料有害物质的限量标准做了规定。我国食品包装用纸卫生标准如表 2-5 所示。

表 2-5　　　　　　　　　　　　我国食品包装用纸卫生标准

项目	标准
感官指标	色泽正常，无异臭、霉斑或其他污物
铅（以 Pb 计）含量/（mg/kg）	≤3.0
砷（以 As 计）含量/（mg/kg）	≤1.0
甲醛/（mg/dm³）	≤1.0
荧光性物质（波长为 365nm 及 254nm）	阴性
沙门氏菌/（/50cm²）	不得检出
大肠菌群/（/50cm²）	不得检出
霉菌/（CFU/g）	≤50

为了保障人们的身体健康，减少有害成分进入人体，相关部门应加强对生产食品用纸企业的安全卫生检查力度，杜绝用回收纸浆生产食品包装用纸。修订的《食品安全法》将食品包装纳入其范畴，对食品包装提出了明确要求，是食品安全监管方面的一大进步。

（三）橡胶制品

橡胶是高分子化合物，分为天然和合成两种。天然橡胶是橡胶树上流出的乳胶，由以异戊二烯为主要成分的单体构成，既不被消化酶分解，也不被细菌和霉菌分解，因此也不会被肠道吸收，可以认为是无毒的。但因加工需要，往往加入橡胶添加剂，这可能是其毒性的来源。合成橡胶多由二烯类单体聚合而成，可能存在单体和添加剂毒性。

1. 合成橡胶的单体

合成橡胶由单体聚合而成，合成橡胶因单体不同分为多种：硅橡胶是有机硅氧烷的聚合物，毒性甚小，常制成奶嘴等；丁二烯橡胶是丁二烯的聚合物，二烯类单体都具有麻醉作用，但未证明有慢性毒性作用；丁苯橡胶由丁二烯和苯乙烯聚合而成，其蒸气有刺激性，但小剂量未发现慢性毒性；乙丙橡胶其单体乙烯和丙烯在高浓度时也有麻醉作用，但未发现慢性毒性作用。

2. 橡胶添加剂

橡胶添加剂有促进剂、防老化剂和填充剂。促进剂促进橡胶的硫化作用，即使直链的橡胶大分子相互发生联结，形成网状结构，以提高其硬度、耐热性和耐浸泡性。常用的橡胶促进剂有氧化钙、氧化镁、氧化锌等无机促进剂和烷基秋兰姆硫化物等。防老化剂可增强橡胶耐热、耐酸、耐臭氧和耐曲折龟裂等性能。适用于食品用橡胶的防老化剂主要为酚类，如 2,6-二叔丁基-4-甲基苯酚等。填充剂主要用的是炭黑，炭黑为石油产品，含有 B[a]P，因此炭黑在使用前要用苯类溶剂将 B[a]P 提取出来，降低炭黑中 B[a]P 的含量（法国规定为<0.01%）。

3. 橡胶的卫生标准

无论是食品用橡胶制品，还是在其生产过程中加入的各种添加剂，都应按规定的配方和工艺生产，不得随意更改。生产食品用橡胶要单独配料，不能和其他用途橡胶如汽车轮胎等使用同样的原料。GB 4806.11—2023《食品安全国家标准　食品接触用橡胶材料及制品》（2023 年9 月 6 日发布，2024 年 9 月 6 日实施）是对橡胶进行卫生监督的主要依据。标准中规定的感官指标和理化指标，与塑料大致相同。

4. 橡胶制品

天然橡胶是以异戊二烯为主要成分的天然长链高分子化合物，本身不分解也不被人体吸收。加工时常用的添加剂有交联剂、防老化剂、加硫剂、硫化促进剂及填充剂等。天然橡胶的溶出物受原料中天然物质（蛋白质、碳水化合物）的影响较大，而且由于硫化促进剂的溶出使溶出物增多。合成橡胶是用单体聚合而成，使用的防老化剂对溶出物的量有一定影响。单体和添加物的残留对食品安全有一定影响。

（四）金属、玻璃、陶瓷和搪瓷包装材料及其制品

1. 金属包装材料对食品安全的影响

金属包装容器主要是以铁、铝等金属板、片加工成型的桶、罐、管等，以及用金属箔（主要为铝箔）制作的复合材料容器。此外，还有银制品、铜制品和锌制品等。金属制品作为食品容器，在生产效率、流通性、保存性等方面具有优势，在食品包装材料中占有重要地位。金属

容器外壁涂料主要是彩印涂料，避免了纸制商标的破损、脱落、褪色和容易沾染油污等缺点，还可防止容器外表生锈。下面介绍几种常用的金属制品容器。

（1）铁制食品容器　铁制容器在食品中的应用较广，其安全性问题主要有以下两个方面：白铁皮（俗称铅皮）镀有锌层，接触食品后锌迁移至食品，曾有报道用镀锌铁皮容器盛装饮料而发生食品中毒的事件；铁制工具不宜长期接触食品。

（2）铝制食品容器　铝制容器作为食具已经很普遍，铝制品分为熟铝制品、生铝制品、合金铝制品三类。它们都含有铅、锌等元素。据报道，一个人如果长期每日摄入铅 0.6mg 以上，锌 15mg 以上，就会造成慢性蓄积中毒，甚至致癌。同时，过量摄入铝元素也会对人体的神经细胞带来危害。研究表明透析性脑痴呆与铝的摄入有关，长期输入含铝营养液的病人易发生胆汁淤积性肝病。

（3）不锈钢食品容器　不锈钢的基本金属是铁，由于加入了大量的镍元素，能使金属铁及其表面形成致密的抗氧化膜，提高其电极电位，使之在大气和其他介质中不易被锈蚀。但在受高温作用时，镍会使容器表面呈现黑色，同时由于不锈钢食具传热快，温度会短时间升得很高，因而容易使食物中不稳定物质如色素、氨基酸、挥发物质、淀粉等发生糊化、变性等现象，还会影响食物成型后的感官性质。使用不锈钢还应该注意另一个问题，就是不能与乙醇（酒精）接触，以防锡、镍游离。不锈钢食具盛装料酒或烹调使用料酒时，乙醇可将镍溶解，容易导致人体慢性中毒。

2. 玻璃包装材料对食品安全的影响

玻璃是由硅酸盐、碱性成分（纯碱、石灰石、硼砂等）、金属氧化物等为原料，在 1000～1500℃高温下熔化而成的固体物质。玻璃的最显著特性是其透明性，但玻璃的高度透明性对某些内容物是不利的，为了防止有害光线对内容物的损害，通常用各种着色剂使玻璃着色。玻璃中的主要迁移物质是无机盐或离子，从玻璃中溶出的主要物质是二氧化硅。

3. 陶瓷和搪瓷包装材料对食品安全的影响

与金属、塑料等材料容器相比，陶瓷容器更能保持食品的风味。陶瓷包装材料的食品卫生安全问题，主要是指上釉陶瓷表面釉层中有害金属元素铅或镉的溶出。一般认为陶瓷包装容器是无毒、卫生、安全的，不会与所包装食品发生任何不良反应。但研究表明：釉料主要由铅、锌、镉、锑、钡、铜、铬、钴等多种金属氧化物及其盐类组成，多为有害物质。陶瓷在 1000～1500℃下烧制而成，如果烧制温度低，彩釉未能形成不溶性硅酸盐，在使用陶瓷容器时易使有毒有害物质溶出而污染食品。

4. 容器内壁涂料对食品安全的影响

食品容器、工具及设备为防止腐蚀、耐浸泡等常需在其表面涂一层涂料。目前，中国允许使用的食品容器内壁涂料有聚酰胺环氧树脂涂料、过氯乙烯涂料、有机硅防粘涂料、环氧酚醛涂料等。

（1）聚酰胺环氧树脂涂料　聚酰胺环氧树脂涂料属于环氧树脂类，环氧树脂一般由双酚 A（二酚基苯烷）与环氧氯丙烷聚合而成。聚酰胺作为聚酰胺环氧树脂涂料的固化剂，其本身是一种高分子化合物，未见有毒性报道。聚酰胺环氧树脂涂料的主要问题是环氧树脂的质量、固化剂的配比以及固化度。固化度越高，环氧树脂向食品中迁移的未固化物质越少。按照 GB 4806.10—2016《食品安全国家标准　食品接触用涂料及涂层》规定，聚酰胺环氧树脂涂料在各种溶剂中的蒸发残渣应控制在 1mg/kg 以下。

（2）过氯乙烯涂料　过氯乙烯涂料以过氯乙烯树脂为原料，配以增塑剂、溶剂等助剂，经涂刷或喷涂后自然干燥成膜。过氯乙烯树脂中含有氯乙烯单体，氯乙烯是一种致癌的有毒化合物。成膜后的过氯乙烯涂料中仍可能有氯乙烯的残留，按照 GB 4806.10—2016《食品安全国家标准　食品接触用涂料及涂层》规定，成膜后的过氯乙烯涂料中氯乙烯单体残留量应控制在 1mg/kg 以下。过氯乙烯涂料中所使用的增塑剂、溶剂等助剂必须符合国家的有关规定，不得使用高毒的助剂。

（3）有机硅防粘涂料　有机硅防粘涂料是以含羧基的聚甲基硅氧烷或聚甲基苯基硅氧烷为主要原料，配以一定的助剂，喷涂在铝板、镀锡铁板等食品加工设备的金属表面，具有耐腐蚀、防粘等特性，主要用于面包、糕点等具有防粘要求的食品工具、模具表面，是一种比较安全的食品容器内壁防粘涂料。一般也不控制单体残留，主要控制一般杂质的迁移。按照 GB 4806.10—2016《食品安全国家标准　食品接触用涂料及涂层》规定，蒸发残渣应控制在 30mg/L 以下。

（4）环氧酚醛涂料　环氧酚醛涂料为环氧树脂的共聚物，一般喷涂在食品罐头内壁。虽经高温烧结，但成膜后的聚合物中仍可能含有游离酚和甲醛等聚合而成的单体和低分子化合物，与食品接触时可向食品迁移。按照 GB 4806.10—2016《食品安全国家标准　食品接触用涂料及涂层》规定，环氧酚醛涂料迁移总量限量 15mg/kg。

（五）食品包装材料的痕量污染物

在食品包装或加工操作中通常存在着痕量污染物的潜在危险。在塑料加工过程中用于聚合反应的催化剂残留物可能出现在食品成品中，包装加工机械的润滑剂也可能进入食品中。然而，在食品成品中要想除去它们，则难度很大。如用于制造塑料的油料中的苯，显然去除这些具有致癌性的苯杂质是相当必要的，至少应该将其残留水平减少到尽可能低的程度，但是难度很大。

微生物的影响在食品包装材料中也是一个值得注意的问题。包装材料中的微生物污染主要是真菌在纸包装材料及其制品上的污染，其次是发生在各类软塑料包装材料上的污染。据报道，近年来由于铝箔、塑料薄膜及其复合薄膜等包装原材料被真菌污染而使食品腐败变质的情况特别多。因此要注意各种包装食品的二次污染问题以及导致二次污染的因素。

（六）食品包装材料化学污染物摄入量评估

由于膳食结构及其变化的复杂性，食品包装材料中化学污染物的摄入量评估是一个复杂而困难的问题。通常的做法是以包装材料的人均使用量来衡量，即以一个国家用于食品包装的特定材料的总产量除以这个国家的人口数。然而，这是一个很粗略的平均数，并未注意到食品包装物的使用情况，也未考虑到高于聚氯乙烯食品包装的平均数量的消费者的摄入量，或是那些在家庭中大量使用包装材料的消费者。

人们对食品包装材料化学物质的迁移及食品安全性的研究工作，主要集中在塑料制品上，而对纸、纸板和玻璃等包装制品的研究则较少。在金属包装材料上也有一些研究，但主要关注在某几个领域，如来自罐头焊点铅的迁移引起的食品安全性问题。在包装材料这一领域，研究工作所面临的问题是需要考虑大量的化学物质，尽管在分析方法的开发和应用上已取得了相当大的突破，这些方法已帮助立法者建立了塑料包装材料的单体污染物迁移控制的基本框架，但还存在许多未知的因素。食品包装中其他化学污染物的迁移及其与食品安全性的关系，都有待于应用这些技术方法做进一步的研究。

思政案例：绿水青山就是金山银山

环境污染影响着食品安全。即使在环境保护工作比较完善的国家，因为环境污染而造成的食品危害事件仍然层出不穷。1999 年，比利时、荷兰、法国、德国相继发生因二噁英污染导致畜禽类产品及乳制品含高浓度二噁英的事件。我国生态环境相对脆弱，局部区域生态系统质量不高、稳定性弱等问题突出，生态安全形势依然严峻。

我国经过多年坚持不懈的努力，在生态环境治理方面取得了显著的成绩。《2021 中国生态环境状况公报》显示，空气质量达标城市数量、优良天数比例持续上升，主要污染物浓度全面下降。京津冀及周边地区、长三角地区、汾渭平原等重点区域空气质量改善明显。重点流域水质持续改善，长江、珠江流域等水质持续为优，黄河流域水质明显改善，淮河、辽河流域水质由轻度污染改善为良好。全国地下水 I-Ⅳ 类水质点位比例为 79.4%。地级及以上城市监测的 876 个在用集中式生活饮用水水源水质达标率为94.2%，总体保持稳定。土壤污染加重趋势得到初步遏制，全国受污染耕地安全利用率稳定在 90% 以上，农用地土壤环境状况总体稳定。

《"十四五"生态保护监管规划》提出了"减污、降碳、强生态"的战略规划。持续推进生态系统治理和修复，深入打好蓝天、碧水、净土保卫战，加强生物多样性保护，筑牢我国生态屏障。绿水青山就是金山银山，改善生态环境就是发展生产力。良好生态本身蕴含着无穷的经济价值，能够源源不断创造综合效益，实现经济社会可持续发展。二十大报告将"人与自然和谐共生的现代化"上升到"中国式现代化"的内涵之一，再次明确了新时代中国生态文明建设的战略任务，总基调是推动绿色发展，促进人与自然和谐共生。

我们要牢固树立和践行"绿水青山就是金山银山"的理念，站在人与自然和谐共生的高度谋划发展，意识到保护环境、建设万物和谐共生的美丽家园的重要性，爱护我们的家园、保护环境同样是保护食品安全。

🔍 **思考题**

1. 天然有害物质的中毒条件是什么？
2. 简述组胺的来源、毒性和危害。
3. 食品添加剂对食品安全的影响有哪些？
4. 谈谈食品中兽药残留来源与危害。
5. 简述有害金属毒性作用的特点。
6. 环境中有机物污染对食品安全的危害有哪些？
7. 丙烯酰胺的特征及危害分析？
8. 食品包装材料可能导致食品污染的污染物有哪些，怎样检测？

第三章 CHAPTER 3

影响食品安全的生物性有害物质

【学习要点】

1. 学习食品中细菌污染的主要途径，明确细菌污染的危害，掌握对细菌污染的防控措施。

2. 了解食品中霉菌毒素（黄曲霉毒素、玉米赤霉烯酮、T-2毒素、脱氧雪腐镰刀菌烯醇和伏马菌素）的污染情况，明确霉菌毒素污染的危害，掌握不同粮谷中霉菌毒素的预防措施。

3. 学习和了解食品中甲型肝炎病毒、戊型肝炎病毒、诺如病毒的污染情况和预防措施。

4. 了解食品中植物源性寄生虫、淡水甲壳动物源性寄生虫、鱼源性寄生虫、螺源性寄生虫、肉源性寄生虫的污染；掌握常见食源性寄生虫污染食品的途径、危害和防治方法。

作为食品原料的各种农产品从种植、采摘、加工、运输、销售、贮藏到食用前，各个环节都存在污染的可能性，容易造成各种食品安全问题，甚至引起食源性疾病。如重要的食源性致病菌之一的单核增生李斯特菌，广泛存在于自然界中。4%~8%的水产品、5%~10%的乳及其产品、30%以上的肉制品及15%以上的家禽均被该菌污染。85%~90%的人病例是由食入软乳酪、未充分加热或者复热的鸡肉、热狗、鲜牛乳、巴氏消毒乳、冰淇淋、生牛排、羊排、卷心菜色拉等而感染。即使产品经热加工处理后充分灭活了该菌，也有可能造成产品的二次污染。由于该菌在4℃下仍然能生长繁殖，所以即食食品和未加热的冷藏食品因污染该菌造成食物中毒的风险较高。从这个例子可以看出，了解并掌握食品和农产品中生物性污染的来源、致病特性以及相应的预防措施，对提前预防和控制食品和农产品中各种生物性污染，减少食品安全事件具有重要意义。这不仅是食品安全工作中有效保障国民经济发展的重要内容，也是人们密切关注食品安全的客观要求，是促进社会健康发展的有效举措。

第一节　食品的细菌污染及其预防

一、食品的细菌污染

食品在生产、加工、运输、贮藏、销售以及食用过程中都可能受到细菌的污染。细菌既是评价食品卫生质量的重要指标，也是导致食品腐败变质的首要原因。在食品中常见的细菌统称为食品细菌，它们是污染食品、引起食品腐败变质的主要微生物类群。

　　细菌对食品的污染主要包括食品原料本身的内源性污染和食品原料生长环境中的污染、食品生产过程中的污染和其他环节的污染等外源性污染。

（一）食品原料本身的内源性污染

　　作为食品原料的动植物体由于携带微生物而造成的食品污染称为内源性污染，也可称为第一次污染。健康人体和动物体消化道、上呼吸道均有一定种类微生物的存在（如沙门氏菌是常见的人类胃肠道细菌病原体之一，据报道2015年人类沙门氏菌病达94625例，其中，鸡蛋、乳制品和肉类最易污染沙门氏菌），体表也会受到周围自然环境中微生物的污染，尤其是表面有破损时，破损处常有大量细菌聚集。

　　健康的畜禽机体组织内部（如肌肉、脂肪、心、肝、肾等组织器官）一般无菌，而畜禽体表、被毛、消化道、上呼吸道等器官有微生物存在。这些微生物在屠宰时可能污染动物体。屠宰后的畜禽丧失了先天的防御机能，微生物容易侵入其中组织并迅速生长繁殖。

　　健康禽类所生产的鲜蛋内一般是无菌的，但是细菌（沙门氏菌等）可以通过血液循环进入到卵巢中，在蛋黄形成时进入蛋中。禽类的泄殖腔内含有一定量的微生物，当蛋从体腔排出体外时，由于蛋内容物遇冷收缩，附在蛋壳上的微生物可穿过蛋壳的气孔进入蛋内。此外，鲜蛋壳上有许多大小为$4\sim6\mu m$的气孔，外界的各种微生物都可通过这些孔道进入蛋内，特别是贮存期长或经过洗涤的蛋，在高温、潮湿的条件下，环境中的微生物更容易借水的渗透作用通过气孔侵入蛋内。

　　健康乳畜的乳房内可能存有一些细菌，使刚挤出的鲜乳中也含有一定数量的细菌（链球菌属、乳杆菌属等）。当乳畜患乳房炎时，刚挤出的鲜乳中会含有一定量的无乳链球菌、化脓棒状杆菌和金黄色葡萄球菌等病原菌。如果动物感染了结核病、布鲁氏菌病等人畜共患病原菌，其分泌的乳汁也会含有一定的病菌。

　　由于水中有微生物，鱼的体表、鳃、消化道内都有一定数量的微生物存在。近海和内陆水域中的鱼可能受到人或动物排泄物的污染而带有病原菌，如副溶血性弧菌、沙门氏菌、志贺氏菌等。它们在鱼体上存在的数量虽然不多，但如果贮藏不当，病原菌大量繁殖可能引起食物中毒。其中，副溶血性弧菌嗜盐畏酸，是一种重要的水产品食源性致病菌，能引发人类的胃肠道疾病。它是我国沿海地区食源性疾病的重要病原菌，每年导致数以万计人感染。

　　植物在生长过程中与自然界接触广泛，尤其绝大多数植物生长在土壤中，表面存在大量的微生物，如每克粮食可能含有几千个以上的细菌和相当数量的霉菌孢子。植物表面也会附着病原微生物，在植物生长过程中可以通过根、茎、叶、花、果实等不同途径侵入植物组织内部。因此植物源性食品加工前，已经不同程度地被微生物污染，由于运输、贮藏等原因，引起原料中微生物不断增多，特别是新鲜的果蔬类食品原料尤为明显。

（二）食品原料生长环境中的细菌污染

　　各种动物源或植物源食品的原料在生长过程中，可能受到来自土壤、空气、水体等环境中无处不在的细菌污染。

　　1. 来自土壤中的细菌污染

　　土壤有微生物的天然培养基之称，是微生物大本营。1g表层土壤可含微生物$10^7\sim10^9$CFU。土壤中微生物种类也最多，其中细菌占有比例最大，可达70%~90%，是危害性最大的食品污染源；其次是真菌、放线菌、酵母菌，它们主要存在于土壤的表层，其中酵母菌和霉菌在偏酸土壤中活动较为显著。

除了土壤微生物之外，分布在空气、水中和来自人及动植物体的微生物也会不断进入土壤中。许多病原微生物随着动植物病株残体、病人和患病动物排泄物、尸体或废物、污水进入并污染土壤，但是土壤并不适合它们生存，造成多数病原菌进入土壤后会迅速死亡，土源性病原菌（如肉毒梭状芽孢杆菌）能够长期生活在土壤中。一般无芽孢的病原菌在土壤中生存的时间较短，有芽孢的病原菌在土壤中的生存时间较长，如沙门氏菌只能生存数天至数个星期，炭疽芽孢杆菌却能生存数年或更长时间。

2. 来自空气中的细菌污染

空气不是微生物生长繁殖的良好场所，但空气中确实含有一定数量的微生物，且不同环境空气中微生物数量的多少也有很大差异。一般海洋、高山、乡村、城郊、森林上空的环境空气中微生物数量较少，而城市闹市区、通风不良的房屋内空气微生物数量较高。

空气中常见微生物是一些抵抗力较强、耐干燥、耐紫外线能力强的类群。这些微生物附着在尘埃上或在微小水滴中悬浮，因此空气尘埃越多，污染食品的微生物也越多。革兰氏阳性球菌、芽孢杆菌以及酵母菌、霉菌的孢子在空气中普遍存在且检出率较高；革兰氏阴性杆菌（如大肠杆菌）在空气中易死亡，只能短期生存。

空气中也可能会出现一些病原微生物（如结核分枝杆菌、流感嗜血杆菌、金黄色葡萄球菌等），主要来自人或动物呼吸道、皮肤干燥脱落物及排泄物、飞扬起来的尘埃或飞溅起来的水滴等。如患者口腔喷出的飞沫小滴就含有 1 万~2 万个细菌，可造成食品污染、人类疾病，但这些细菌通常在空气中经过较短时间会死亡。尤其是在空气畅通的空间，病原微生物的数量非常少。

3. 来自水体中的细菌污染

自然界中的江、河、湖、海等各种水域中都生存着相应的微生物，但不同性质的水源中有不同类群的微生物在其中活动和生存。一般来说，水中微生物数量取决于水中有机质的含量，有机质含量越多微生物数量就越多。

水源微生物污染的主要来源是随雨水冲洗流入土壤中的微生物。水中活动的微生物种类和数量会受气候、地形条件、营养物质量、含氧量、水中浮游生物和噬菌体以及其他一些拮抗微生物的影响。如下雨后河流中所含的细菌数可高达 $10^7 CFU/mL$，但隔一定时间，微生物数量明显下降。当水体受到土壤、污水、废物和人畜排泄物的污染后，水体微生物数量增加，包括大肠杆菌、粪链球菌等人畜肠道正常寄生菌和变形杆菌、梭状芽孢杆菌等腐生菌，有时还会出现沙门氏菌、产气荚膜梭状芽孢杆菌、炭疽芽孢杆菌、破伤风梭菌等病原菌。

淡水域微生物根据生态特点可分为清水型水生微生物和腐败性水生微生物两类。清水型水生微生物习惯于洁净水中生存，如硫细菌、铁细菌、蓝细菌、绿硫细菌、紫硫细菌等光能自养型微生物；腐败性水生微生物随腐败的有机质进入水域，获得营养而大量繁殖，是造成水体污染、疾病传播的重要原因，主要包括革兰氏阴性杆菌（变形杆菌、大肠杆菌、产气肠杆菌等）及各种芽孢杆菌、弧菌和螺菌等。

除了清水型水生微生物能在淡水水体中生长繁殖以外，其他微生物不容易在淡水水体中长期存活，随着水质的自净（阳光照射、有机质由于细菌消耗而减少、浮游生物及噬菌体的吞噬作用等），这些微生物数量逐渐降低（水的自净度是水质卫生的重要指标）。也有少数病原菌可在淡水中生存数月，如结核分枝杆菌为 5 个月，鸡白痢沙门氏菌为 200 天。

海水中的微生物主要是细菌，它们均具有嗜盐性。近海中常见的细菌有假单胞菌属、无色杆菌属、黄杆菌属、微球菌属、芽孢杆菌属等，它们能引起海产动植物的腐败，有的是海产鱼类的病原菌。

矿泉水、深井水只含有很少的微生物，甚至是无菌的，对食品的污染较少，在未受到细菌等微生物污染的情况下比较安全。

（三）食品生产过程中的细菌污染

食品生产过程中的细菌污染往往是交叉污染和食品从业人员污染等造成。

1. 交叉污染造成的细菌污染

一是由于食品加工环境不清洁，细菌随空气、水等污染食品原料、加工器具表面而造成食品污染；二是加工过程如果管理不善，可能造成原料、半成品、成品、加工器具间细菌的交叉污染。

在食品加工过程中，物料汁液或颗粒黏附于加工机械设备的内表面，如果食品生产结束后机械设备没有得到彻底清洗和消毒灭菌，微生物可以在其上大量生长繁殖，成为重要的污染源，当使用这种机械设备时造成食品的交叉污染。

各种包装材料也带有微生物，如循环使用的材料比一次性包装材料所带有的微生物多，塑料包装材料由于带有电荷，可以吸附灰尘及微生物。

蚊、蝇、蟑螂等各种昆虫、鼠类等也都携带大量微生物，其中可能有多种病原微生物，它们的接触同样会造成食品的细菌污染。

食品加工过程中水是不可缺少的，水既可以作为食品配料成分，也是加工中清洗、冷却、冰冻等环节不可或缺的物质，生产中如果直接应用未经净化消毒的地表水，则会有较多的微生物尤其是细菌污染食品。同时加工过程中污水、飞溅的水滴、滴落的冷凝水等均是造成交叉污染的重点来源，必须严格遵守《卫生标准操作程序》等针对各种交叉污染的卫生控制措施。

2. 食品从业人员带来的污染

健康人体体表、消化道、呼吸道均带有大量的微生物。当人被病原微生物感染后，患者体内就会有大量的病原微生物通过呼吸道或消化道排泄物向体外排出，污染食品原料或食品。如鼻腔或伤口感染了金黄色葡萄球菌的人、甲型肝炎患者或病毒携带者、肠道志贺氏菌带菌者等，如果他们从事直接接触食品的操作，他们携带的这些病原微生物很容易污染食品。食品加工企业中的卫生标准明确了针对食品从业人员的卫生要求。

（四）其他环节的细菌污染

食品中微生物的数量和种类随着食品所处环境的变动和食品性状的变化而不断变化，而且食品贮藏、运输、销售以及烹调加工过程等环节具有较高细菌污染的风险，尤其是家庭贮藏和烹调加工环节中的细菌污染极易被消费者忽视。

食品的贮藏环境与条件不佳，外部的微生物如细菌可以通过空气等途径污染食品，侵入食品或残留在食品中的细菌生长繁殖，使食品中细菌的总数上升，这是造成食品微生物污染的重要原因之一。如果蔬汁以新鲜水果、蔬菜为原料加工制成，果蔬原料本身带有微生物（主要是酵母菌，其次是霉菌和少数的细菌），在加工过程中还可能再次受到微生物的污染，所以果蔬汁产品通过杀菌或冷链储运方式来防止腐败，一旦储运包装或者条件发生变化，极易腐败变质。粮食在加工过程中经清洁处理可除去籽粒表面上的部分微生物，但某些工序可使粮食受环境、器具及操作人员所携带微生物的再次污染，多数市售面粉的细菌含量为每克几千个，同时还含有 50~100 个的霉菌孢子。

二、食品细菌性污染的预防措施

（一）各种食品防腐保藏技术

由于微生物尤其是细菌性污染是导致食品腐败变质的最主要因素，因此往往通过低温保藏、干燥保藏、加热杀菌保藏、增加渗透压保藏、化学添加剂保藏以及栅栏技术等各种食品防腐保藏技术控制微生物及其引起的腐败变质因素，达到延长食品保质期的目的，这也是食品细菌性污染的主要预防控制措施。

目前这些技术大量应用在生产实践中，但是基于《"十四五"国民健康规划》中大健康理念需求，利用高糖、高盐等来增加渗透压的保藏方法和传统的采用化学添加剂来保藏的方式不符合人们的健康理念。很多新型技术和产品正在不断研发和应用推广。如提取存在于植物、细菌、真菌中的天然活性物质来替代食品生产中的合成添加剂，如用作抗菌剂或防腐剂的细菌素（乳酸链球菌肽等）、真菌代谢物、单萜和倍半萜、苯丙烷等生物活性物质或精油（肉桂、百里香、迷迭香、牛至、罗勒和丁香等）。

（二）病原菌的预防措施

细菌性污染不仅造成食品腐败变质，还常常造成细菌性食源性疾病。很多细菌属于致病菌，如沙门氏菌、致病性大肠杆菌、葡萄球菌、副溶血性弧菌、单核增生李斯特菌、空肠弯曲菌、志贺氏菌等。对于食品中病原菌的来源及预防措施详见"第四章 食源性疾病与预防"中"细菌性食物中毒"部分。

思政案例：潜心食源性微生物研究——中国工程院院士 吴清平

"在影响食品安全的三大要素中，微生物是最重要的因素，60%以上的食物中毒都是由致病微生物引起的。"中国工程院院士、广东省科学院微生物研究所名誉所长吴清平一直潜心微生物学科研究，他深知微生物危害是食品安全的首要威胁。十多年来，他带领科研团队深入研究，以"大数据—菌种基因—新靶标—控制关键技术"为主线，构建起中国食品微生物安全科学大数据库，有效解决了我国食品微生物安全的重要技术问题，显著提升了防控效率。团队还研发了食源性致病菌和病毒的高通量快速检测技术及检测芯片，推动相关产业实现检测全覆盖。该研究项目实现了我国多个首次：首次建成食品微生物安全科学大数据库，明确我国大宗食品及产业链中系统风险；首次建成具有代表性及组学信息特征的食源性致病菌标准菌种资源库，打破了发达国家对于核心菌种的垄断。挖掘出特异性分子靶标 184 个，摆脱了对国外检测靶标的依赖，灵敏度提高 5~10 倍、检测时间缩短 70% 以上。

吴清平院士规划继续推进中国微生物菌种基因的大科学装置建设，提升我国微生物科学研究和产业水平，立足于国际前沿，并吸引高端人才。此外，还将建立面向公众开放的微生物安全与健康网络平台，用丰富的科普内容向公众普及微生物安全健康知识。

从吴院士的规划我们看到了院士的爱国情怀和大国工匠精神！我们要坚持终身学习，敬业奉献，努力提升自身技能和素养，勇于创新。

第二节　食品中霉菌、霉菌毒素的污染及其预防

一、霉菌和霉菌毒素

霉菌毒素是由不同真菌（曲霉、镰刀菌、链格孢和青霉菌属等）产生的次级代谢产物。据 FAO 报告，全球约 25% 的粮食被霉菌毒素污染。最近研究表明，全世界 60%~80% 的农作物受到霉菌毒素的污染，超过了 FAO 给出的数字。人类食品和动物饲料中霉菌毒素的存在是一个全球性的重大问题，对人类和动物构成巨大风险。霉菌毒素来自希腊语 "mykes" 和 "toxicum"，意思是 "真菌/霉菌" 和 "毒药"。这些霉菌毒素通过直接食用受污染的食物或利用植物性食物进入人体，或通过摄入蛋、肉和乳等动物源性食物间接进入人体。霉菌毒素即使以极微量存在，也会对人体产生有害影响。霉菌毒素对人类或动物的影响包括改变基因组表达、引起肾脏疾病、干扰生殖系统、扰乱肠道以及致癌。在生产和食品加工中，这些物质通常在高温下非常稳定。霉菌毒素的形成可能在作物收获前阶段开始，然后在收获、运输和贮藏过程中积累。这些毒素可能存在于食物链过程的每一阶段，即从田间到餐桌。它影响人类健康，降低了农作物的生产盈利能力。谷物、香料、饲料、牛乳和乳制品、坚果和扁豆等食品易受霉菌毒素污染。食品中存在的重要霉菌毒素有黄曲霉素、玉米赤霉烯酮、T-2 毒素、脱氧雪腐镰刀菌烯醇和伏马菌素等。

（一）黄曲霉毒素

1. 概述

黄曲霉毒素（aflatoxins，AFs）通常由黄曲霉和寄生曲霉产生。目前，已发现超过 18 种不同类型的 AFs。最常见和最重要的是黄曲霉毒素 B_1（AFB_1）、黄曲霉毒素 B_2（AFB_2）、黄曲霉毒素 G_1（AFG_1）和黄曲霉毒素 G_2（AFG_2）[图 3-1（1）~图 3-1（4）]，它们在食物中具有高污染率。

AFs 具有急性毒性、慢性毒性、免疫毒性、遗传毒性和致癌性。黄曲霉毒素 M_1（AFM_1）和黄曲霉毒素 M_2（AFM_2）[图 3-1（5）~图 3-1（6）]则分别是 AFB_1 和 AFB_2 在动物体内的代谢衍生物，常在动物尿液和牛乳中发现。

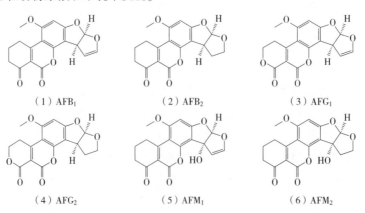

（1）AFB$_1$　　　　　　（2）AFB$_2$　　　　　　（3）AFG$_1$

（4）AFG$_2$　　　　　　（5）AFM$_1$　　　　　　（6）AFM$_2$

图 3-1　几种重要 AFs 的结构

2. 对人类和动物健康的危害

（1）黄曲霉毒素中毒 黄曲霉毒素中毒是由于食用黄曲霉属感染的食物，主要是孢子形式的黄曲霉污染的食物，导致人和动物慢性或急性中毒。慢性黄曲霉毒素中毒包括肝癌、人肝细胞癌、发育迟滞、免疫力降低以及肝硬化等；急性黄曲霉毒素中毒包括高烧、呕吐、腹水、肝功能衰竭、足部水肿和黄疸。与慢性黄曲霉毒素中毒相比，急性黄曲霉毒素中毒的死亡率较高。自2004年以来，全球因黄曲霉毒素中毒已发生500例病例和200例死亡。AFs的毒性很大程度上取决于宿主的免疫力。

（2）癌症 AFs被IARC列为Ⅰ类致癌物，动物性实验资料和人群流行病学资料均有明确证据证明其具有致癌性。长期接触会导致动物和人类患肾癌、肝癌、肺癌或结肠癌，每天摄入浓度20~120μg/kg的AFB_1 1~3周，就可能致癌。肝细胞癌是AFs暴露的主要风险，是全球75%~85%肝癌病例的原因。据报道，全世界4.6%~28.2%的肝细胞癌是由AFs摄入引起。在非洲和亚洲，肝细胞癌的原发性肝癌与AFB_1有关。

（二）玉米赤霉烯酮

1. 概述

玉米赤霉烯酮（zearalenone，ZEN）是一种酚类间苯二甲酸内酯霉菌毒素（图3-2），最初是从受镰刀菌污染的玉米中获得的，尤其是禾谷镰刀菌（*Fusarium graminearum*）。ZEN的熔点高达161~163℃，极性较弱，通常呈白色结晶。ZEN是脂溶性的，几乎不溶于水和四氯化碳溶液，可溶于碱性水溶液，在正己烷、苯、乙腈、二氯甲烷、甲醇、乙醇和丙酮中的溶解度逐渐增加。ZEN可通过Ⅰ期和Ⅱ期代谢在植物、真菌和动物中修饰，在饲料中发现的ZEN修饰形式包括其还原的Ⅰ相代谢物，即α-玉米赤霉烯醇（α-zearalenol，α-ZOL）、β-玉米赤霉烯醇（β-zearalenol，β-ZOL）、玉米赤霉酮（zearalanone，ZAN）、β-玉米赤霉醇（β-zearalanol，β-ZAL）、α-玉米赤霉醇（α-zearalanol，α-ZAL）及其Ⅱ相结合物（与葡萄糖、硫酸盐和葡萄糖醛酸的结合物形式）。ZEN口服后吸收迅速且良好，并有大量胆汁排泄。ZEN可以进行肝前、肝和肝外代谢，主要代谢途径及其代谢物的数量是动物物种对这种毒素的不同敏感性的原因之一。

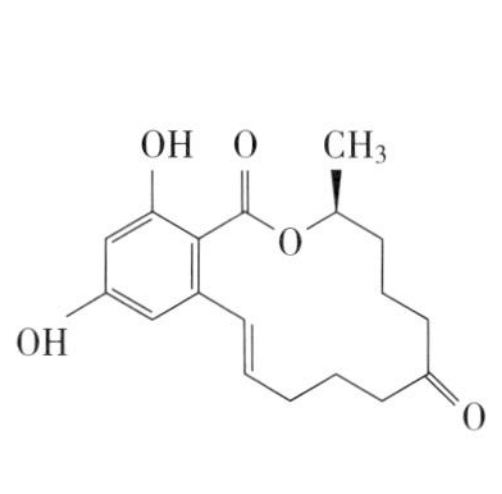

图3-2 玉米赤霉烯酮的结构

2. 对人类和动物健康的危害

ZEN及其代谢物具有很强的雌激素活性，能够作为内分泌干扰物引起生殖系统的改变。ZEN可诱导雌激素效应，如雌激素过多、停经、卵巢萎缩和子宫内膜变化等。ZEN的作用取决于几个因素，包括动物的生殖状态以及给药时间和剂量，当不断增加饲喂的ZEN含量时，动物从断乳到发情间隔会显著增加。ZEN通过结合雌激素受体（estrogen receptors，ER）发挥作用，与ER-β相比，对ER-α的亲和力更强。ZEN及其修饰形式在雌激素作用方面存在差异，雌激素活性大小排序为：α-ZOL> α-ZAL>ZAN>ZEN>β-ZAL>β-ZOL。ZEN及其代谢物与雌激素受体结合，能够诱导一种称为雌激素过多症的综合征，其特征包括外阴和乳腺水肿、外阴阴道炎、子宫增大、卵巢囊肿和卵母细胞成熟受损。此外，ZEN 可以激活孕烷 X 受体，从而增加许多基因的转录，包括细胞色素 P450（CYP）基因。此外，ZEN 还具有肝毒性、血液毒性、免疫毒性和遗传毒性。

（三）T-2 毒素

1. 概述

T-2 毒素（T-2）是由多种镰刀菌，如拟枝孢镰刀菌（*Fusarium sporotrichioides*）产生的单端孢霉烯族化合物，属于 A 型单端孢菌素（图 3-3），它们会在田间或贮藏期间感染作物。T-2 毒素是一种稳定的有机和水不溶性化合物，相对分子质量较小（466.5），溶于乙醚、石油，极易溶于氯仿、二甲亚砜、丙酮、甲醇、乙醇、乙酸乙酯和丙二醇等有机溶剂。T-2 毒素对紫外线和高温（>151.5℃）具有很高的耐受性，200~210℃加热 30~40min 或通过次氯酸钠和氢氧化钠处理 4h 才可将 T-2 毒素灭活。

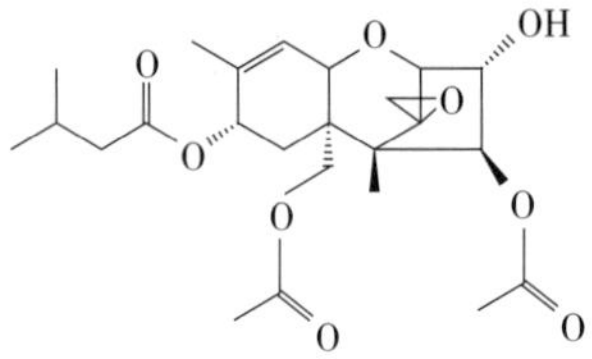

图 3-3　T-2 毒素的结构

2. 对人类和动物健康的危害

T-2 毒素是研究最多和较早报道的单端孢菌素毒素之一，具有很高的致死率。T-2 毒素的危害和毒性由不同因素决定，包括暴露时间，致死剂量浓度，给药途径，人的年龄、性别、健康状况以及其他毒素的共存情况。T-2 毒素对动物和人类肠道菌群具有毒性和病理作用，T-2 毒素会破坏消化道黏膜，损害营养物质的重吸收，导致肠道菌落分解。它对人类和动物还具有基因毒性和细胞毒性作用。在真核细胞中，T-2 毒素抑制蛋白质、DNA 和 RNA 的合成，从而扰乱细胞周期并在体外和体内诱导细胞死亡。T-2 毒素还具有免疫毒性作用，具有免疫调节活性的 T-2 毒素可以激活（免疫刺激剂）或停止（免疫抑制剂）免疫系统的工作。T-2 毒素还可通过阻断蛋白质合成然后抑制 RNA 和 DNA 合成来干扰免疫系统。

（四）脱氧雪腐镰刀菌烯醇

1. 概述

脱氧雪腐镰刀菌烯醇（deoxynivalenol，DON）主要存在于谷物和谷物制品中，是单端孢霉烯族（最大的镰刀菌毒素组，有 150 多种化合物）的成员，主要由禾谷镰刀菌和黄色镰刀菌产生，是蛋白质合成的强效抑制剂，基本结构是四环系统，根据取代基不同，单端孢霉烯分为 A、B、C、D 不同类型。DON 分子结构中的碳 8 与氧形成双键，使其成为 B 型单端孢霉烯（图 3-4）。DON 存在于牧场和青贮饲料中，以及小麦、玉米、大麦、黑麦、燕麦和红花籽等谷物中。亚洲、非洲、美洲、欧洲和中东地区的谷物及饲料易受到 DON 污染的影响。DON 是一种天然存在的食源性霉菌毒素，很容易由环境变化引起，通常在收获前、加工、干燥和贮藏期间存在于谷物中。DON 还具有极强的耐热性，可承受 170~350℃的温度，使其成为饮食中常见的霉菌毒素。

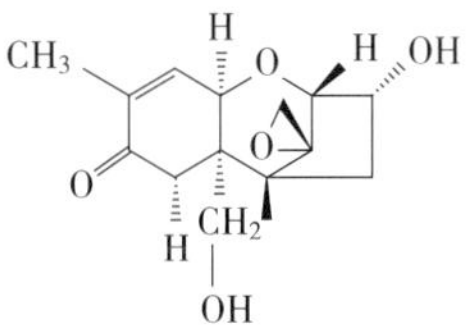

图 3-4　DON 的结构

2. 对人类和动物健康的危害

由于 DON 对猪有催吐作用，对人有肠胃不适作用，因此又被称为呕吐毒素。DON 对人和牲畜的毒性会导致厌食、营养不良、肠胃炎、内毒素血症，甚至休克样死亡。DON 是蛋白质合成的有效抑制剂，通过与肽基转移酶结合来抑制蛋白质合成，并介导氧化应激诱导的 DNA 损伤和细胞凋亡，对 DNA 和 RNA 合成、炎症反应（核糖应激反应）和神经功能也有间接影响。

DON 的敏感性因动物的不同物种、年龄组和性别而异。DON 污染会导致后代虚弱、死胎、生猪僵硬、母猪流产、家禽产蛋质量和数量下降，以及牛的生产性能下降。此外，DON 还会引起神经毒性。研究表明以不同浓度（1.3mg/kg 和 2.2mg/kg）的 DON 为基础的日粮喂养仔猪 60d，发现毒素浓度的增加与大脑部位的氧化损伤有关。DON 毒性涉及神经传递和脂质过氧化中的 Ca^{2+}/CaM/CaMKII 信号通路。DON 的细胞毒作用也在乳腺上皮细胞中进行了研究。研究表明，当奶牛喂食受污染的饲料时，产乳量会降低。DON 对牛乳腺上皮细胞（MAC-T）的影响可见，随着毒素水平的增加，细胞的增殖活性显著降低。

（五）伏马菌素

1. 概述

伏马菌素（fumonisin，FB）是一组主要由轮枝镰刀菌（*Fusarium verticillioides*）和增殖镰刀菌（*Fusarium proliferatum*）产生的霉菌毒素，在世界范围内主要存在于玉米中，尤其是在温暖地区种植时，它们会导致所谓的镰刀菌耳腐病（fusarium ear rot，FER）。伏马菌素不同于其他毒素所拥有的环状结构，是一类由不同的多氢醇和丙三羧酸组成的结构类似的双酯化合物，其结构为一个具有线状 19 或 20 碳原子骨架，沿骨架两侧的不同部位具有羟基、甲基及三羧酸组分（图 3-5）。伏马菌素包含有很多结构类似组分，如伏马菌素 A_1（FA_1）、伏马菌素 A_2（FA_2）、伏马菌素 B_1（FB_1）、伏马菌素 B_2（FB_2）、伏马菌素 B_3（FB_3）、伏马菌素 B_4（FB_4）、伏马菌素 C_1（FC_1）、伏马菌素 C_2（FC_2）、伏马菌素 C_3（FC_3）、伏马菌素 C_4（FC_4）、伏马菌素 P_1（FP_1），最重要的一组伏马菌素是 B 系列，包括伏马菌素 B_1、伏马菌素 B_2、伏马菌素 B_3。伏马菌素通常与其他镰刀菌毒素一起出现在谷物和动物饲料中，包括白僵菌素（beauvericin，BEA）。因此，伏马菌素与其他霉菌毒素之间的相互作用或成为未来研究的重点。

2. 对人类和动物健康的危害

2002 年，IARC 将 FB_1 归类为第 Ⅱ 类致癌物，且几项研究报告称 FB_1 与食管患病率增加和人类肝癌有关。此外，已发现这种霉菌毒素对动物的多种器官和系统（神经和心血管系统、肝、肺、肾）具有毒性作用。FB_1 诱发的反应具有物种和性别特异性，如 FB_1 可诱发大鼠肝癌和肾癌，但与动物食管癌无关。

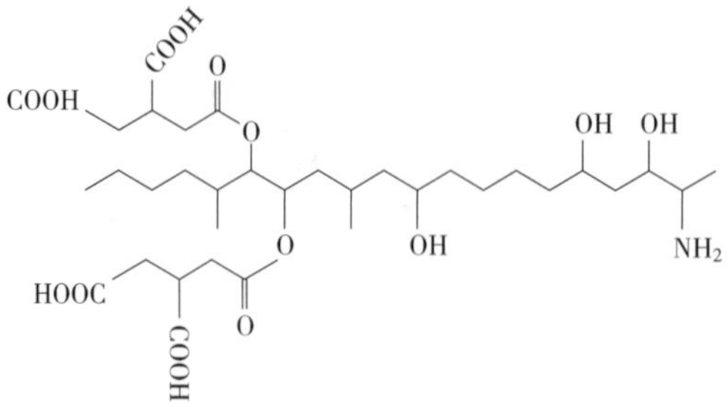

图 3-5 伏马菌素的结构

伏马菌素的毒性作用机制中最重要的是关于对神经鞘脂类生物合成的破坏作用。伏马菌素是二氢神经鞘氨醇 N-酰基转移酶的特定抑制剂。这种抑制作用主要是由于伏马菌素与神经鞘脂类，如二氢神经鞘氨醇、神经鞘氨醇和 4-羟二氢神经鞘氨醇结构上的类似性引起的。这些化合物是神经鞘脂类生物合成的中间产物，也是决定细胞命运的关键性因子。以 C_2 处未取代的伯氨基为特征的伏马菌素在结构上接近于鞘氨醇，并导致对神经酰胺合酶的抑制。这会导致神经酰胺生物合成的中断，因为鞘脂生物合成的中间体（鞘氨醇碱基）的积累并导致组织中鞘脂代谢的改变。FB_1 是对神经酰胺合酶的两种底物的竞争性抑制剂。这种抑制导致复杂的鞘脂生物合成受阻，这对细胞调节和鞘氨醇的积累以及在较小程度上的鞘氨醇在体内组织、血液和尿液中以及体外的积累具有意义。此外，游离鞘氨醇碱基在血液、多种组织（如肺、肝、肠）和培养细胞中的比例增加。因此，FB_1 对神经酰胺合酶的抑制导致细胞内鞘氨醇浓度的快速增加，以及鞘氨醇及其 1-磷酸代谢物浓度的小幅增加。通常，当细胞损伤导致膜完整性破坏和膜降解开始时，就会发生鞘氨醇积累。由于鞘脂在维持细胞膜完整性和结构方面发挥着重要作用，并作为第二信使的前体，介导细胞对生长因子的反应，因此鞘脂强烈影响细胞行为。此外，许多研究证明了其对细胞生长的抑制作用和对神经酰胺和鞘氨醇的细胞毒性作用，而磷酸鞘氨醇具有促有丝分裂和抗凋亡作用。因此，鞘脂周转和生物合成途径的完美调节非常重要，伏马菌素的干扰作用可以深刻地影响生物体。

二、黄曲霉毒素对食品的污染

（一）概述

目前，已发现超过 18 种不同类型的 AFs（表 3-1）。由于 AFs 对生物体的不利影响，美国 FDA 将其在人类和动物食用的食品和饲料产品中的总量设定为 $20\mu g/kg$，欧盟为 $4\mu g/kg$。为了确保粮食安全、保障民生，GB 2761—2017《食品安全国家标准　食品中真菌毒素限量》规定，特殊膳食用食品（包括特殊医学用途配方食品、运动营养食品、婴幼儿辅助食品、婴幼儿配方食品、婴幼儿辅食营养补充品、以及乳母营养补充食品）中 AFB_1 的最高限量为 $0.5\mu g/kg$。在小麦、大麦、小麦制品、谷物制品、豆类及其制品、酱油等调味品、坚果中，AFB_1 的最高限量为 $5\mu g/kg$。在谷物制品（稻谷、大米、糙米）和植物油脂（花生油、玉米油除外）中，AFB_1 的最高限量为 $10\mu g/kg$。在玉米、玉米面（渣、片）及玉米制品、花生及其制品、花生油和玉米油中，AFB_1 最高限量为 $20\mu g/kg$。

表 3-1　　　　　　　　　　　　黄曲霉毒素类型、污染来源和污染物

毒素类型	污染来源	污染物
黄曲霉毒素 B（B_1，B_2）	花生曲霉（*A. arachidicola*）	棉籽
	蚕源黄曲霉（*A. bombycis*）	棉籽
	黄曲霉（*A. flavus*）	乳制品，无花果
	小菌核曲霉（*A. minisclerotigenes*）	果汁（苹果、石榴）
	集峰曲霉（*A. nomius*）	玉米
	赭曲霉（*A. ochraceoroseus*）	玉米粉
	米曲霉（*A. oryzae*）	肉
	寄生曲霉（*A. parasiticus*）	油菜
	小硬化曲霉（*A. parvisclerotigenus*）	花生
	假溜曲霉（*A. pseudotamarii*）	花生酱
黄曲霉毒素 B（B_1，B_2）	兰贝曲霉（*A. rambellii*）	豌豆
	溜曲霉（*A. tamarii*）	开心果
	毒曲霉（*A. toxicarius*）	大米
	杂色曲霉（*A. versicolor*）	高粱
黄曲霉毒素 B_3（B_3）	黄曲霉（*A. flavus*）	与黄曲霉毒素 B_1 和黄曲霉毒素 G_1 相同的宿主样品
	斑驳曲霉（*A. mottae*）	
	集峰曲霉（*A. nomius*）	
	新寄生曲霉菌（*A. novoparasiticus*）	
	寄生曲霉（*A. parasiticus*）	
黄曲霉毒素 G（G_1，G_2）	—	棉籽
	—	乳制品，无花果
	—	果汁（苹果、石榴）
	阿拉伯曲霉（*A. arachidicola*）	玉米
	蚕源黄曲霉（*A. bombycis*）	玉米粉
	小菌核曲霉（*A. minisclerotigenes*）	肉
	集峰曲霉（*A. nomius*）	油菜
	寄生曲霉（*A. parasiticus*）	花生
	假溜曲霉（*A. pseudotamarii*）	花生酱
	土曲霉（*A. terreus*）	豌豆
	毒曲霉（*A. toxicarius*）	开心果
	杂色曲霉（*A. versicolor*）	大米
	—	高粱
	—	葵花籽
	—	调味料

续表

毒素类型	污染来源	污染物
曲霉毒素	黄曲霉（*A. flavus*）和寄生曲霉（*A. parasiticus*）	农作物，植物
黄曲霉毒素 GM_2（GM_2）	黄曲霉（*A. flavus*）、寄生曲霉（*A. parasiticus*）和酵母（yeast）	乳制品，牛乳
黄曲霉毒醇 R_0（R_0）	黄曲霉（*A. flavus*）和寄生黄曲霉（*A. parasiticus*）；黄曲霉毒素 B_1 的代谢物	鸟类饲料
黄曲霉毒素 G_{2a}（G_{2a}）	由黄曲霉（*A. flavus*）产生的黄曲霉毒素 G_1 的羟基化代谢物	—
黄曲霉毒素 GM_1（GM_1）	由黄曲霉（*A. flavus*）和寄生曲霉（*A. parasiticus*）产生的黄曲霉毒素 G_1 羟基化代谢物	乳制品，牛乳
黄曲霉毒素 B_{2a}（B_{2a}）	黄曲霉毒素 B_1 的羟基化代谢物	—
黄曲霉毒素 M（M_1，M_2）	黄曲霉毒素 B_1 和黄曲霉毒素 B_2 的羟基化代谢物	乳制品，牛乳，肉
黄曲霉毒素 M_{2a}（M_{2a}）	黄曲霉毒素 M_1 的衍生物	乳制品，牛乳
黄曲霉毒素 GM_{2a}（GM_{2a}）	黄曲霉毒素 GM_1 代谢物	乳制品，牛乳
黄曲霉毒素 P_1（P_1）	黄曲霉毒素 B_1 代谢物（去甲基化）	乳制品，尿液
黄曲霉毒素 Q_1（Q_1）	黄曲霉毒素 B_1 代谢物（羟基化）	牛肉
黄曲霉毒素 Q_{2a}（Q_{2a}）	黄曲霉毒素 Q_1 的酸水合	—
黄曲霉毒醇 M_1（M_1）	黄曲霉毒素 B_1、黄曲霉毒醇 R_0 或黄曲霉毒素 M_1 的代谢物	乳制品，牛乳
黄曲霉毒醇 H_1（H_1）	黄曲霉毒素 B_1 和黄曲霉毒醇 Q_1 的代谢物	乳制品，牛乳

　　温度、水分活度、pH、碳和氮等非生物因素对 AFs 的生物合成途径有很大影响，尤其是 AFs 污染高度依赖于温度和水分活度。这两个条件不仅促进了产 AFs 真菌（主要是黄曲霉）的生长，而且对产 AFs 基因簇的激活也有很大的影响。较高的水分活度有利于真菌生长和毒素合成，最适水分活度为 0.93~0.98。黄曲霉的适宜生长温度为 12~42℃，其中 33℃ 是最佳温度。低于 25℃ 和高于 37℃ 不利于 AFs 的合成，而水分活度低于 0.85 会减缓毒素的合成，并在水分活度 0.70~0.75 时完全停止。

　　小麦、大麦、玉米等粮食，花生、菜籽、葵花籽等油料作物，核桃等坚果，酱油等调味品，乳制品等均易污染 AFs，尤其玉米、花生等作物。欧盟 RASFF 系统数据库显示，2020 年花生、大米、坚果（开心果、榛子和杏仁）、香料和干无花果都有污染，甚至高达 1000μg/kg，这与新型冠状病毒肺炎（Corona Virus Disease 2019，COVID-19）流行期间食品管理不当有很大关系，导致动物和人类摄入更多受 AFs 污染的食品。

（二）谷物和谷物制品中 AFs 的污染

谷物是世界上大部分人的主食。在美洲和亚洲，小麦分别提供了高达 14.1% 和 24.3% 的总热能摄入量，大米提供了高达 28.5% 的亚洲总热能摄入量。此外，谷物在世界各地也占动物饲料的很大一部分。谷物和以谷物为基础的产品容易受到 AFs 的污染。玉米是人类接触 AFs 的主要媒介之一。因此，与玉米相关的膳食数据构成了许多 AFs 风险和暴露评估的重要组成部分。有研究报告，来自世界几乎所有地区的玉米和以玉米为基础的产品均受 AFs 的污染。当田地中的玉米等粮食作物感染真菌之后，采收的玉米极易污染 AFs，并随着玉米产品在价值链上的发展而积累。如在一项刚果玉米供应链调查中，随着玉米在供应链中的进展，AFs 污染率增加，从收获前的 32% 到零售时 100% 的水平，AFs 水平也从 $3.1\mu g/kg$ 增加到比食品法典规定的总 AFs 上限（$10\mu g/kg$）高出 300 倍。2003—2015 年在哥斯达黎加收集了 1285 个玉米和以玉米为基础的产品样品，筛查了 AFs 污染情况。其中玉米（38.6%）和玉米产品（27.8%）中检测到的 AFs 含量最高。墨西哥的研究分析了 171 个玉米产品中 AFB_1 的污染情况，分别有 18% 和 26% 的样品超过了墨西哥和欧盟的监管限制。在巴西，对 148 个玉米样品进行了霉菌毒素污染筛查，分别有 25.6% 和 7.4% 的样本检出 AFB_1 和 AFG_1，其中有 1% 超出了巴西 $20\mu g/kg$ 的监管限值。Gao 等人（2011）调查了 AF（AFB_1、AFB_2、AFG_1 和 AFG_2）对 6 个省份的玉米污染情况，样本量为 279 个，76% 的样本被检出为 AF 阳性，平均含量为 $44\mu g/kg$。他们将 6 个省分为 3 个区域：北部、中部和南部，并指出各省份的发病率不同。高发病率非常普遍。在这 6 个省份中，湖北、广东和四川的污染率最高，分别为 94%、92% 和 90%，其次是广西和吉林，分别为 88% 和 52%，而河南的污染率最低，为 37%。总体污染率为 36.96%～93.75%，平均污染范围为 $1.15\mu g/kg$～$107.93\mu g/kg$。在美国，人们普遍认为食品中 AFs 的污染率很低。然而从 2004 年到 2013 年，有 18 起食品和饲料因 AFs 污染而召回的报告。

水稻是全球消费量最大的谷物之一，也是易受 AFs 污染的另一种粮食作物。水稻主要在适合真菌生长和产 AFs 的环境条件下生产。因此，AFs 的污染始于谷物被产 AFs 的真菌感染的田地。在中国，赖夏文等调查了从 6 个不同地区采集的 370 个大米样品，63.5% 的样本呈 AFB_1 阳性，其中 1.4% 样品中 AFB_1 含量超出欧盟监管限制。在沙特阿拉伯进行的一项调查中发现除美国外，所有 75 个样本中至少检出一类 AFs，AFB_1 的污染浓度范围为 0.014～$0.123\mu g/kg$，总的 AFs 污染浓度在 0.052～$2.58\mu g/kg$。尽管大米中的 AFs 含量低于玉米等其他主食谷物，但它是世界许多地区的主食。因此它可能代表人类接触 AFs 的重要途径。

高粱、小麦、大麦也是常被 AFs 污染的谷物。肯尼亚的一项研究对 164 个高粱样品进行了 AFB_1 筛查，其中 60% 的样品呈阳性，11% 的样品的水平超过对高粱 $5\mu g/kg$ 的监管限值。采集的 12 个高粱样品中，25% 被 AFs 污染，污染范围为 6～$16\mu g/kg$。研究表明高粱可能是撒哈拉以南非洲人膳食暴露 AFs 的重要因素。黎巴嫩、土耳其、埃及等不同地区采集小麦样品也发现大量的 AFs，但与其他谷物相比，小麦不太容易受到 AFs 的污染。

（三）油籽和油籽制品中 AFs 的污染

花生、大豆、油菜、油菜籽、亚麻籽、芥菜籽、向日葵、芝麻、棉籽及其产品，最容易受到 AFs 的污染。坚果包括杏仁、开心果、核桃、栗子等容易被 AFs 污染。产毒真菌对花生植物的入侵以及 AFs 对坚果污染是全球花生产区面临的严重食品安全问题。花生是消费者摄入 AFs 的一个重要因素。花生通常生长的土壤类型、环境和农场条件有利于花生中产毒真菌的增殖和 AFs 的产生。一项长达 10 年的冈比亚花生 AFs 污染调查发现，样品中 42% 的污染水平高于

15μg/kg，污染水平范围为 8.55~112μg/kg。赞比亚卢萨卡地区市场生花生样本中 AFs 污染超过半数，含量范围为 0.014~48.67μg/kg，其中 6.5% 的含量高于花生中 AFs 的食品法典限量。

在中国广东，2016—2017 年，对 427 个花生油样品进行了 AFs 含量筛查。2016 年 22.5%、2017 年 15.1% 的样本中检测到 AFB$_1$。海地的 21 个生花生样品、32 个花生酱样品和 30 个玉米样品中，分别有 14%、97% 和 30% 的样品被 AFB$_1$ 污染。从马来西亚的零售商和制造商收集的花生样品中，分别有 38% 和 22% 的样本中 AFB$_1$ 的污染含量超过了当地法规的限制。

（四）香料中 AFs 的污染

香料广泛应用于食品加工，全球产量约为 30 亿美元。黑胡椒、辣椒、小茴香、肉桂、肉豆蔻、生姜、姜黄、藏红花、香菜、丁香、莳萝、薄荷、百里香和咖喱粉是世界范围内食品和烹饪工业中使用最广泛的香料，也可作为感官增强剂和防腐剂。然而，香料是人体 AFs 暴露的来源。在印度的一项调查中，55 个黑胡椒样品中 78.1% 的样品检测到了 AFs，平均含量为 320μg/kg。在伊朗一项调查中，40 个黑胡椒样本中的 5 个（12.5%）中检测到 AFs，含量为 0.88~1.45μg/kg；辣椒是另一种广泛食用的辛辣产品，易受 AFs 污染。伊朗调查中 36 个红辣椒样品受到 AFs 污染，其污染范围为 4.22~28.6μg/kg。主要因辣椒贮藏和加工程序的气候条件导致真菌入侵和 AFs 污染。

（五）咖啡和茶中 AFs 的污染

有研究报道，在研磨的咖啡豆中分离出 AFs。在一项评估人类通过饮用咖啡接触霉菌毒素的研究中，分析了从 9 个不同国家收集的样本。与其他霉菌毒素相比，虽然数量较少（最高水平为 1.2μg/kg），但在一些样品中检测到了 AFs。在西班牙 169 份咖啡样本中，有 53% 的样本检测到了 AFs，其中 15% 的样品中总 AFs 浓度超过 5μg/kg。巴基斯坦对 30 个咖啡样品进行分析，分别有 50% 和 20% 超过了欧盟对 AFB$_1$ 和 AFs 的限制。总 AFs 和 AFB$_1$ 的污染水平范围为 0~25.75μg/kg 和 0~13.33μg/kg。

研究表明，烘焙咖啡中的 AFs 污染水平通常很低，这归因于咖啡豆在烘焙过程中的热处理。烘焙受 AFs 污染的生咖啡豆可使初始 AFs 浓度水平降低 20%。根据咖啡豆的类型和烘焙参数，烘焙可减少 42.2%~55.9% 的 AFs 含量。此外，咖啡豆中的咖啡因含量会降低潜在的真菌生长和 AFs 的产生。作为全球消费量最大的饮料之一，茶科学研究集中在它的健康益处上，然而基于茶叶中 AFs 存在的报道，茶叶中的霉菌毒素污染应该引起关注。

（六）酒精饮料中 AFs 的污染

啤酒、葡萄酒等酒精饮料也会污染 AFs。传统啤酒和工业啤酒中偶尔会分离出微量的 AFs。研究表明在 57 个西西里红葡萄酒市场样本中，AFG$_1$ 的检出率为 57.9%。对从 47 个不同国家收集的 1000 个啤酒样品进行了研究，60% 是精酿啤酒，其中 5 个样本被证实含有 0.1~1.2μg/L 的 AFB$_1$，其中 3 个 AFB$_1$ 阳性样品还污染有 AFB$_2$，并在其中一个样本中检测到 AFM$_1$。在非洲，传统酒精饮料由于原材料中 AFs 的高污染水平而造成污染。埃塞俄比亚当地市场抽样的 12 个国产酒精啤酒品牌中，11 个样本呈 AFs 阳性，总 AFs 范围在 1.23~12.47μg/L；尼日利亚 90 个进口和本地酿造的啤酒样品中，17.9% 的本地啤酒和 16.7% 的进口啤酒中检测到 AFB$_1$，其污染水平为 3.43~38μg/L。南非 32 个啤酒样品中的 2 个检测到 AFB$_1$，其值为 5.8~7.0μg/L，高于南非对 AFB$_1$ 的监管限值（5μg/kg）。

（七）动物源性食品中 AFs 的污染

食品中的 AFs 污染并非植物食品所独有，动物源性食品也会被 AFs 污染。尼日利亚进行的调查发现 121 个人类母乳样本中，约有 14% 的样本被 AFM$_1$ 污染，浓度为 2~187ng/L。有调查发现食用 AFB$_1$ 污染的饲料 12h 后，动物乳汁中发现存在 AFM$_1$。AFB$_1$ 转化为 AFM$_1$ 的量取决于几个因素，包括产乳量和泌乳期。有报告表明低产奶牛的残留率为 1%~2%，而高产奶牛的残留率高达约 6%。

AFM$_1$ 作为对消费者的潜在食品安全风险，被 IARC 归类为 2B 类人类致癌物。因此，它在食品和农产品中的存在受到许多国家的监管。不同国家的大量研究报告了不同类别的牛乳和乳制品中 AFM$_1$ 的污染。黎巴嫩的一项研究表明，在原料乳、巴氏杀菌乳和乳制品中 AFM$_1$ 的检出率分别为 58.8%、90.9% 和 66%，且在受污染原料乳、巴氏杀菌乳和乳制品中，分别有 28%、54.5% 和 45.5% 的样品的污染含量超过了欧盟对 AFM$_1$ 的监管限制。印度尼西亚对 20 个新鲜牛乳、16 种巴氏杀菌乳和 16 种混合乳制品样本进行了 AFM$_1$ 筛查，发现 92.5% 的样品被 AFM$_1$ 污染。巴氏杀菌乳中 AFM$_1$ 的平均浓度最高，为 244 ng/L，其次是鲜乳，为 219ng/L，而混合乳样品最低。我国华南地区 136 份生水牛乳和 86 份乳制品样品中，AFM$_1$ 检出率为 62.5%，浓度分别为 4~243ng/kg 和 4~235ng/kg。意大利对 31702 个牛乳样品进行了 AFM$_1$ 检测，63 个（0.20%）生牛乳样品的 AFM$_1$ 含量高于 50 ng/kg。

牛乳和乳制品中的 AFM$_1$ 检出率和水平通常各不相同，这种差异可能是多种因素造成的，包括加工程序、贮藏、产品类型、地理和季节性影响。此外，乳制品中 AFM$_1$ 的含量还与动物饲料密切相关。因此，监测动物饲料中的 AFs 水平并将其保持在最低水平与食品安全相关。虽然研究显示，牛乳和乳制品不是总体 AFs 暴露的重要贡献者，但它们是对高暴露水平更敏感的儿童和婴儿饮食的主体部分。人类母乳中 AFs 的存在也是如此。食用 AFs 污染的食物给哺乳期的母亲和哺乳期婴儿带来风险。因此，监测动物源性食品中的 AFs 水平至关重要。

三、其他霉菌毒素对食品的污染

（一）概述

由于霉菌毒素对牲畜健康和生产性能的负面影响，许多国家制定了饲料中霉菌毒素的安全标准。除了 AFs，大部分国家和地区重点监测的霉菌毒素还有 ZEN、赭曲霉毒素 A（OTA）、FB、DON、T-2 等。目前，还有许多霉菌毒素还未设立相关限量标准和检测方法。欧盟委员会对饲料中的 DON、ZEN、OTA、FB$_1$+FB$_2$ 实施了监管限量。2017 年，我国政府更新了 AFB$_1$、OTA、ZEN、DON、T-2 和 AFM$_1$ 的最高限量标准。GB 2761—2017《食品安全国家标准 食品中真菌毒素限量》规定，谷物及其制品（大麦、小麦、麦片、小麦粉、玉米、玉米面、玉米渣）中 DON 的最高限量为 1000μg/kg。在谷物及其制品（小麦、小麦制品、玉米、玉米面、玉米渣）中 ZEN 的最高限量为 0.5μg/kg。酒类（葡萄酒）中 OTA 的最高限量为 2μg/kg，谷物、谷物制品、豆类及其制品、坚果及籽类、烘焙咖啡豆、碾磨咖啡（烘焙咖啡）中 OTA 的最高限量为 5μg/kg，在速溶咖啡中 OTA 的最高限量为 10μg/kg。水果制品、果蔬汁类及其饮料、酒类中展青霉毒素（PAT）的最高限量为 50μg/kg。

（二）其他霉菌毒素在玉米中的污染

玉米作为三大主粮之一，在世界范围内被广泛用作饲料、工业原料。然而，玉米植株很容易受真菌侵袭而感染，并且在适宜的温度和湿度条件下，无论是在生长期间还是在贮藏期间，都可能受到霉菌毒素的污染。FB、DON 和 ZEN 经常污染玉米及其衍生产品。2014 年从华北平原三个玉米主产省采集了大量玉米样品，发现轮作禾谷镰刀菌（24.77%）和禾谷镰刀菌

（15.08%）是玉米籽粒中的优势菌株，主要污染的霉菌毒素是 FB_1、DON、ZEN 和 AFB_1。其中，FB_1 的污染程度最高，污染率高达 100%，浓度范围为 16.5~315.9μg/kg。DON 的污染也非常严重，几乎所有经过干燥的玉米样品都污染有 DON，最高污染浓度可高达 589843.3μg/kg。2016—2017 年，从中国 21 个省份采集的玉米样品中 ZEN 和 DON 的污染率分别为 92.05% 和 98.15%，且 92.25% 的样品同时污染有两种霉菌毒素，表明玉米中多种毒素共同污染的情况非常严重，进一步增加了安全隐患，因此及时收获、快速干燥、科学贮藏是减少玉米霉菌毒素污染的关键措施。

（三）其他霉菌毒素在小麦等谷物中的污染

小麦是世界上最主要的粮食作物之一，也是中国的主要作物。在中国不同地区的小麦中检测到 ZEN 和 DON。根据 Sun 等（2017）的研究，在河北省采集的 348 个小麦样品中，ZEN 的阳性检出率为 13.2%，DON 阳性率为 91.4%。在安徽省采集的 370 份小麦样品中，DON 和 ZEN 的阳性率分别为 100% 和 68.7%。在山东省采集的 280 份样品中，白僵菌素（BEA）、恩镰孢菌素 A_1 族类似物（ENA_1）、恩镰孢菌素 B_1 族类似物（ENB_1）、恩镰孢菌素 B 族类似物（ENB）和恩镰孢菌素 A 族类似物（ENA）污染；在陕西、宁夏等地采集的 181 份小麦样品中，DON 的检出率为 82.9%。DON 是小麦中最常见的霉菌毒素污染物，小麦中 ZEN、BEA 等毒素的污染也很常见。

2013 年对芬兰收获的大麦、燕麦和小麦样品调查发现，燕麦受 T-2 和 HT-2 污染最严重（61.3% 和 74.2%），平均值极高（60.1μg/kg 和 159μg/kg）。芬兰约有 8% 的燕麦供人类食用（包括婴儿食品），受污染的燕麦极易给消费者带来危害。2011 年瑞典采集的燕麦样品中，63% 的样品被 T-2 和 HT-2 污染，污染量分别为 185μg/kg 和 571μg/kg。2015—2019 年西班牙 5.1% 的谷物（小麦和燕麦）样本检测到 T-2 和 HT-2 毒素。2013 年从芬兰不同地区收获的 95 个谷物样品中检出率最高的天然真菌毒素是 DON（93%），其次是 T-2 毒素（63%）和 HT-2 毒素（57%）。

（四）其他霉菌毒素在动物饲料中的污染

商业饲料中的一些霉菌毒素来自受污染的饲料原料，而另一些则在加工或贮藏过程中产生。从山东采集的浓缩混合物、浓缩物和预混物样品中，ZEN、FB_1、T-2 的阳性检出率都超过 75%。全国多地区全价饲料样品中 96.4% 以上同时检出两种毒素。因此，DON、FB_1、ZEN 和 T-2 的污染在商业饲料中非常常见。

四、霉菌、霉菌毒素污染的预防措施

霉菌、霉菌毒素污染的预防措施包括：采取生物防治抑制霉菌毒素的产生、实施新的作物育种方法抑制霉菌毒素的产生、实施霉菌毒素预测模型、采取霉菌毒素的去除和降解方法。

（一）生物防治

生物防治包括三种作用机制：拮抗法（特定物种在田间生存中胜过产毒菌株）、生长抑制法（特定微生物阻止产毒菌株的生长和最终定殖）和抑制霉菌-霉菌毒素的产生。

有研究报道，木霉属能够抑制 AFs 的产生，植病生防菌哈茨木霉菌株和绿色木霉分离株能够抑制花生霉菌的生长并显著削弱 AFs 的产生。此外，木霉属抑制花生霉菌生长的程度与其细胞外酶活力相关。芽孢杆菌也是研究最多的用于生物防治的微生物之一。据报道，在开心果样品中枯草芽孢杆菌和解淀粉芽孢杆菌对寄生曲霉生长和 AFs 产生具有抑制作用，两种菌株都表现出抑制真菌生长和显著减少 AFs 产生的能力，枯草芽孢杆菌能够抑制 92% 的生长并抑制寄生曲霉产毒菌株产生 AFs。此外，由某些芽孢杆菌属、乳杆菌属、链霉菌属和酵母菌株产生的大分子有机物、有机酸、抗体和酶也显示出抑制产毒菌种产生 AFs 的潜力。

植物提取物在控制农产品霉菌毒素污染方面也极具潜力。据报道，香芹酚、肉桂醛、丁香酚、柠檬烯、萜品醇、百里酚和姜黄酮等生物活性植物化合物可有效抑制霉菌生长和霉菌毒素的产生。它们对抗产毒真菌的机制包括篡改细胞膜、抑制真菌分泌参与细胞壁成分合成的酶的能力、削弱其麦角固醇代谢、诱导细胞区室的超微结构变化、抑制细胞质和线粒体蛋白以及改变真菌中的渗透压和氧化还原平衡。尽管生物防治在对抗食品中的 AFs 污染方面显示出巨大的潜力，但由于在田间种植这些生物体之间存在复杂的相关性，大部分成功实例仅限于实验室。因此，必须进行田间试验以加强对生物防治剂与环境因素之间相互作用的了解。

（二）作物育种方法

以常规育种为主，结合分子育种方法提高选择效率，选育优质抗病农艺性状较好的新品种。在花生和玉米中，抗曲霉毒素的宿主基因研究方面已经取得了一定的进展。研究者采用组学（蛋白质组学、基因组学、转录组学）育种技术，如数量性状基因座、全基因组关联研究技术以及其他手段来识别抗性性状。

（三）霉菌毒素预测模型

目前，以温度、相对湿度、降雨等环境数据为基础建立的预测模型可用于预测农作物在田间和贮藏期间的霉菌毒素污染。霉菌毒素预测模型的开发是一项艰巨的任务，因为有利于真菌生长的条件不一定意味着会产生霉菌毒素，而产生霉菌毒素的真菌存在也不一定意味着食品中含有霉菌毒素。不同的建模方法已被用于预测食品和农产品中 AFs 的出现，如一种天气驱动模型已被开发来预测开心果生长过程中曲霉的生长和 AFB_1 污染。该模型的内部验证表明 75% 的预测是正确的，而使用独立的 3 年数据集进行的外部验证表明预测正确率为 95.6%。另一种基于逻辑回归和杂色曲霉污染水平的概率模型来评估贮藏玉米中 AFs 污染的风险，模型在内部和外部模型验证中分别获得了 96.4% 和 93.3% 的精度。

（四）霉菌毒素去除和降解方法

1. 物理方法

在食品加工之前，谷物的简单分类和洗涤已广泛应用于食品工业。根据形状、密度、大小和颜色的差异，分拣可以将不合格和异质材料与健康和优质谷物分开。玉米和小麦中的 AFs、DON 和 ZEN 可以通过浮选去除漂浮的籽粒而大大减少。具有异质症状的受霉菌毒素污染的谷物也可以通过光学分选有效地去除。此外，洗涤也是去除谷物表面积累的水溶性霉菌毒素的有效方法。辐照，如 γ 射线（电离）、紫外线和微波（非电离）经过充分研究证明可减少谷物中霉菌毒素。玉米和小麦中的 AFs 可以分别通过 10kGy γ 射线和紫外线照射（362nm 或 254nm）去除。当 γ 射线剂量从 4kGy 增加到 8kGy 时，面包中的 DON、ZEN 和 T-2 水平从面粉中的 125μg/kg、45μg/kg 和 10μg/kg 分别显著降低到 85μg/kg、20μg/kg 和 2μg/kg。此外，脉冲光也能够降解谷物中的霉菌毒素，因为它可以产生短而高强度的广谱白光。采用一定剂量的脉冲光照射后，大米中 AFB_1 和 AFB_2 的含量可降低 39%~75%，而米糠中的 AFs 可降低 86%~90%。然而，一些物理处理，如辐照，对谷物的质量有负面影响。

2. 化学方法

各种化学试剂（如酸、碱、还原剂和氧化剂）已被用于通过结构修饰将霉菌毒素转化为毒性较低的物质。如乳酸、乙酸和柠檬酸等有机酸能够在体外将 AFB_1 降低 85.1% 的含量。氨化可以减少玉米、小麦、大麦和其他谷物中的 AFs、FB 和 OTA。一些还原剂如亚硫酸氢钠和氢氧化钠，被证明可有效地将受污染的玉米和辣椒中的 AFB_1 和 AFB_2 还原到一定水平。臭氧也是减少玉米和小麦中 DON 和 AFs 的有效方法。尽管化学处理被认为可有效去除霉菌毒素，但它可能会对谷物的感官特性和营养质量产生负面影响。到目前为止，化学方法未被授权在欧盟的食品加工过程中使用。

3. 生物方法

生物方法包括利用微生物产生次级代谢产物或分泌酶来有效降解霉菌毒素和微生物吸附毒素以去除霉菌毒素。虽然微生物降解霉菌毒素技术仍处于起步阶段，微生物对霉菌毒素的降解效率尚未达到人们的预期，但与物理和化学降解技术相比，微生物降解不会造成二次污染，降解条件温和，不会造成养分破坏，而且可以快速高效地进行。部分微生物发酵甚至可以增加营养价值或改善产品的风味。因此，人们对去除霉菌毒素的生物方法的开发和应用产生了广泛的兴趣。

(1) 微生物脱毒　微生物脱毒是利用微生物在生长过程中产生的代谢产物或分泌酶或微生物自身的特性，降解或抑制霉菌毒素的产生，减少霉菌毒素的污染。一种是微生物代谢产生的酶脱毒，如用于 ZEN 脱毒的生物酶有漆酶、内酯水解酶和过氧化物酶；用于 AFB_1 脱毒的生物酶有 AF 氧化酶、过氧化物酶、漆酶；用于 OTA 脱毒的生物酶有羧肽酶 A 和羧肽酶 Y、脂肪酶、酰胺酶和几种商业蛋白酶；用于伏马毒素脱毒的生物酶有羧酸酯酶和转氨酶；用于 DON 脱毒的生物酶有细胞色素 P450 系统等。另一种是微生物本身代谢过程脱毒。微生物降解可以将毒素转化为低毒或无毒产物，这种方法已成为最有前景的霉菌毒素降解方法。微生物降解技术对 ZEN、DON、OTA 等毒素可以达到很好的解毒效果。微生物在代谢过程中可以改变目标毒素的分子结构，微生物降解真菌毒素的可能途径主要包括酮羰基的还原、酚羟基的修饰、内酯环的水解和乙酰化以及葡萄糖的糖基化。微生物降解包括开环、水解、脱氨基和脱羧等反应。随着微生物基因工程方法的快速发展，许多研究人员在研究关键酶和异源表达降解酶降解真菌毒素方面取得了初步进展。通过基因工程技术在工程菌株中过度表达的关键酶被分离、纯化并添加到食品和饲料中以降解毒素。

(2) 微生物吸附　微生物吸附脱毒主要是利用微生物细胞壁吸附脱毒。微生物细胞壁上的葡聚糖、甘露聚糖和甘露糖蛋白等物质与霉菌毒素通过氢键、非共价相互作用、静电作用等相互结合。目前，能与霉菌毒素相互作用从而吸附脱毒的微生物主要有酵母和乳酸菌（lactic acid bacteria，LAB）。属于细菌和酵母的多种微生物由于其完整的细胞壁结构而显示出吸附霉菌毒素的能力。酵母细胞的吸附能力主要由其物理结构决定，细胞壁含量和厚度越大，酵母细胞的霉菌毒素解毒能力就越强。此外，化学成分在酵母细胞壁和霉菌毒素之间的复合物形成中也起到非常重要的作用。酵母细胞壁网络结构主要由多糖组成，外层由参与细胞识别的高度糖基化甘露糖蛋白组成，内层由与几丁质和甘露糖蛋白连接的 β-1,6-葡聚糖链和 β-1,3-葡聚糖链组成，产生纤维网络结构。大多数先前关于细胞壁-霉菌毒素相互作用的研究都集中在 β-葡聚糖的内层。与酵母类似，LAB 通过壁结构获得霉菌毒素吸附能力。在 LAB 中，细胞壁由一个主要的肽聚糖结构组成，上面覆盖着磷壁酸和脂磷壁酸、蛋白质 S 层和多糖。各种研究表明肽聚糖和多糖都参与了霉菌毒素的结合。利用 LAB 对霉菌毒素的吸附作用进行解毒被公认为是一种安全、理想的解毒方法。有必要确定不同 pH（酸性或中性）下霉菌毒素吸附剂的有效性，以全面表征潜在的霉菌毒素吸附剂。霉菌毒素吸附复合物必须保持稳定，以防止毒素在消化过程中解吸。

思政案例：粮油质量安全的"领航员"——中国工程院院士李培武

党的十八大以来，习近平总书记和党中央高度重视食品安全问题，各地各部门着力推进实施食品安全战略，解决影响食品安全的突出问题，推动国内食品安全形势不断好转。其中，粮油安全是食品安全中的重中之重。我国《国家粮食安全中长期规划纲要（2008—2020 年）》中明确提出要使我国粮食自给率稳定在 95% 以上。近年来，针对提高粮食单产及提升农业生产中科技贡献率的需求，我国各大科技计划分别设立了"粮食丰产科技工程"。

中国工程院院士李培武研究员潜心农产品质量安全研究 30 余年，带领团队发现黄曲霉毒素免疫活性位点及靶向诱导效应，创制出黄曲霉毒素等毒素单抗、基因重组及纳米抗体，构建了抗体资源库，覆盖了我国粮油标准中全部真菌毒素，并发明了黄曲霉毒素销标探针，创建了时间分辨荧光、纳米金及荧光增强高灵敏检测技术，开发出 27 种试剂盒和 3 种检测仪，在千余家企业单位和鄂、鲁、豫等 22 省市农产品质量安全检测机构国家粮油风险监测、风险评估与普查监控中应用，提升了我国真菌毒素监控技术水平，与国外产品相比，成本降低 75%，检出率提高 50%。李培武院士团队还创建硫苷、芥酸、植物油分子原位识别与特异品质检测技术，被采纳为国家、行业标准，提升了我国油料品质检测技术水平；系统研究双低油菜品质生理，破解了双低油菜发展中质量控制的复杂技术难题，创建全程质量控制技术与标准体系，被农业农村部列为全国油料主推技术，在苏、皖、赣、鄂、湘、川等我国油菜主产区广泛应用，获得显著社会经济效益，提升了我国油菜产品质量。他通过长期不懈努力，带动和促进了农产品质量安全新兴学科的发展，推动了农产品质量安全从终端监管到全程科学管控的技术跨越，为保障粮油质量安全做出了重要贡献，成为我国农产品质量安全学科带头人之一，为提升粮油质量安全监控水平、保障消费安全做出了重要贡献。

保障粮食安全对我们国家和人民意义重大。要从国家和行业的重大需求出发，面向世界科技前沿、面向人民生命健康，努力提升自身技能和素养，树立正确的价值观、世界观和人生观。

第三节　食品中病毒污染及其预防

食源性病毒带来的食品安全问题不仅是食品工业领域的常见问题，也是严重的公共卫生问题，对人类身体健康、社会经济发展等都有着很大程度的负面影响。虽然随着科技的进步，人们对食源性病毒的了解越来越多，并且已经在世界范围内采取多种措施降低食源性病毒的危害，但是大规模暴发和零散出现的案例仍屡见不鲜。

一、甲型肝炎病毒

甲型病毒性肝炎（简称甲型肝炎）是由甲型肝炎病毒（Hepatitis A Virus，HAV）引起的肝脏炎症。1988 年，因生食 HAV 污染的毛蚶，上海暴发甲型肝炎疫情，数月内感染 31 万人。2013—2014 年，欧洲发生与食用冷冻浆果有关的甲型肝炎疫情，导致超过 1589 人发病、2 人死亡。近年来，美国、加拿大等地也有甲型肝炎暴发情况出现。据估计，全球每年发生甲型肝炎 140 万例。

HAV 既可呈散发性流行，也能通过污染的水和食物经口传播导致甲型肝炎的暴发性流行（水型暴发、食物型暴发），流行程度因地区而异。卫生条件差的国家，人们甲型肝炎免疫球蛋白 G（IgG）的血清阳性率几乎为 100%。儿童在早期感染 HAV，通常表现为无症状或轻症状，HAV 感染会产生终身免疫力，因此，这些地区的成人对甲型肝炎免疫的比例很高。但在卫生条件较好的国家，HAV 感染的发病率较低，甲型肝炎在人群中的传播减少，很大比例的成年人可能从未接触过 HAV 或接种过甲型肝炎疫苗，因而可能被感染。因此，甲型肝炎病毒可能在非流行地区再次出现，引起严重的公共卫生问题。

（一）病原特性

HAV 属微小核糖核酸病毒科，为无包膜的单股正链 RNA 病毒，衣壳蛋白呈正二十面体，直径 27~32nm。HAV 基因型有 6 种（Ⅰ~Ⅵ），只有 1 种血清型。基因型Ⅰ、Ⅱ和Ⅲ感染人类，分为 A 亚型和 B 亚型；基因型Ⅳ、Ⅴ和Ⅵ能导致猿猴感染。具有感染性的病毒有两种形式：粪便中裸露的无包膜 HAV 病毒粒子，以及由感染细胞非裂解分泌的准包膜病毒粒子（eHAV），eHAV 存在于感染患者的血液或感染细胞培养物的上清液中。HAV 能在一定程度上抵抗低温和酸性环境，但对紫外线敏感，100℃加热 5min 或用次氯酸、乙醇、碘伏等处理可有效灭活该病毒。

（二）传播途径

除了通过直接接触感染者传播之外，HAV 主要通过粪－口途径传播，即 HAV 随粪便排出患者体外，通过污染的手、水、食品、食具等传播，人们因摄入被感染者粪便污染的食品或水而感染。HAV 被认为是最严重的食源性病毒之一，全世界 2%~7% 的甲型肝炎疫情可归因于受污染的食品。食源性甲型肝炎疫情涉及水产品、蔬菜、水果等多种食品。HAV 对食物的污染可能发生在"从农场到餐桌"任一环节，接触污染的水、设备、人员等均是 HAV 污染食品最常见的途径。

（三）危害与预防措施

摄入 HAV 污染的食品或水会导致以肝脏损伤为主的急性肠道传染性疾病，即甲型肝炎。感染的成年人在 14~28d 的潜伏期后出现食欲不振、发烧、恶心、腹泻、深色尿和黄疸等症状。甲型肝炎为自限性疾病，患者大多能完全康复。HAV 感染不会导致慢性肝病。感染病例中，急性肝衰竭发生不到 1%，集中于高龄、有基础肝病或慢性肾病患者。HAV 感染的病死率低于 0.1%，但老年人的病死率可能会上升至 1.8%~5.4%。

防控甲型肝炎要采取综合措施，目前，接种甲肝疫苗的主动免疫仍然是 WHO 预防和控制甲型肝炎流行和暴发最为推荐且最有效的手段。除了疫苗，在接触病毒前或潜伏初期，通过肌肉注射正常人免疫球蛋白的被动免疫方式也可以明显减少 HAV 的传播和甲型肝炎的早期发病，但不能终止疾病的暴发流行。此外，科学地隔离、治疗和管理相关患者、病毒携带者、接触者，加强食物、水源及粪便管理，养成良好的卫生习惯，注意公用餐具消毒，这些措施能从控制传染源及切断传播途径的角度控制甲型肝炎的流行。

二、戊型肝炎病毒

戊型肝炎病毒（Hepatitis E Virus，HEV）感染能引起戊型病毒性肝炎（简称戊型肝炎）。据估计，世界人口 1/3 的人群已接触过 HEV。自 2005 年以来，欧盟每年的 HEV 病例数不断上升，猪肝和含猪肝的产品被确定为欧洲许多食源性 HEV 暴发的源头，法国、西班牙等国家也有相关病例的报道。

（一）病原特性

HEV 是一种单股正链 RNA 病毒。无论是裸粒子还是准包膜病毒粒子，都具有感染性。HEV 分为 8 种基因型（HEV-1~HEV-8），HEV-1~HEV-4 和 HEV-7 已被证明能感染人类，HEV-3 和 HEV-4 为人畜共患，能感染多种宿主，包括人类、猪、野猪、鹿等。

（二）传播途径

HEV 的主要传播模式是粪-口途径。HEV-1 和 HEV-2 在发展中国家高度流行，东南亚、非洲和墨西哥等流行地区由污染水传播而导致其大规模暴发。引起食源性戊型肝炎最常见的是 HEV-3 和 HEV-4。人类和动物能通过摄入生的或未完全熟制的肉感染 HEV-3 和 HEV-4。除了肉，高风险食品还包括滤食性双壳类贝类等。此外，HEV 也可通过输血、使用血液制品或实体器官移植等在人与人之间传播。

（三）危害与预防措施

HEV 感染后，潜伏期 2~10 周，患者可表现出疲劳、恶心、呕吐、厌食、黄疸等症状。多数患者于病后 6 周好转并痊愈，慢性肝炎和肝外表现主要发生在高危人群中。一些 HEV 感染的免疫功能缺陷患者可能发展为慢性戊型肝炎。除了肝脏受损外，HEV 感染者还可能出现神经痛性肌萎缩、急性肾损伤和肾小球疾病等。HEV 感染的死亡率为 0.5%~3%。但值得注意的是，孕妇感染可导致暴发性肝炎，相关死亡率高。妊娠晚期的感染问题更为严重，不仅孕妇死亡率高，还可能发生早产、低出生体重、胎儿或新生儿死亡等。

预防 HEV 感染的措施包括做好粪便管理、保护水源、不吃未熟的肉及接种疫苗等。

三、诺如病毒

美国曾发生一起胃肠炎暴发事件，引发该事件的病毒根据事件发生地点被命名为诺瓦克病毒（Norwalk Viruses，NV）。随后多种形态与之类似、抗原性略有差异并能引起腹泻的病毒颗粒被依次发现，称为诺瓦克样病毒（Norwalk-Like Viruses，NLV）。国际病毒命名委员会将其命名为诺如病毒（Norovirus，NoV）。

诺如病毒

（一）病原特性与传播途径

NoV 是一组无包膜单股正链 RNA 病毒，属于杯状病毒科。NoV 具有很强的传染性，能感染多种宿主，人类能通过与感染者直接接触、食用受污染的食品、饮用受污染的水、接触被污染的物体表面等途径感染 NoV。其中，NoV 被认为是食源性胃肠炎的主要病因之一，贝类、水果、蔬菜和即食食品等均与 NoV 相关的食源性疫情有关。

（二）危害与预防措施

NoV 感染被认为是导致各年龄段人群流行和散发急性胃肠炎的主要原因之一，少数病毒颗粒就能使人感染发病。腹泻和呕吐是感染此病毒的标志性症状，常见症状还包括恶心、胃痛等，还可能伴随有发烧、头痛、肌肉酸痛。潜伏期短（12～48h），病程也短，在 1～3d 好转。对于多数人而言，NoV 感染通常被认为是一种自限性疾病，一般不会造成永久性损害，但对于幼儿和老年人来说，可能出现脱水，这是很危险的。治疗方法通常是大量饮水，在更严重的情况下，可能需要静脉输液。准备食物前彻底洗手、彻底清洗水果和蔬菜、彻底煮熟贝类等都能有效降低 NoV 感染的可能性。

思政案例：我国研发成功并上市全球首个戊型肝炎疫苗

2012 年，我国自主研发的戊型肝炎疫苗（益可宁®，Hecolin®）在厦门正式上市，这是世界上第一支获准上市的戊型肝炎疫苗。自 1998 年起，厦门大学国家传染病诊断试剂与疫苗工程技术研究中心等单位的 200 余名科研人员，经过紧密的产学研合作，历时 14 年，累计投资约 5 亿元，研制出具有高度原创性并拥有完全自主知识产权的戊肝疫苗。另外，由厦门大学等研制的首个国产宫颈癌疫苗于 2021 年正式通过世界卫生组织预认证。

我国在诸多疫苗研究领域中取得了优异成绩。肠道病毒 71（EV71）是全球手足口病和疱疹性咽峡炎的主要病毒之一，部分儿童感染此病毒可能导致重症。2008 年中国有 49 万婴儿感染。2015 年，中国医学科学院医学生物学研究所（昆明所）和科兴公司的两种 EV71 灭活疫苗，获得了国家食品药品监督管理总局的批准上市。疫苗使用传统的灭活技术，体现出了针对 EV71 相关疾病强大的预防作用。

我国科研人员坚持面向实际需求，一切从实际出发，踏实专注，勇于创新，充分践行了人才强国的战略。我们在自豪于我国科技进步的同时，要认真学习，努力提升个人能力和团队协作能力，秉持"十年磨一剑"的匠人精神，不畏困难，为祖国的发展贡献自己的力量。

第四节　食品的寄生虫污染及其预防

食品的寄生虫污染是引起食源性疾病的重要病因之一。寄生虫的生活史较复杂，可能需要多个中间宿主和终宿主，其中包括一些食物。目前，已鉴定出的食源性寄生虫有 90 余种，按感染食物来源可分为植物源性寄生虫、鱼源性寄生虫、肉源性寄生虫等。经口感染是食源性寄生虫的感染途径，通过摄入含有感染期寄生虫的食物和水导致的疾病被称为食源性寄生虫病。寄生虫主要通过夺取营养、机械损伤、毒素作用、引起免疫病理损伤等方式对人体造成损害。目前，由于饮食习惯、自然环境等因素的影响，多种食源性寄生虫病仍在我国流行，依然危及食品安全、人类健康和社会经济发展。

一、植物源性寄生虫

（一）布氏姜片吸虫

1. 形态与生活史

布氏姜片吸虫（*Fasciolopsis buski*）因其形似生姜片而被简称为姜片虫。虫卵形状为椭圆形，淡黄色；囊蚴呈圆形；成虫呈长椭圆形，大小取决于宿主物种，长度为 2~10cm，宽度为 0.8~3cm，雌雄同体。布氏姜片吸虫成虫寄生于人和猪的小肠中。如图 3-6 所示，虫卵随粪便被排出时是未发育的，必须进入淡水中才可孵化。毛蚴发育期为 16~77d（平均 22d），最适条件是水温 27~30℃、pH 6.5~7.2。毛蚴侵入中间宿主扁卷螺，经过一段时间的发育，尾蚴逸出螺体，在水生植物和其他物体的表面以及水面处形成囊蚴。囊蚴

姜片虫病

可在水中生存 64~72d。哺乳动物食入囊蚴后，在小肠内尾蚴脱囊，经 1~3 个月发育为成虫。每条成虫每天可产卵 13000~26000 个（平均 16000 个），虫数、虫龄等是产卵数的重要影响因素。人类轻度感染时，成虫寄生于十二指肠和空肠，通过吸盘附着于黏膜上皮，或者存在于黏膜分泌物中，数量较少；中度和重度感染时，胃和大肠中也能发现成虫，数量较多。成虫可在宿主体内存活时间较久，营养来源主要为宿主肠道的营养物质或血液。

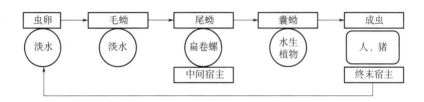

图 3-6　布氏姜片吸虫生活史示意图

2. 危害与防治

人体感染布氏姜片吸虫往往是由于摄入了囊蚴污染的植物。囊蚴几乎没有选择特异性地附着在水中的各种水生植物上。因此，作为食物的水生植物，如菱角、荸荠、茭白等都可能附着有布氏姜片吸虫囊蚴。用牙齿打开或剥离水生植物可食部分也可能被感染。此外，囊蚴不仅存在于水生植物上，也存在于水面，因此，人或猪也能通过饮用天然水而感染。

布氏姜片吸虫感染引起的疾病被称为姜片虫病。此病潜伏期为 1~3 个月。感染后的临床症状与感染程度、营养情况及免疫力等关系密切。大多数感染是无症状的或较为轻微，可出现腹泻、腹痛、腹水和肠梗阻等肠道症状，重度感染偶致死亡。治疗药物主要包括吡喹酮和阿苯达唑等。

布氏姜片吸虫主要分布在亚洲地区，如中国、柬埔寨、印度、老挝、泰国和越南等国家，是我国重点防治的食源性寄生虫之一。检验人和猪的粪便发现布氏姜片吸虫的虫卵即可确诊。水生植物的布氏姜片吸虫检验可通过浸泡刷洗水生植物，将洗液离心沉淀后，在镜下检查。预防布氏姜片吸虫感染，应加强粪便管理；流行区灭螺；提倡猪圈养，注意猪饲料和饮水中无囊蚴污染；加强宣传，提倡不喝生水、不吃生的水生植物，食用水生植物时直接将其煮熟，如需去皮应用刀而不用牙齿。

（二）蛔虫

1. 形态与生活史

似蚓蛔线虫（*Ascaris lumbricoides*），简称蛔虫，圆柱形，两头稍尖，形似蚯蚓，体表有横纹，活虫略带粉红色或黄色。雄虫长 15~30cm，雌虫长 20~35cm。每条雌虫每天产卵约 24 万个。

蛔虫成虫寄生于宿主小肠，在此处交配产卵。卵随感染者的粪便排出，若粪便处理不当或

是将粪便用作肥料，虫卵可污染土壤。在适宜的环境中，胚细胞分裂并发育为一期幼虫。约1周后，卵内幼虫蜕皮发育为二期幼虫，二期幼虫具有感染性。人体经口摄入感染期卵后，在小肠内可孵出幼虫。孵出的幼虫进入淋巴管或静脉，经心脏、肝脏到达肺部，再次蜕皮。然后经支气管、气管、咽喉及消化道返回小肠内寄生，并逐渐发育为成虫。

2. 危害与防治

蛔虫感染通常是无症状或是症状较轻微。成虫在小肠内夺取人体营养，感染者无明显症状，但儿童和体弱者可能出现营养不良、食欲不振、发烧、磨牙等症状。蛔虫的幼虫在人体内移行，可损害肝和肺等组织，造成肝脏出血、肝细胞损伤，也可引起蛔虫性肺炎，出现气喘、干咳、哮喘、呼吸困难等症状。成虫在体内移行能侵入腹腔、胆道、胰管等部位。严重感染时可能导致肠梗阻、肠坏死、胆管阻塞、肝脓肿、腹膜炎等。治疗药物主要包括阿苯达唑、甲苯达唑、噻嘧啶等。

蛔虫感染引起的蛔虫病是一种世界范围内常见的寄生虫病，具有区域性和季节性。检查人的粪便看是否存在虫卵，即可确定人是否感染。食物经浸泡刷洗、沉淀后，镜检即可了解食物的污染情况。若蛔虫卵污染蔬菜及水果等食物表面，生吃或食用未洗净的食物或是手部沾有污垢均可能因食入感染性虫卵而致病。因此，预防蛔虫病，应该饭前便后洗手，生吃果蔬要洗净或削皮。

（三）鞭虫

1. 形态与生活史

毛首鞭形线虫（*Trichuris trichiura* Linnaeus）简称鞭虫，能引起鞭虫病。成虫为淡灰色，前段细长，后段粗大，形如马鞭。雄虫长 30~45mm，雌虫长 35~50mm。虫卵呈纺锤形，特点是两端有透明塞状突起。每天每条雌虫产卵 5000~7000 个。

人是鞭虫的终末宿主。成虫寄生于人体盲肠，交配产卵。卵随粪便排出体外，发育成为含幼虫的虫卵，具有感染性。人摄入被感染期卵污染的食物或水，虫卵即可进入人体内。虫卵在小肠内孵出幼虫，侵入小肠黏膜，一段时间后，移行至盲肠发育为成虫。

2. 危害与防治

鞭虫病无特异性症状。轻者无症状或有轻微症状，重者可出现食欲减退、腹痛、腹泻、便秘、营养不良等症状。可用粪便直接涂片、沉淀集卵等方法检查人是否感染鞭虫。治疗药物主要包括甲苯达唑等。与蛔虫病相似，鞭虫病也是热带和亚热带地区常见的食源性寄生虫病。粪便管理不当（如用人粪施肥）、居民卫生条件与卫生习惯差的地方，鞭虫感染率较高。预防鞭虫感染的措施与预防蛔虫病相似，主要是注意手部和食物表面清洁。

二、淡水甲壳动物源性寄生虫

（一）卫氏并殖吸虫

1. 形态与生活史

卫氏并殖吸虫（*Paragonimus westermani*），全称卫斯特曼氏并殖吸虫，是人体并殖吸虫病的主要病原体之一。成虫呈椭圆形，虫体饱满，形似半粒花生或咖啡豆，雌雄同体。虫卵为金黄色椭圆形，卵壳内含一个卵细胞和数个不同大小的卵黄细胞。毛蚴呈瓜子形，母雷蚴呈圆柱形，尾蚴呈球形。囊蚴为圆球形，囊壁有内外两层。后尾蚴的形态、大小因不断伸缩活动而多变。该虫分为三倍体型和二倍体型：三倍体型能在宿主肺部发育产卵，二倍体型主要是在宿主体内移行或形成皮下结节。

卫氏并殖吸虫的终宿主包括人和其他动物，如猪、犬等。成虫在终末宿主肺部结囊产卵。虫卵进入支气管后，可随痰液咳出，也可被吞入消化道后随粪便排出。虫卵进入水中，发育孵出毛蚴。毛蚴在水中游动，侵入第一中间宿主（淡水螺类），在其体内形成胞蚴，经雷蚴阶段最终发育成尾蚴，从螺体内逸出。尾蚴侵入第二中间宿主（甲壳类动物，如淡水蟹、蝲蛄等）或随第一中间宿主被第二中间宿主食入，尾蚴在第二中间宿主体内形成囊蚴，囊蚴具有感染性。终末宿主食入含囊蚴的溪蟹、蝲蛄等而感染。囊蚴在小肠内脱囊成后尾蚴，穿过肠壁进入腹腔。童虫移行，最后在肺部形成包囊并发育为成虫。成虫出虫囊，也可在宿主体内各器官移行。

2. 危害与防治

卫氏并殖吸虫感染人类后，主要症状为咳嗽、铁锈色痰和咯血。二倍体型以形成皮下包块为主。虫体的移行导致局部出血，虫体寄生于其他部位产生明显的局部组织反应。主要的治疗药物包括吡喹酮等。

卫氏并殖吸虫在我国分布较广，流行区可按照第二中间宿主的主要种类分为溪蟹型和蝲蛄型。检验食品中的卫氏并殖吸虫可采用组织消化法、组织捣碎分离法等。预防措施包括不生吃未熟的溪蟹、蝲蛄等淡水甲壳类动物，纠正吃醉蟹、腌蟹等饮食习惯，不饮生水等。

（二）斯氏并殖吸虫

1. 形态与生活史

斯氏并殖吸虫（*Paragonimus skrjabini*）也是一种影响我国食品安全的重要寄生虫。成虫呈梭形，虫卵为椭圆形，毛蚴呈圆锥形，尾蚴的尾球呈椭圆形，排泄囊呈长三角形或长圆形，囊蚴为球形，后尾蚴呈长条形。

斯氏并殖吸虫的生活史与卫氏并殖吸虫类似。成虫寄生终末宿主的肺部并产卵，卵离开宿主入水后孵出毛蚴。毛蚴侵入第一中间宿主（拟钉螺等），最终发育成尾蚴，逸出第一中间宿主。尾蚴通过入侵或被食入的方式进入第二中间宿主（淡水蟹等），在其体内形成囊蚴。终末宿主因食用囊蚴污染的食物而感染，囊蚴在其肺部结囊，最终发育为成虫。

2. 危害与防治

成虫或幼虫可在体内各个脏器移行，造成机械损伤。研究发现，用斯氏并殖吸虫感染犬，其肝肺组织虫体周围出现了明显的坏死区和炎症反应，炎症细胞浸润，JAK-STAT 和 NF-κB 通路被激活。斯氏并殖吸虫病的主要症状为出现游走性皮下结节，结节为圆形或椭圆形，位置不固定，可见于腹部、胸部、腰部、背部、腿部等。治疗药物主要包括吡喹酮等。不吃生的或未熟的甲壳动物、不喝生水、严格检疫能有效预防斯氏并殖吸虫感染。

三、鱼源性寄生虫

（一）华支睾吸虫

1. 形态与生活史

华支睾吸虫（*Clonorchis sinensis*），又称肝吸虫，在我国存在超过两千年。成虫体积较小，前细后圆呈葵花籽状，半透明。雌雄同体，有 1 个卵巢和 2 个睾丸。睾丸呈树枝状分支，该虫也因此得名。虫卵为黄褐色，体积小，呈椭圆形芝麻状，有卵盖和突出的肩峰。尾蚴呈烟斗状，包括体和尾两个部分。囊蚴呈椭圆形，两层囊壁，内有一幼虫。后尾蚴体表布满单生小棘，体后部有一个充满黑色颗粒的大排泄囊。

华支睾吸虫生活史较为复杂，宿主众多，包括人、其他食鱼哺乳动物和食鱼鸟类。华支睾吸虫成虫寄生在宿主肝胆管内并产卵，卵内含有毛蚴。虫卵随胆汁进入小肠随粪便排出。卵进入水中后，可被第一中间宿主（淡水螺）摄入，毛蚴在其消化道逸出，进入其他部位发育成尾蚴并逸出螺体，再次入水。成熟的尾蚴在水中入侵第二中间宿主（淡水鱼虾）的机体并发育成囊蚴，囊蚴具有感染性。人及其他终宿主因摄入含囊蚴的第二中间宿主而感染，经消化液的作用，后尾蚴从囊中逸出，进入肝胆管内，最终发育为成虫。

2. 危害与防治

华支睾吸虫损伤人体的机制是对机体造成机械性刺激以及产生有毒物质。华支睾吸虫感染是否出现症状以及症状的严重程度，与所感染的寄生虫数目、感染时间、机体免疫力等因素有关，反复感染可能增加感染强度。若摄入含大量囊蚴的食物，可造成急性感染，出现腹泻、上腹疼痛、黄疸、发热、消化不良、嗜酸性粒细胞增多、肝脾肿大等症状。慢性感染起病隐匿，临床上可分为多个类型，轻者无症状，但如果反复重度感染，大量虫体、虫卵等堵塞胆管可造成胆管炎、胆囊炎，重者可发展成肝硬化、门静脉高压等。儿童感染可造成其生长发育迟缓等。另外，华支睾吸虫病与胆管癌高度相关。该病的主要并发症之一是由细菌引起的反复化脓性胆管炎，因此在用吡喹酮等药物治疗该病的基础上，对出现胆管炎的患者应同时给予抗生素治疗。

淡水鱼虾是人畜感染该虫的主要来源。作为我国重点防治的食源性寄生虫病之一，华支睾吸虫病的防治需采取综合性措施：提倡科学饮食，不吃生或半生鱼虾等水产品，也不用感染的鱼虾喂动物，如有必要，必须加工烧熟后再喂；加强市场关于鱼虾产品的检疫工作和管理工作，可利用压片法和消化法对鱼虾中的囊蚴进行检验；加强粪便管理，不用新鲜粪便施肥，多方面防止水源污染；加强传染源控制，积极治疗感染者的同时，对重点人员、高发人群和保虫宿主加强检查和管理。

（二）异尖线虫

1. 形态与生活史

作为一类常见的鱼源性寄生虫，异尖线虫（*Anisakis*）感染能引起异尖线虫病。异尖线虫成虫的外形类似人蛔虫，头部细。第三期幼虫呈长纺锤形，无色微透明。如图3-7所示，异尖线虫的终末宿主为海洋哺乳动物（如海豚、海狮等）。异尖线虫成虫寄生于哺乳动物的胃部，虫卵随粪便排出进入海水，在卵壳内发育成第一期幼虫，之后卵内蜕皮为第二期幼虫并孵出。第二期幼虫被第一中间宿主（浮游甲壳类，如磷虾等）摄食，在其体内发育成具有感染性的

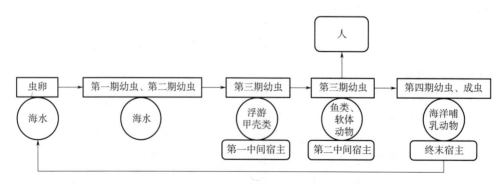

图3-7　异尖线虫生活史示意图

第三期幼虫。鱼类及软体动物为该虫的第二中间宿主，因摄入含第三期幼虫的浮游甲壳类生物而感染。第三期幼虫穿过第二中间宿主的消化管并移行，有的来到各个脏器表面和肌肉并形成包囊，有的寄生在腹腔和脏器表面呈游离状，幼虫和包囊不断累积增多。当终末宿主摄入被感染的鱼类和软体动物后，第三期幼虫在其胃中发育成第四期幼虫和成虫。

2. 危害与防治

异尖线虫有很多种，并不是所有异尖线虫都能感染人类，引起人类感染的主要是简单异尖线虫、抹香鲸异尖线虫等。与其他寄生虫不同，该虫感染人后不能在人体内发育为成虫，在人体寄生的是第三期幼虫。虽如此，异尖线虫仍能通过移行、引起过敏反应等方式造成人体损伤。感染后，轻者症状较轻，往往被人们忽视。重者发病急，食入感染鱼类几小时后，出现上腹部突然剧痛、恶心、呕吐、腹泻等症状，胃黏膜出现损伤，后期还可发现胃部瘤状物。此外，异尖线虫可引起全身过敏和变态反应，严重时可引起过敏性休克。目前没有特效药物治疗异尖线虫病，主要治疗手段是利用纤维胃镜夹出虫体。

根据异尖线虫生活史可知，人摄入生的或未煮熟的海鱼和软体动物（第二中间宿主）时，有机会摄入感染性幼虫，造成异尖线虫病。食用寿司、生鱼片、腌制或烟熏鱼风险较高。需要注意的是，部分异尖线虫过敏原耐高温，虽然烹调能杀死虫体，但是高温或冷冻的处理方式只能减少异尖线虫的感染风险，而不能完全消除其引起的过敏反应。预防异尖线虫病的措施包括：不吃生的或半生的海鲜产品；捕捞到新鲜海鱼后及时除去内脏；加强对海鱼和软体动物的检验工作，防止受污染的海鲜产品流入市场等。

四、螺源性寄生虫

（一）广州管圆线虫

1. 形态与生活史

广州管圆线虫（*Angiostrongylus cantonensis*）由我国陈心陶教授在广州鼠类体内首次发现，能引起广州管圆线虫病。成虫中，雄虫颜色灰白，尾端略向腹面弯曲；雌虫因红色或黑褐色的肠管和白色的子宫缠绕显示为黑白相间，尾端为斜锥形。虫卵为椭圆形，透明，由单个细胞卵发育为胚胎卵最终在宿主肺部孵出幼虫。第一期幼虫细长，典型的形态特点是背侧有凹陷。第三期幼虫为感染期幼虫，无色透明，尾部细尖。

鼠类是主要的传染源。成虫寄生于鼠的肺动脉，雌虫在此产卵并孵化，发育成第一期幼虫。第一期幼虫随血液入肺，到达气管和咽部后被宿主吞食进入消化道，并随粪便排出体外。中间宿主（如螺蛳或蛞蝓）若接触或摄入第一期幼虫，幼虫便可侵入宿主，在其体内经过两次蜕皮发育为具有感染性的第三期幼虫。鼠类等因摄入含感染期幼虫的中间宿主而感染，幼虫可移行至其脑部蜕皮成第四期幼虫，在蛛网膜下腔蜕皮成第五期幼虫，最后在肺部发育成成虫。

2. 危害与防治

人是广州管圆线虫的偶然宿主，可通过摄入含感染期幼虫的中间宿主或者被污染的蔬菜而感染，导致以嗜酸性粒细胞增多性脑膜脑炎为主要特征的广州管圆线虫病。此病的潜伏期为3~36d，可对神经系统、呼吸系统、眼部、鼻部等造成严重损伤，临床症状以头痛为主，还包括恶心、呕吐、嗜睡、发热甚至昏迷。治疗药物主要包括阿苯达唑等。

食品中的广州管圆线虫可通过肺检法、组织匀浆法、酶消化法等检测。广州管圆线虫病可经螺类及虾蟹等食物传播，如福寿螺、褐云玛瑙螺等。螺肉熟透口感不好，因此人们常将其加工至半熟或者直接生食，造成该病流行。防控广州管圆线虫病，要控制鼠类等传染源，不用未处理的螺肉喂养虾蟹，避免吃生的或未熟的螺肉等食物，生熟刀板分开以避免交叉感染。

（二）徐氏拟裸茎吸虫

1. 形态与生活史

徐氏拟裸茎吸虫（*Gymnophalloides seoi*）感染可导致拟裸茎吸虫病。成虫近似椭圆形，前圆后略尖。1 对睾丸为圆形且对称；子宫在虫体中部；卵巢为椭圆形，在右睾丸附近，每天产卵仅 2~84 个。虫卵为椭圆形，壳薄透明，小水泡样。后尾蚴也呈椭圆形，后端稍尖。徐氏拟裸茎吸虫的自然终宿主包括人和一些吃牡蛎的海鸟。成虫主要寄生于宿主小肠。虫卵孵出幼虫后，附着在牡蛎上发育成后尾蚴，后尾蚴在牡蛎上聚集被膜但不结囊。生食或食用未熟制附着有该虫的牡蛎能引起人和动物感染。

2. 危害与防治

据报道，小鼠感染徐氏拟裸茎吸虫后，不仅多数虫体在 1 周内从肠道排出，而且肠道屏障功能和免疫应答增强。拟裸茎吸虫病呈自限性，该病的临床表现与感染虫数及个体免疫力等密切相关。在小肠处，虫体口吸盘吸在小肠黏膜，导致绒毛萎缩、滤泡增生及炎症反应。人体感染徐氏拟裸茎吸虫主要表现为胃肠道症状，如腹痛、腹泻、消化不良、便秘等，还可能伴有反应迟钝、易疲劳、厌食、视力减退、体重减轻，有的还出现干渴、多尿等糖尿病症状。主要治疗药物包括吡喹酮等。防治拟裸茎吸虫病，关键在于不吃生的和未熟的牡蛎及其制品。

五、肉源性寄生虫

（一）旋毛虫

1. 形态与生活史

旋毛形线虫（*Trichinella spiralis*），简称旋毛虫，已发现 8 个种及 3 个基因型。雌虫长 2~4mm，雄虫长 1~1.6mm。旋毛虫的生命周期包括 3 个主要阶段：新生幼虫、感染性/肌肉期幼虫和成虫。

旋毛虫的终末宿主和中间宿主可为同一哺乳动物。旋毛虫感染宿主，消化作用使幼虫被释放，并侵入小肠。幼虫发育为成虫，交配后产生新生幼虫，此为肠内发育阶段。幼虫进入循环系统，开始肠外发育阶段。幼虫入侵肌细胞，并形成囊包，这使幼虫具有感染性。进入肌肉细胞的幼虫与宿主细胞形成特征性的保姆细胞，保姆细胞虽然占据宿主的肌肉细胞，但不杀死它们，而是与其成为稳定的复合体。囊内幼虫在保姆细胞中可存活数年。

2. 危害与防治

旋毛虫感染引起的旋毛虫病是一种世界范围内分布的肉源性人畜共患病，有广泛的宿主（包括猪、犬等哺乳动物），也在多个国家观察到人类感染。由于感染动物的肌肉中携带幼虫囊包，人们大多是通过食入含有幼虫囊包、未加工熟制的肉（猪、犬等）而感染的。除了摄入被感染的肉类外，人们还可能通过使用因处理生肉而被污染的厨房用具感染旋毛虫。2009—2020 年，我国报告了 8 起人类旋毛虫病疫情，包括病例 479 例，死亡 2 例。通过分析相关流行病学数据发现，感染主要集中在西南地区，猪肉仍然是我国旋毛虫病暴发的主要源头，感染旋毛虫的猪大多来自小型农场或为户外自由放养的猪。

旋毛虫病潜伏期长短取决于入侵数量、接触频率、旋毛虫种类等因素。人类感染旋毛虫主要影响胃肠道和肌肉组织，尤其是作为成虫阶段发育区的小肠。旋毛虫入侵能引起人体免疫反应、病理学改变和代谢紊乱。急性期患者出现全身肌肉酸痛，这是典型的旋毛虫病症状，也可能出现发热、眼睑水肿、面部水肿、心肌炎、结膜炎等。慢性期旋毛虫病可能出现脑炎、支气管肺炎等并发症。常用治疗药物包括阿苯达唑等。目前，关于旋毛虫的研究热点主要为寄生机制、致病机制和治疗机制。已有研究证明，旋毛虫成虫期 Ts-DNase II-7 蛋白可破坏肠上皮细胞的物理屏障，这有助于旋毛虫的顺利寄生；旋毛虫重组 HSP70 蛋白能增加大鼠心肌细胞 H9c2 中乳酸脱氢酶、活性氧的含量，诱导细胞线粒体途径凋亡；白藜芦醇能降低旋毛虫感染所引起的氧化损伤和炎症。改进传统的养猪模式、发展更加工业化的养猪场、实施生猪屠宰旋毛虫病的强制检疫、养成良好的烹饪习惯（生熟用具分开）等对于控制人畜共患食源性旋毛虫病至关重要。

（二）猪带绦虫

1. 形态与生活史

猪带绦虫（*Taenia solium*）的成虫形状扁平且非常薄，呈带状，长 1～5m，乳白色，雌雄同体。虫卵为圆形或近圆形，胚膜棕褐色。囊尾蚴（猪囊虫）为卵圆形，白色半透明。成虫寄生于人体引起猪带绦虫病，幼虫（囊尾蚴）寄生于人体引起猪囊尾蚴病。

作为一种人畜共患病的病原体，猪带绦虫的唯一终宿主是人，中间宿主是人、猪等动物。成虫寄生于肠黏膜，孕节中的虫卵随粪便排出体外。中间宿主（猪或牛）因处于受污染的牧场或食用污水灌溉的草摄入虫卵或孕节而受到感染。虫卵在中间宿主的小肠内发育为六钩蚴逸出，随血液循环和淋巴循环到达各个部位，逐渐发育为成熟的囊尾蚴。当人摄入含有活囊尾蚴的猪肉后，囊尾蚴进入人体，在肠黏膜处逐渐发育为成虫。需要注意的是，人若为中间宿主摄入虫卵或孕节，虫卵或孕节在人体内只能发育为囊尾蚴。

2. 危害与防治

猪带绦虫病患者一般无症状或是出现一些非特异性症状，包括体重减轻、腹泻、便秘、腹痛等。与猪带绦虫病相比，猪囊尾蚴病危害较大，寄生部位主要为骨骼肌和脑部，可按寄生部位分为皮下及肌肉囊尾蚴病、脑囊尾蚴病、眼囊尾蚴病，对应的症状包括皮下形成结节与包块、癫痫与颅高压、视力下降甚至失明等。

猪带绦虫引起的人畜共患病在贫困、缺乏卫生设施和生猪散养的相关地区十分常见，不仅对农民构成了经济负担，还影响畜牧业发展和食品安全。对人类而言，可以通过健康教育、改善卫生习惯以及积极治疗等降低此病的危害。针对中间宿主猪，可采取肉类强制检验、规范生猪饲养处理、疫苗接种等控制措施。

（三）弓形虫

1. 形态与生活史

刚地弓形虫（*Toxoplasma gondii*），也称弓形虫，是一种单细胞原虫。弓形虫唯一已知的最终宿主是猫科动物，中间宿主广泛，包括人类在内的多种温血动物。简单来说，当终宿主猫感染后，速殖子等侵入肠细胞，经无性生殖逐步发育为配子体，大小配子体即雄雌配子体结合成合子，进而发育为未孢子化的卵囊。卵囊首先排出肠腔，然后随粪便排出体外。一段时间后，卵囊孢子化，这样的卵囊具有感染性。中间宿主（包括人、鸟类和啮齿动物）及终宿主在摄入被卵囊污染的水或食物后被感染。孢子化的卵囊在被宿主摄入后，囊壁被消化，释放子孢子，之后发育为速殖子。速殖子呈新月形或椭圆形，通过血液循环和淋巴循环到达全身组织并增殖，包括中枢神经系统、肝脏、眼睛、骨骼、心脏、肌肉和胎盘等，造成组织破坏并引起炎症反应。随着机体特异性免疫的形成，速殖子增殖减慢并发育形成包囊，包囊内含有缓殖子。如果包囊被易感宿主摄入，经过消化，囊壁被水解，缓殖子被释放并侵入宿主细胞。

2. 危害与防治

弓形虫的主要传播途径包括摄入污染的食物或水、接触污染的土壤、母婴传播（先天感染）等，此外，还能通过输血或器官移植等感染弓形虫。弓形虫可以通过血液进入全身部位，并定位于重要器官、肌肉组织和神经系统。对于大多数免疫系统正常的人来说，弓形虫感染是无症状的，很少需要治疗，但先天性弓形虫病可能导致胎儿或新生儿死亡。治疗药物主要包括乙胺嘧啶、磺胺嘧啶等。

在人类宿主中，弓形虫形成的组织包囊最常见于骨骼肌、心肌、大脑和眼睛。除了染色活检标本以观察包囊进行诊断之外，通常是通过血清学检查进行诊断。先天性感染的诊断可以利用 PCR 等分子生物学方法检测羊水中的弓形虫 DNA 来实现。预防弓形虫感染的措施包括：建立科学的养殖体系以减少动物感染机会，按程序实施检疫；接触生肉后及时洗手，用于肉类处理的刀具等生熟分开，不吃生肉或未完全熟制的肉，蔬菜水果清洗干净等。

思政案例：我国古代典籍中关于寄生虫的记载

我国古代典籍中有关于寄生虫形状的描述，也有寄生虫病病因、诊断、症状及治疗方法的记载。《金匮要略》记载绦虫有"食生肉，饱饮乳，变成白虫""牛肉共猪肉食之，必作寸白虫"。《诸病源候论》记载绦虫有"长一寸而色白，形小褊""白虫相生，子孙转大，长至四五尺，亦能杀人"，记载姜片虫有"赤虫状如生肉，动则肠鸣"。《圣济总录·蛔虫》则说："盖较之他虫害人为多。观其发作冷气，脐腹撮痛，变为呕逆，以至心中痛甚如锥刺"。这些记载反映出寄生虫感染危害人类健康的问题由来已久。

在治疗方面我国古籍也记载有大量的方法，表明了我国古代医学发展的先进性。《本经逢原》记载："凡杀虫药都是苦辛，惟使君子甘而杀虫，不伤脾胃"。《本草纲目》记载花椒能够"杀蛔虫，止泄泻"。这些记载不仅充分显示出我国古代劳动人民勤于观察、善于发现并勇于钻研的精神，也彰显我国传统医学文化的瑰宝所在。党的二十大提出"推进文化自信自强，铸就社会主义文化新辉煌"，强调了我们应吸收传统文化精华，推进自信自强文化教育。我们要学习古人的工匠精神，善于观察，勇于实践。

🔍 **思考题**

1. 举例说明食品细菌污染的来源与途径。
2. 谈谈食品细菌污染对人体造成的危害。
3. 预防食品细菌污染应采取哪些措施？
4. 浅析食品细菌污染与食品卫生质量的关系。
5. 食品中常污染的霉菌有哪些？污染的霉菌种属与食品类型有什么关系？
6. 霉菌产毒的条件是什么？什么样的食品特性以及环境会导致毒素的产生？
7. 如何预防食品中的病毒污染？

第四章

CHAPTER

食源性疾病与预防

【学习要点】

1. 了解食源性疾病的概念和分类，熟悉食源性疾病的防控方法。

2. 了解食物中毒的概念和传播特点，熟悉常见引发食物中毒的细菌类别，掌握常见细菌性食物中毒的防治方法。

3. 了解人畜共患病的概念、分类、流行条件、影响因素和特点，熟悉几种常见食源性人畜共患病的病原特性、传播途径及预防措施。

食物对于维持人类健康的生活至关重要，微生物安全和食品质量已成为公共卫生的首要任务。一些天然食物毒素、病原微生物、微生物孢子、微生物和非微生物毒素以及化学物质或其他污染物，是导致食源性疾病发生的原因。尽管许多食源性疾病可能具有自限性，但有些可能会造成严重后果，甚至会导致死亡。食源性疾病包括范围较广，包括由微生物引起的感染性疾病和主要由化学和有毒物质引起的中毒性疾病。中国每年发生约 7.48 亿例。

许多因素促成了食源性疾病的增加，如大量生产、环境因素以及食品加工人员的知识不足等。根据我国《食品安全法》的要求，国家卫生行政部门会同有关部门制定实施《全国食品安全风险监测计划》，我国自 2011 年起建立了综合性的全国食源性疾病监测平台，包括食源性疾病监测与报告系统、食源性疾病暴发监测系统和全国食源性疾病分子追踪网络。国家食品安全风险评估中心维护和管理所有食源性疾病监测系统，用于数据收集和定期向国家卫生健康委员会报告。

第一节　食源性疾病

一、食源性疾病的概念

WHO 对于食源性疾病的定义为：所有通过食物和水传播的疾病，无论其呈现的症状如何，包括由食用食物或水引起的任何感染性或中毒性疾病。因此，食源性疾病包括可能存在于食物或水中的各种化学、物理或微生物危害所引起的疾病。由病原微生物引起的疾病有两种类型：传染性疾病和中毒。

二、食源性疾病的分类和特征

食源性疾病按性质可以分为五类：食物中毒；与食物有关的变态反应性疾病；经食品感染的肠道传染病（如痢疾等）、人畜共患病（如口蹄疫等）、寄生虫病（如旋毛虫病等）等；因一次大量或长期少量摄入某些有毒有害物质而引起的以慢性毒害为主要特征的疾病；营养失调所致的食源性疾病。按致病因子可分为细菌性食源性疾病、食源性病毒感染、食源性寄生虫感染、食源性化学性中毒、食源性真菌毒素中毒、动物性毒素中毒、植物性毒素中毒七类。按发病机制可分为食源性感染和食源性中毒两类。由病毒、细菌和寄生虫引起的食源性疾病的症状多种多样，包括腹部绞痛/疼痛、模糊/复视、腹泻、发烧、恶心、呕吐，甚至死亡。

根据 WHO 的定义，食源性疾病应具有三个基本特征：在食源性疾病暴发或传播流行过程中食物起了传播病原物质的媒介作用；引起食源性疾病的病原物质是食物中所含有的各种致病因子；摄入食物中所含有的致病因子可引起以急性病理过程为主要临床特征的中毒性或感染性两类临床综合征。

三、食源性疾病的防控

（一）建立和完善食源性疾病监测检验体系

2010 年我国第一次在全国范围内开展多部门、全过程、经科学设计的食品安全风险监测工作。2014 年全国共设置监测点 2489 个；2017 年快速增长，达到 2808 个；2018 年监测点达到 2822 个；2019 年 2837 个，并在 7 万多个医疗卫生机构开展食源性疾病监测。2019 年，根据《食品安全法》规定，国家卫生健康委员会组织制定了《食源性疾病监测报告工作规范（试行）》，规范卫生健康系统食源性疾病监测报告工作。

食源性疾病
的防控

（二）完善食品安全标准体系和食品安全监督管理体系

食品安全标准体系的建设为食品安全的综合监督管理、确保食品安全和预防食源性疾病提供了法律依据。截至 2024 年 3 月，我国发布食品安全国家标准 1610 项。依据新的《食品安全法》规定，将原来分散在 15 个部门管理的近 5000 项食品标准进行梳理和整合。全面启动食品安全国家标准整合工作后，重点解决了我国食用农产品质量安全标准、食品卫生标准、食品质量标准中强制执行内容存在交叉、重复、矛盾的问题，进一步完善了监督管理体系，建立责任追究制度、食品市场准入制度、食品安全监测和监督抽检制度、食品安全评价体系、食品安全预警和应急体系，为食品安全监管提供保障。

（三）加强管理体系的推广应用

食品生产企业应执行良好操作规范（Good Manufacturing Practice，GMP），建立和实施危害分析与关键控制点（Hazard Analysis and Critical Control Point，HACCP）管理体系，对食品生产、加工、制作、储存、运输、销售等过程中可能出现的危害环节进行分析，确定关键控制点及其控制方法，从而保证工业化食品的生产安全。

（四）普及法制教育和食品卫生知识

对食品从业人员和消费者进行食品安全教育培训是保障食品安全和预防食源性疾病的关键措施之一。通过培训，提高生产、经营者的管理水平和责任意识，自觉遵纪守法，为食品安全生产和销售提供保障。

第二节　食物中毒及预防

一、食物中毒概述

食源性疾病与食物中毒是两个关系紧密的概念。与食物中毒相比，食源性疾病所涵盖的范畴更广泛。食物中毒（food poisoning）是一个术语，指摄入了含有生物性、化学有毒有害物质的食品或把有毒有害物质当作食品摄入后所出现的非传染性急性、亚急性疾病。细菌性食物中毒是最严重的食物中毒类型，除此之外，真菌毒素中毒、化学性食物中毒、动物组织（性）食物中毒、植物性食物中毒也是常见类型。

食物中毒主要以食物为传播介质，致病因子首先污染食物和水源，当食用或饮用受污染的食物和水之后，导致食物中毒。食物中毒的暴发少则几人，多则上千人。集体暴发是微生物食物中毒的主要发病形式，主要发生在家庭、食堂中。而非微生物食物中毒是暴发或者散发，潜伏期较短。化学性食物中毒和食用有毒动植物引起的食物中毒无明显规律，主要以散发的形式出现，发病时间、地点无显著联系。此外，食物中毒多集中在某一特定地区，具有地区性。如沿海地区由于食用海鲜产品，易发生副溶血性弧菌食物中毒。食物中毒具有明显的季节性，主要发生在夏秋两季。

食物可能被来自产毒微生物的毒素交叉污染，当消费者食用受污染的食物时，它会到达肠道，微生物就会定殖并产生造成人体损害的毒素。为预防食物中毒，应采取卫生保健措施，特别是食品加工人员的卫生。食品部门必须通过制定严格的政策和法规来确保食品安全，以确保从采购到消费的食品链每个环节的食品质量和安全。对加工中使用的食品材料、仪器和设备进行清洁和消毒，以实现食品无污染。清洁方法可以是不同种类的，如化学（碱性和酸性清洁剂）或物理（湍流洗涤、热洗涤和真空洗涤）方法等。

二、细菌性食物中毒

（一）概述

细菌性食物中毒是指由于进食被细菌或细菌毒素污染的食物而引起的急性感染中毒性疾病。导致细菌性食物中毒的原因有食物储存不当或储存时间太久导致细菌滋生，厨房用具不规范导致生熟交叉污染，人员不注重个人卫生从而污染食物等。细菌可能通过口腔进入体内，通过胃，最后到达肠道，在那里它们定殖于肠上皮细胞。随着病原体在肠道中生长繁殖，引起肠道不适，一些会产生毒素，引发人体剧烈的胃肠道反应，致毒机制主要包括：产生毒素、侵袭性损害和过敏反应。

（二）常见的细菌性食物中毒

1. 沙门氏菌食物中毒

（1）病原特性　沙门氏菌（*Salmonella*）是世界范围内导致人畜共患食源性疾病的主要病原体。据估计，沙门氏菌每年导致全球 9300 万例肠道感染和 155000 例死亡。根据 2001—2007 年从 37 个国家实验室收集的沙门氏菌人分离株分析，肠炎沙门氏菌（*S. enteritidis*，SE）被列为所有沙门氏菌分离株的第一血清型。SE 可引起人类胃肠道感染，导致腹泻和死亡。2016—2020 年，SE 影响了欧洲 18 个国家，导致一名儿童和一名老人因感染而死亡。沙门氏菌与多种食物中毒的暴发有关，包括生禽肉、新鲜豆芽、花生酱和巧克力。一种常见动物载体是鸡，在未煮熟的情况下食用会导致肠炎沙门氏菌感染而炎症性腹泻。近年来发现新鲜农产品如苜蓿芽、菠菜、哈密瓜、生菜、辣椒和番茄也被污染，食品可能在从生产到加工、分销、制备和消费的任何环节受到污染。

感染 SE 的哺乳动物可导致自然流产，这与妊娠期的免疫应答有关。哺乳动物妊娠早期对 SE 感染的免疫应答依赖于先天吞噬系统，包括胎儿巨噬细胞样吞噬细胞、中性粒细胞和树突状细胞。怀孕期间哺乳动物的免疫适应允许母亲对半同种异体胎儿的耐受性，这可能会增加并促进 SE 的垂直传播。

（2）预防措施　预防沙门氏菌肠道感染的最重要措施是提供安全的饮水、安全的食品处理方法、卫生措施、公众教育和疫苗接种。与一般动物接触后适当洗手，以及避免与动物接触，尤其是已知 90% 被沙门氏菌定殖的两栖动物。限制食品感染的措施包括适当烹饪可能被沙门氏菌污染的食物，或消除受污染的食品。辐照包括肉类、蔬菜、蛋类和乳制品在内的食品可能会显著降低高风险食品中生物体的感染。

2. 副溶血性弧菌食物中毒

（1）病原特性　副溶血性弧菌（*Vibrio parahaemolyticus*）是一种革兰氏阴性嗜盐嗜温细菌，在我国的海水、海鱼、贝类和虾中发现。因此，副溶血性弧菌引起的食源性暴发通常呈现季节性模式，在温暖的月份达到高峰。它的最佳生长温度在 30 ~ 37℃，冷冻处理和低温储存（<5℃）不能很好地存活。副溶血性弧菌的临床菌株与环境菌株的区别在于它们能够产生耐热直接溶血素，耐热直接溶血素已被公认为副溶血性弧菌的主要毒力因子。

（2）预防措施　为预防副溶血性弧菌引起的食源性疾病，可以制定从生产阶段到消费阶段的海产品安全分步规定，包括使用消毒或人工海水，或饮用水清洗和加工贝类和有鳍鱼类，食用海产品在保证海鲜新鲜的同时，控制海鲜中副溶血性弧菌的水平，控制海鲜在配送和储存过程中的温度等或通过高压、高温、辐照等方式加工处理食物。

3. 肉毒梭状芽孢杆菌食物中毒

（1）病原特性　肉毒梭状芽孢杆菌（*Clostridium botulinum*），简称肉毒梭菌，一种腐物寄生菌，经常存在于初级生产环境和动物胃肠道中。肉毒梭菌是一种厌氧、革兰氏阳性粗短杆菌，在非最佳生长条件下可形成耐热芽孢。在其对数生长晚期，肉毒梭菌菌株会产生强效神经毒素，导致人类和动物出现一种称为肉毒梭菌中毒的神经麻痹疾病。肉毒梭菌不能在 pH≤4.6 培养基中生长，但能在普通培养基上生长，呈半透明颗粒状的圆形菌落。肉毒梭菌中毒是一种罕见的、可能致命的神经麻痹疾病，表现为感染者双侧颅神经麻痹，随后可能出现对称的下行弛缓性麻痹。三种症状被认为是感染肉毒梭菌中毒的标志性症状：缺乏对不同刺激的瞳孔反应、舌头明显干燥粗糙、发展为呼吸麻痹。肉毒梭菌中毒的致死率很高，大多由于呼吸系统衰竭而死亡。可以对出现肉毒梭菌中毒症状的患者的血液进行肉毒梭菌毒素的血清学检测，这是对诊断的最佳验证。

（2）预防措施　在保质期内食用罐装食品，在加工食品时选择新鲜食材，并彻底洗净灭菌，在烹调过程中食用的器具、加工机械都应消毒清洗。肉类食品应低温保藏，避免加工后再污染，发现胀罐、烂罐及时处理。进食前应充分加热至 80℃，30min，这样可以破坏毒素。

4. 金黄色葡萄球菌食物中毒

（1）病原特性 金黄色葡萄球菌（*Staphylococcus aureus*）存在于环境中（如空气、土壤和水中），也存在于正常人类菌群中，位于大多数健康个体的皮肤和黏膜（通常是鼻部区域）上。金黄色葡萄球菌通常不会对健康的皮肤造成感染；但是，如果进入血液或内部组织，这些细菌可能会导致各种潜在的严重感染。

金黄色葡萄球菌是一种革兰氏阳性兼性厌氧球菌，具有独特的毒力特性。金黄色葡萄球菌黏附因子允许迁移到血液中，然后附着在生物和非生物表面。一旦附着，金黄色葡萄球菌凝固酶与纤维蛋白原相互作用，形成耐寒、耐药的生物膜。金黄色葡萄球菌产生的毒素可以裂解白细胞并逃避宿主免疫系统。金黄色葡萄球菌是黏膜、皮肤和胃肠道的定殖者，高达80%的人口携带此菌。经鼻携带金黄色葡萄球菌最为常见，随着医疗保健暴露、糖尿病、透析、人类免疫缺陷病毒感染而增加。虽然大多数金黄色葡萄球菌携带者不会继续发展疾病，但定殖通常在感染之前发生。金黄色葡萄球菌菌血症仍然是血液感染的常见原因。

（2）预防措施 防止金黄色葡萄球菌污染食物。消费者需要注意家中和厨房烹饪过程中潜在的食物污染，彻底烹饪食物很重要。食品企业在加工过程中严格控制原材料卫生，正确处理和加工，充分清洁以及对食品加工和制备中使用的设备进行消毒。金黄色葡萄球菌生长和产生毒素的允许温度是6~46℃。因此，理想的烹饪和冷藏温度应分别高于60℃和低于5℃。

5. 致病性大肠杆菌食物中毒

（1）病原特性 大肠杆菌（*Escherichia coli*）是人类和温血动物胃肠道最普遍的共生菌，也是最重要的病原体之一。它一般分为六类：肠产毒性大肠杆菌、肠侵袭性大肠杆菌、肠致病性大肠杆菌、肠出血性大肠杆菌、肠黏附性大肠杆菌、弥散黏附性大肠杆菌。大肠杆菌是一种食源性病原体，可引起严重疾病，包括腹泻、出血性结肠炎和溶血性尿毒综合征。它具有三种主要的毒力因子，包括志贺毒素（shiga toxin, Stxs），称为肠细胞消失位点（LEE）的致病性岛的产物，以及大毒力质粒 pO157 的产物。Stxs 是噬菌体编码的 AB5 家族毒素，可对多种细胞类型造成损害，并且通常与出血性结肠炎和人类致命的溶血性尿毒症综合征有关。

（2）预防措施 一般而言，预防和控制大肠杆菌传播的策略应包括获得安全用水、降低食品污染风险的良好处理方法、卫生措施、公众教育和疫苗接种。预防食品感染的措施包括适当的储存和烹饪温度。食品辐照技术可用于大幅减少高风险产品中的细菌负荷。益生菌可能是一种预防几种大肠杆菌感染的方法，用益生菌治疗感染性腹泻通过降低腹泻率显示出有益效果。

6. 空肠弯曲菌食物中毒

空肠弯曲菌（*Campylobacter jejuni*）属于弯曲菌属，是一种全球重要的食源性病原体。空肠弯曲菌是一种普遍存在的胃肠道病原体，通过鸟类和动物传播给人类，其中空肠弯曲杆菌是正常肠道菌群的一部分。

（1）病原特性 该菌是一种革兰氏阴性、微需氧细菌，细长的螺旋弯曲杆，宽度为0.2~0.8μm，长度为0.5~5μm，通过相差显微镜观察到该菌为具有逗号形、"S"或鸥翼形的细胞。它们以类似于开瓶器的方式移动，因为在细胞的一端或两端具有极鞭毛。空肠弯曲菌具有类似呼吸的新陈代谢，在含有近5%氧气、10%二氧化碳和85%氮气的大气中生长。空肠弯曲菌通常会导致人类肠胃炎，感染分为两类，即胃肠道感染和胃肠道外感染。它通常通过食用一系列食物传播给人类，尤其是那些生的或未煮熟的禽肉、未经巴氏消毒的牛乳和水基环境来源有关的食物。当与食物或水摄入有关时，空肠弯曲菌通过口腔途径进入人体宿主肠道，并在远端回肠和结肠定殖。当它黏附并定殖于肠细胞表面时，空肠弯曲菌预计表达几种确定的毒力因子，这些毒力因子直接通过细胞入侵和/或产生毒素，或间接通过引发炎症反应对肠道造成损害。它主要引起腹泻、发烧、头痛和恶心。空肠弯曲菌还可引起急性神经肌肉麻痹和格林-巴利综合征。

（2）预防措施　空肠弯曲菌感染的预防可以通过不同的方式直接应用于人类，包括污水净化设施、提供饮用水、疫苗使用、提高公众对牛乳巴氏杀菌重要性的认识、适当烹饪动物源性食物，以及使用防止引起空肠弯曲菌感染的治疗方法。鸡肉产品是引起空肠弯曲菌病的主要原因，在加工、运输直至食用之前，通常冷藏（4℃）储存，以防止细菌生长。尽量食用巴氏杀菌后的牛乳，在烹饪过程中选择新鲜的肉类食品。

与其他病原菌相比，空肠弯曲菌对热相对敏感，因此在 HACCP 框架内设置商业加热过程来保证对这些病原体的控制。

7. 志贺氏菌属食物中毒

志贺氏菌属（*Shigella*）的细菌通称痢疾杆菌，通常通过粪-口途径和摄入受污染的水或食物（如牛乳）传播。这种细菌引起的疾病范围从轻微的自限性腹泻到更严重的疾病，即细菌性痢疾，其特征是结肠黏膜的破坏。因没有可用的疫苗，防止接触这种微生物最为重要。志贺氏菌属由四个已知的物种组成，即痢疾杆菌、福氏痢疾杆菌、博伊迪氏杆菌和索尼氏杆菌，它们也分别被归类为 A 到 D 亚组。

志贺氏菌被普遍认为是一种水传播病原体；它通常也通过受污染的食物传播。与志贺氏菌病有关的食物种类繁多，包括西瓜等新鲜水果，生菜、卷心莴苣、欧芹和罗勒等新鲜蔬菜，生牡蛎，新鲜牛乳和乳酪。此外，在鸡肉和牛肉中也检测到志贺氏菌。

（1）病原特性　志贺氏菌属于肠杆菌的革兰氏阴性、兼性厌氧菌。其大小为（0.5~0.7）μm×（2~3）μm，不具备荚膜、鞭毛和芽孢，虽然大多数菌有菌毛但不运动。对营养要求不高，在普通培养基上就可以生长，菌落大小中等，呈半透明、光滑状。生长的最适 pH 为 6.4~7.8，最适生长温度为 37℃。志贺氏菌病是腹泻相关发病率和死亡率的主要原因。志贺氏菌是一种传染性很强的细菌，其特征是水样（通常是血和黏液条纹）腹泻、腹部绞痛和发烧。致病微生物经常在被污染的水中发现，特别是在人类粪便中，并通过粪-口途径传播。因此，任何因手部卫生不良、用受污染的水冲洗、直接或间接接触粪便而污染的食物都是志贺氏菌的潜在来源。儿童在卫生条件差的情况下，通常的传播方式是直接人传人或手对口。

致病因素主要包括三种：侵袭力，内毒素，志贺毒素。志贺氏菌食物中毒主要由两类菌群引起：宋内氏志贺氏菌和福氏志贺氏菌。

（2）预防措施　定期洗手和保持卫生习惯是预防志贺氏菌病的最可靠方法。在收获、生产、分配和准备食物期间确保遵循适当的卫生政策和程序也将减少志贺氏菌和许多其他肠道病原体的食源性传播。

思政案例：国家大力推进食品安全风险防控，筑牢食品安全的防线

2022 年 6 月，国家卫生健康委员会食品安全标准与监测评估司司长在新闻发布会上介绍，党的十八大以来，我国依法履行食品安全标准、风险监测评估等工作职责，落实"最严谨的标准"要求，树立大食物观，食品安全和营养健康各项工作取得积极进展。

食品安全标准是强制性技术法规，是生产经营者基本遵循，也是监督执法重要依据。我国全面实施最严谨的标准体系，10年来组建含17个部门单位近400位专家的国家标准审评委员会，坚持以严谨的风险评估为科学基础，建立了程序公开透明、多领域专家广泛参与、评审科学权威的标准研制制度，以及全社会多部门深入合作的标准跟踪评价机制，不断提升标准的实用性和公信力。同时，我国着力强化风险监测评估能力，建立了国家、省、市、县四级食品污染和有害因素监测、食源性疾病监测两大监测网络以及国家食品安全风险评估体系。食品污染和有害因素监测已覆盖99%的县区，食源性疾病监测已覆盖7万余家各级医疗机构。

国家积极主动践行大食物观，助力"吃得安全"向"吃得健康"转变。通过大力推进国民营养计划和健康中国合理膳食行动，加强对一般人群和特殊重点人群的科普宣教和膳食指导服务，组织建设营养健康餐厅、食堂、学校等试点示范。通过社会共治共建，保障群众获得营养知识、营养产品和专业服务，提升食品营养场所的可及性便利性。

党的二十大报告指出："紧紧抓住人民最关心最直接最现实的利益问题""全方位夯实粮食安全根基"。食品安全问题是人民群众最为关心关注的问题，要能够运用所学知识服务人民所需，实践解决食品安全领域存在的技术问题，确保食品安全与健康。

第三节　食源性人畜共患病及预防

人畜共患传染病或人畜共患病（zoonosis）是指人类与脊椎动物之间自然传播的疾病和感染，由细菌、病毒、寄生虫等病原体引起，不仅影响畜牧业的发展，还对人类健康造成严重影响。人畜共患病可根据不同方式进行分类：按病原体的生物学属性，可分为细菌病、病毒病、真菌病、寄生虫病等；按病原体储存宿主的性质，可分为动物源性人畜共患病、人源性人畜共患病、互源性人畜共患病、真性人畜共患病；按病原体的生活史，可分为直接人畜共患病、周生性人畜共患病、媒介性人畜共患病、腐生性人畜共患病。

人畜共患病的流行需要3个条件（图4-1），即传染源、传播媒介与途径、易感的人和动物。传染源指受感染或携带病原体的人和动物，也就是说，除了患病的人和动物，还需注意携带病原体但未表现出明显的临床症状（隐性感染）的人和动物。传播媒介与途径，媒介物包括水、土壤、空气、食物、饲料、用具和工具等，媒介者包括节肢动物、半野生和野生动物等，传播途径包括经呼吸道传播、经消化道传播、经皮肤或黏膜接触传播等。易感的人和动物，对于不同的病原体，人和动物的感受性不同，对于同一种病原体，感染后的症状和严重程度也不同。影响人畜共患病流行的因素有很多，其中自然因素包括季节、气温、湿度、地理环境等，社会因素包括社会制度、经济状况、科技水平、风俗习惯、宗教信仰等。

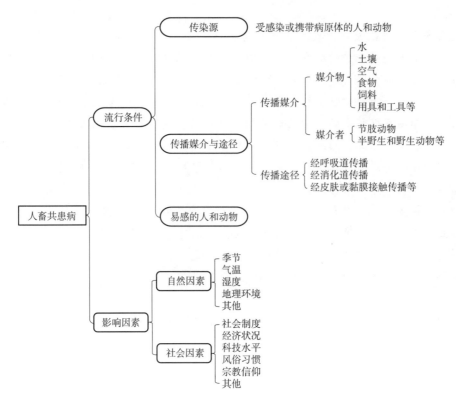

图 4-1　人畜共患病流行条件及影响因素

一、人畜共患病的特点

与其他传染病相比，人畜共患病具有宿主广泛、病原体多、病原跨物种传播、传播形式多、传播距离长、以动物源性人畜共患病为主和有职业暴露风险等特点。

二、常见的食源性人畜共患病

食源性人畜共患病是通过食物在人类和动物之间传播的感染和疾病。食源性人畜共患病的传播通常是由于食物或个人卫生欠佳所致，如食物在加工或处理过程中受到污染，食物未经彻底煮熟，或者食物贮存不当。这些不当的做法可能会导致病菌经由粪-口途径传播。病菌在进入人体后，便会入侵肠道细胞，然后在体内同一或其他部位进行复制，因而引致疾病。

（一）禽流感病毒

2023 年 1 月，美国、英国、俄罗斯、比利时、捷克等国家通报了禽流感疫情。欧洲疾病预防控制中心的报告显示，2021—2022 年，欧洲出现了有记录以来最大规模的高致病性禽流感疫情，共有 37 个欧洲国家受到禽流感疫情的影响。数据显示，在此期间共发现 2467 起家禽疫情，导致 4800 万只禽类被扑杀。禽流感的暴发影响欧洲多国禽类和禽类产品的供应，提高了相关商品价格。高致病性禽流感暴发的经济损失十分严重，涉及扑杀和重新购置禽类的成本、本地和国际贸易损失、补偿和挽回客户的费用、检疫费用以及基础设施的改善成本，波及一个国家家禽业相关的所有部门。由于出现人类感染和死亡病例，高致病性禽流感病毒引起公众对健康的担忧。

1. 病原特性

禽流感病毒（avian influenza virus，AIV）是一种单股负链 RNA 病毒，8 个基因片段编码 10 种蛋白质：血凝素、神经氨酸酶、基质蛋白质（M2 和 M1）、非结构蛋白质（NS1 和 NS2）、核衣壳和三种酶（PB-1、PB-2 和 PA）。血凝素对于附着细胞和入侵细胞进行复制很重要，神经氨酸酶的功能是释放新形成的病毒。基于血凝素和神经氨酸酶蛋白抗原性的差异，AIV 可分为 16 种血凝素亚型（H1~H16）和 9 种神经氨酸酶亚型（N1~N9）。致病性高低的主要决定因素是血凝素。在自然界中，只有 H5 和 H7 以高致病性形式出现，但大多数 H5 和 H7 病毒是低致病性的。

2. 传播途径

AIV 的传播能力取决于病毒株种类、环境因素和宿主的易感性等。在野生鸟类和家禽中，AIV 通常是通过接触受污染的水、分泌物和羽毛传播。在农场之间，病毒通过空气、灰尘、受污染的设备、人员的鞋子和衣服等传播。人类感染多数是由于直接接触了受感染的家禽。宰杀病禽、活禽和死禽而交叉感染，屠宰过程中病毒的空气传播，都能增加接触风险。除了新鲜屠宰的禽肉，冷冻禽肉中也发现了 AIV 的存在。目前，虽然没有直接证据证明人类能通过食用受感染的家禽感染 AIV，但烹饪和处理不当可能会导致 AIV 未被灭活，增加了人暴露于病毒的可能性，因此，不建议食用生的或未煮熟的食物。关于人传人的证据目前比较有限。

3. 危害与预防措施

AIV 已在 100 多种野生鸟类中被检测到，它们是低致病性禽流感病毒的天然宿主，感染后几乎不会表现出症状。对于家禽而言，大多数商业规范化饲养的家禽，感染 AIV 的情况较为少见。鸡如果感染 AIV，产蛋量减少，甚至表现出可致命的全身性疾病，如果被高致病性禽流感病毒感染，死亡率接近 100%。AIV 被认为具有物种特异性，很少跨越物种屏障。但哺乳动物，如人、猪、马、海豹、鲸和猫，也存在 AIV 感染。对人类而言，H7N9 和 H5N1 具有高致病性。作为人畜共患病的病原体，这两种病毒能通过直接或间接接触的方式传播，引起多种呼吸道疾病，轻者无症状或症状轻微，重者可至死亡。人类对 H5、H7 和 H9 病毒缺乏免疫力，因此，如果出现相关病毒的大流行，对人类而言可能是毁灭性的。禽流感疫情的暴发可能对家禽业、国内外贸易和公共卫生产生严重的经济影响和社会影响。目前，大多数国家严禁高致病性禽流感病毒感染的家禽进入食物链，但一些发展中国家因受经济状况、管理手段和检验技术的限制，感染家禽可能进入食物链。执行符合生物安全原则的管理措施是防止 AIV 感染家禽的关键，包括检疫、受感染禽类的无害化处理、用具的清洁和消毒等，疫苗接种可有效降低家禽的感染风险。教育和风险沟通对于所有参与家禽生产的人员了解如何防止病毒传播至关重要。在日常加工中，将生肉与熟食分开，及时清洁设备及加工台面以防止交叉污染，彻底加热和巴氏杀菌均可有效灭活食品中的 AIV。

（二）口蹄疫

口蹄疫被认为是影响牛、猪、羊等偶蹄类动物的重要疾病之一，我国将其列为一类动物疫病。相关动物及动物产品在国际贸易中受到限制，对全球经济发展构成巨大威胁。

1. 病原特性

口蹄疫由口蹄疫病毒（foot-and-mouth disease virus，FMDV）引起。FMDV 属于小 RNA 病毒科，口蹄疫病毒属，有 7 个血清型和多个亚型，对热、酸、碱、紫外线敏感。患病的动物及潜伏期的动物通过尿液、粪便、水疱液、唾液、乳汁等排泄物和分泌物将病原体排出体外。

2. 传播途径

口蹄疫具有高度传染性，可通过直接接触、间接接触及空气等方式传播，风、鸟和人的活动、车辆运输等扩大了病毒的传播范围。健康动物可通过摄食、呼吸等途径感染该病毒。感染后出现体温升高、食欲不振、跛行等症状，口腔、蹄部、乳房等部位出现水疱。幼龄动物死亡率较高，成年动物虽然死亡率较低，但生长速度、产乳量和活动能力等都受到严重影响。人类可通过摄入病乳、接触病畜感染该病毒，伴随出现发热、口腔水疱及皮肤水疱等症状。

3. 预防措施

口蹄疫严重影响畜牧业生产和食品安全。它传播途径广，易感动物种类多，并有免疫逃逸等特点，导致预防和控制具有一定挑战性。随着动物及动物产品贸易全球化发展，口蹄疫控制的难度增加。目前，接种疫苗是预防口蹄疫的有效措施之一。此外，完善养殖场管理制度、及时诊断并隔离患病动物、保证动物饲料和饮水安全、按时消毒饲养环境、加强对养殖人员的培训、加强检疫、完善兽医基础设施和服务系统的建设等也非常必要。

（三）牛海绵状脑病

传染性海绵状脑病，也称朊病毒病，是一种神经系统疾病，能影响多种哺乳动物。其中，牛海绵状脑病俗称"疯牛病"，主要影响的物种是牛，包括乳牛、肉牛等，是我国一类动物疫病。

疯牛病

1. 病原特性

朊病毒是引起牛海绵状脑病的病原。与一般病毒不同，朊病毒没有核酸和病毒形态，而是具有感染性的蛋白，也被称为朊蛋白。朊蛋白对热、酸、碱、紫外线等有一定的抵抗力。

2. 传播途径

该病在动物间主要通过肉骨粉饲料传播。病牛脑部出现海绵状空泡、神经胶质细胞增生等症状，并表现出行为异常、具有攻击性及共济失调等。该病潜伏期较长，发病突然，病死率高。人类可能通过摄食病牛而感染朊病毒。

3. 预防措施

牛海绵状脑病是一种损伤神经系统的人畜共患病，能对人体健康、养殖业发展、饲料工业等造成严重的负面影响。目前还没有有效可用的疫苗和治疗药物。控制传染源、切断传播途径是防控该病的重要手段，如加强检疫、及时发现并按规定处理病牛、禁止出售病牛及相关产品、加强饲料监管尤其是动物源性饲料监管等。

三、食源性人畜共患传染病的预防

在充分了解食源性人畜共患传染病流行特点的基础上，将公共食品卫生监督和个人疾病防控相结合，降低食源性人畜共患传染病带来的不良影响。除了上述几种食源性人畜共患病之外，总的来说该类病的预防遵从如下措施。

（一）控制传染源

人畜共患传染病的传染源是感染或携带病原体的人和动物。对于人而言，应加强畜牧业、养殖业、食品行业从业人员的健康检查，及时诊断、隔离并积极治疗，同时做好粪便管理等。对于动物而言，食品安全相关部门应该加强管理，规范检疫，及时发现感染动物，严禁感染动物上市销售。感染动物应被隔离，严重的感染动物可被扑杀。此外，加强疾病诊断和治疗方面的研究对于控制传染源也有重要意义。

（二）切断传播媒介

食源性人畜共患病的传播媒介是食物。加强食物检验检疫，规范食品加工过程。消费者养成良好的饮食习惯，如食物彻底加热、不生食或半生食畜产品和水产品、刀案生熟分开并彻底清洗消毒等。

（三）保护易感者

易感动物应科学饲养，按规定接种疫苗。易感人群应注意个人卫生和饮食卫生，减少感染机会；加强运动，补充营养，提高个人免疫力；接受健康教育，增强防范意识和自我保护意识。

此外，制定和完善相关法律法规和标准、开展相关科研工作、促进跨学科和国际合作、加强外来疾病监测等都有助于预防食源性人畜共患传染病。

思政案例：战虫泰斗——陈心陶教授

陈心陶教授（1904—1977 年），中国寄生虫学奠基人之一，卓越的血吸虫病防治专家。他一生致力于寄生虫学相关研究，即使在战乱岁月，也未放下学习和科研工作。早在 20 世纪 30 年代，他开始调查并整理华南地区蠕虫区系，对并殖吸虫及异形吸虫等进行了形态学和实验生态学研究，发现了广州管圆线虫、怡乐村并殖吸虫等并殖吸虫新种，为中国吸虫区系分类奠定了基础。陈教授不仅有高超的科研水平，还有浓浓的家国情怀。新中国成立后，在国外就职的陈教授秉持着"一个中国人，他的事业必须在祖国生根"的理想信念，毅然回国，投身祖国建设。

血吸虫病是当时我国多地流行严重的人畜共患寄生虫病。陈教授临危受命，不怕危险，到情况严重的广东三水等地开展调查，证实了广东血吸虫病流行区的存在。数十年间，陈教授一直奔走在寄生虫调查与研究的第一线，带领科研工作者开展血吸虫病诊断、治疗和防护的研究工作，提出了科学的防治方法，不仅带领三水人民成功打赢了血吸虫病防治战争，为我国消灭血吸虫病作出了杰出贡献，还培养了大批寄生虫学人才。即使晚年患有恶性淋巴瘤，陈教授依然忘我工作，为探索真理、服务人民奉献了一生。

作为未来的科技工作者，我们不仅要学习陈教授不畏艰辛、脚踏实地、勇于探索的科学家精神，努力提高自己的知识水平和工作能力，还要学习他心系祖国、不为名利的精神；学习他对党和人民赤胆忠心，把服务祖国和人民作为最高理想的奉献精神。

🔍 思考题

1. 什么是食源性疾病？有什么特点？
2. 食物中毒的类型有哪些？
3. 常见的细菌性食物中毒有哪些？其症状及预防措施如何？
4. 预防食源性人畜共患传染病的措施有哪些？

第五章

CHAPTER

食品安全检测技术

5

【学习要点】

1. 了解食品检验的基本内容，熟悉食品检测的职能及发展现状，明确食品检测的基本原则，掌握食品检测的基本内容与要求。

2. 了解根据不同实际条件对食品检测的分类，明确食品检测的技术方法，掌握快速检测技术及其发展。

3. 了解食品主要污染成分，明确食品中农药、兽药、重金属、真菌毒素和有害生物的检测技术。

4. 了解食品添加剂的分类，掌握食品添加剂的检测方法类别，并能对未来食品添加剂的检测分析做出展望。

食品安全与人民群众的生命、健康等息息相关，同时也影响着经济稳定发展和社会长治久安。所以食品检验工作必须适应时代发展和食品市场的变化，不断优化和完善，注重完善食品检验检测体系，注重技术提升和设备更新，注重检测质量提升，从而保证食品检验工作的高效进行，为人民群众的食品安全提供良好的保障。

本章阐述食品检验的定义、职能以及发展现状，根据不同实际条件将检验工作分类，介绍食品检验的内容与要求。

第一节　检验检测的要求和原则

一、检验的职能

（一）检验的基本职能

1. 鉴别的职能

鉴别的职能是根据技术标准、产品样式、操作规程或技术协议、订货合同的相关规定，采用所需检验方法对产品的质量特性进行观察、试验和测量，进而对产品质量是否符合规定进行判断。鉴别的职能是其他各项职能的前提，产品质量能否合格需要通过鉴别才能判断。

2. 把关的职能

把关的职能是质量检验重要且基本的职能。生产产品的过程通常是一个烦琐的过程，影响产品质量的众多因素都可能改变生产状态，各流程或程序的技术状态不可能始终处于等同，质量波动客观上不可避免。因此，必须进行严格的检验，认真严谨地进行每一道工序，做到不合格原材料不准投产、不合格半成品不准转序、不合格成品不准出厂，才能真正保证产品的质量。

3. 预防的职能

现代质量检验与传统检验区别在于现代质量检验不是纯粹的事后把关，还有预防的作用。检验的预防作用贯穿在整个检验工作之中，具体体现在：

（1）通过测定工序能力和应用控制图起到预防作用　无论是测定工序能力还是应用控制图，都需进行产品检验获得质量数据，将数据统计处理完毕才能实现。但目的不是对产品是否合格进行判定，而是为了判断工序能力的大小或反映生产流程的状态。若发现工序能力不足，或者从控制图中反映过程产生异常，则要立即采用技术、组织方案，增强工序能力或清除异常因素，使过程恢复至之前受控状态，提前阻止不合格品的产生。

（2）通过工序生产的首检与巡检起到预防作用　当一批产品进行初始加工时，首先需进行首件检验，只有在首件检验合格并获得许可时，才可进行投产。此外，当设备进行维修或再次调整后，也要进行首件检验，是为了防止产生成批不合格品。正式成批投产后，为立即反映生产过程中的异常变化，及时判断出现不合格品的可能，还要定时或不定时到生产现场进行巡回抽检，若发现问题要立即采取措施纠正，预防不合格品的产生。

（3）广义的预防作用　前过程（工序）的把关，对于后过程（工序）来说就是预防。因此，对原材料和外购件进行进货检验以及对半成品转序或入库前的检验，同样有着把关和预防的作用。

4. 报告的职能

报告的职能是通过把检验获取的信息材料，经总结、梳理、分析后写成报告，使领导层和有关部门及时了解产品生产过程中的质量状况，评价和分析质量控制的有效性，报告职能为质量把关、质量改进、质量检验以及质量管理判断提供重要信息和依据。

5. 监督的职能

质量检验部门还负责企业内质量监督的职能，包括产品质量的监督，工艺技术执行情况的监督，专职和兼职质量检验人员工作质量的监督。监督的职能一般是通过设置专职的巡检人员来完成。

（二）检验的发展现状

经过全国范围内的食品监管职能调整，食品安全监管权限已集中到一个部门，即国家市场监督管理总局。与此同时，食品检验检测机构将原先分散在各个部门的食品检验检测功能进行了整合，以提高监管效率。随着国家食品监管职能的调整，监管范围和技术支持领域也得到了拓展和加强。面对当前的监管形势，新时代检验工作必须加强制度建设，全面提升检测能力。这既是应对食品安全挑战的必然要求，也是确保人民群众"舌尖上的安全"的有力保障。

1. 社会高度关注

政府一直在加大制度体系建设，媒体高度关注。近年来，随着媒体对食品质量安全事件的曝光，食品监管被推向了前台，成为社会关注的热点和焦点。这也对检验机构提出了更高的要求。

2. 供需矛盾更加尖锐

人民群众对食品安全技术日益增长的需求与制度能力发展相对落后的矛盾日益突出。吃上合格、安全、有保障的食品是人民群众的基本要求，而我们的现状是一方面食品安全事件仍未杜绝，另一方面监管和检测机构、人员、设备等的缺乏。

3. 竞争和责任风险并存

随着政府调整食品检验检测机构职能，公平向社会力量提供检验检测服务，未来检测相关主体向多元化发展。随着检验检测领域的不断扩大，适用的政策、法规和标准也在逐步完善和增加，责任风险也在加大。检测遗漏或盲点需要承担更大的责任风险。

4. 管理和自我保护意识不强

管理体系建设需要可持续发展，要与日常检查活动紧密结合，确保检查结果的准确性和可靠性，因此需要注重质量管理人员的培训；另外，检测机构在检测过程中还存在对有法律效力的证据保全的意识不够，自我保护意识不强的问题。

二、检验工作的基本内容及要求

（一）检验的基本内容

随着我国食品工业的快速发展，食品安全问题越来越受到广大人民群众的重视。食品的化学成分十分复杂，食品检测主要是利用一些技术手段和方法对食品中的微量元素、营养成分、微生物和各种添加剂等的含量进行检测，并以一整套科学的检测方法和流程来鉴别食品中的有害生物，检验食品中有害物质的含量，确保食品的安全。食品在销售前，需要通过严格的检测来衡量食品的安全性，确保其符合国家规定的有关标准，不会对人体健康造成危害。食品检测技术可以准确、快速、有效地检测食品中各种物质的含量，是食品质量控制的重要过程和环节，可以有效地避免问题食品进入市场对人们的健康造成危害。

（二）检验的一般程序

1. 样品的准备

（1）抽样　抽样的目的是根据样本推断总体。由于产品的波动性和抽检批次的偶然性，抽检失误是不可避免的，也就是说抽检会有一定的风险。与全检相比，虽然全检能更准确地确定批次质量，但当检查带有损坏时，显然不能全检。用抽检代替全检可以获得显著的经济效益，这是抽检的优越性。

食品抽检遵循随机性和代表性原则。在抽样数量满足检验需要的基础上，尽可能抽取更多的样本，降低抽样误判的风险。此外，抽样后应及时检验，尤其是涉及微生物指标的产品。采样的样品还应尽量保持原包装和质量，避免被污染。取样时应采用相同的生产日期、规格和批号的样品，检样、备样应采用相同样品。

为了保证样品能够代表待检测的整个食品，样品的抽取过程必须按照一定的程序完成，即总体→检样→原始样品→平均样品→检验样品（复检样品、留样样品）→采样记录。总体是指预备进行感官评价、理化和微生物检验的整批食品。由总体的各个部分分别采集的少量样品称为检样。原始样品是很多检样综合在一起。抽取部分处理后的原始样品来进行分析检验用的样品称为平均样品。将平均样品平分为三份，作为保留样品（供备用或查用）、复检样品（供复检使用）和检验样品（供分析检测用）。完成采样后需及时做好采样记录，采样记录要求详细填写采样的日期，采样人地址、单位，采样时的包装情况，样品的批号，采样的条件，采样的数量以及要求检验的项目等。

（2）样品的制备 当采集的样品量大、颗粒大、成分不均匀时，需要对试样进行粉碎、混合和缩分，再将还原后的试样粉碎至检验所需的细度，其目的是确保制备的样品能够代表所有样品，满足检验对样品的要求。样品制备的方法因食品类型的不同而异。

对于含水量低、硬度大的固体样品，粒度过大应预粉碎成小颗粒，然后将所有样品混合均匀，将样品分成四份至所需量，再研磨至检验规定的细度。

对于含水量较高、质地较软的样品，先用水冲洗泥沙，去除附着在表面的水分。按一般饮食习惯，取可食用部分，切碎、混匀；对于含水量较高、韧性较强的样品，可用绞肉机将其绞碎、拌匀。

一般将液体或浆体样品充分搅拌混合均匀即可。互不相溶的液体需要先分离，再分别取样测定。

水果罐头在捣碎前应先去除果核，肉禽罐头应先剔除骨头，鱼类罐头应将调味品分出后再捣碎。

（3）样品的保存 采集的样品需要立即分析，以防止水分蒸发、挥发性成分流失或其他待测成分含量发生变化。不能立即分析或用于复检和备查的样品应妥善保存。制备好的样品应放置在密封和清洁的容器中，并保存在阴暗处。应根据食物种类选择对其物理化学结构变化影响小的适宜温度。易腐样品在 $0 \sim 5 ℃$ 冰箱中存放时，贮存时间不宜过长。有些成分容易光解，必须在避光条件下保存。如特殊需要可以在不影响分析结果的情况下，向样品中加入适量的防腐剂，或者在冷冻干燥机中升华干燥保存样品。另外，样品存放环境应清洁、干燥，存放的样品应按日期、批号和编号摆放，便于查找。

2. 样品的预处理

对样品预处理目的是使被测组分从复杂的样品中分离出来，制成便于测定的溶液形式，除去对分析测定有干扰的基体物质。如果被测组分的浓度较低，还需要进行浓缩富集。若被测组分用选定的分析方法难以检测，还需要通过样品衍生化处理使其定量地转化成另一种易于检测的化合物。

（1）有机物破坏法 测定无机物在食品中的含量时，常采用有机物破坏法消除有机物的干扰。由于食品中的大多数无机成分以组合形式存在于有机物中，在分析确定这些元素时，需要将这些元素从有机物中分离开来，或者破坏有机物后才能确定无机物。因此，应根据所测无机物的性质选择合适的有机物破坏方法，使样品中绝大多数的有机物被破坏，在破坏有机物的过程中所要测定的无机成分没有任何损失。

有机物破坏法是在强氧化剂存在下，通过长时间的高温，对有机物的分子结构进行破坏，使有机物分解成气体逸出，释放出待测无机元素。根据具体操作，可分为干法灰化和湿法消化两种。

干法灰化是有机物经高温灼烧后的破坏，除汞外，绝大多数金属元素和部分非金属元素均可通过该方法测定。具体操作是将试样放入坩埚中，小火炭化后，再放入 $500 \sim 600 ℃$ 的高温马弗炉（图 5-1）中灰化，直至残余灰呈白色或浅灰色。在炭化过程中添加少量碱性或酸性物质可以避免测定物质损耗。干法灰化的优点是有机物破坏彻底，操作简单，空白值低，破坏时间长，不需要操作人员时时照管。这种方法挥发性物质的损失比湿法消化要大。

湿法消化是利用硫酸、硝酸、高锰酸钾等强氧化剂，经过加热消煮，使有机物质完全氧化分解，并以气体形式逸出，而待测无机成分则以离子状态保存在溶液中。湿法消化是在溶液中进行的反应，其优点是分解快、时间短、加热温度低、减少金属蒸发和逸出的损失。缺点是消化容易产生大量有害气体，所以常需在通风柜中操作；另外，操作初期会产生大量泡沫并容易溢出，需要随时照管；试剂用量越大，空白值越大。本方法一般用于一些易挥发性物质的测定，除汞外，绝大多数金属的测定都会有较好的结果。

图5-1　马弗炉

（2）蒸馏法　蒸馏是一种通过不同的挥发度来分离液体混合物组分的方法。可用于去除干扰组分，也可用于通过蒸馏将被测组分蒸出，然后收集馏分进行分析。根据样品组分性质的不同，蒸馏方法有常压蒸馏、减压蒸馏和水蒸气蒸馏。

常压蒸馏是在常压下当物质受热不易分解或在低沸点下进行的蒸馏。如果样品中待蒸馏组分易分解或高沸点时，可采用减压蒸馏。与水互不相溶的液体和水一起蒸馏的方法称为水蒸气蒸馏。

（3）溶剂提取法　同一溶剂中，不同的物质有不同的溶解度，同一物质在不同溶剂中的溶解度也不同。利用样品中各组分在特定溶剂中溶解度的差异，使其完全或部分分离的方法即为溶剂提取法。溶剂提取法可用于提取固体、液体及半流体，根据提取对象的不同可分为萃取法和浸提法。

萃取法用于从溶液中提取某一组分，利用该组分在两种互不相溶的溶液中分配系数的不同，使其从一种溶液中转移至另一种溶液中，从而与其他组分分离，达到分离和富集的目的。通常可用分液漏斗多次提取达到目的。若被转移的成分是有色化合物，可用有机相直接进行比色测定，即萃取比色法。萃取比色法具有较高的灵敏度和选择性。如双硫腙法测定食品中的铅含量。此法设备简单、操作迅速、分离效果好，但是成批试样分析时工作量大。同时，萃取溶剂常易挥发、易燃烧，且有毒性，操作时应加以注意。

浸提法又称浸泡法。用于从固体混合物或有机体中提取某种物质，所采用的提取剂，应既能大量溶解被提取的物质，又要不破坏被提取物质的性质。为了提高物质在溶剂中的溶解度，往往在浸提时加热。如用索氏抽提法提取脂肪。提取剂是此类方法中重要因素，可以用单一溶剂，也可以用混合溶剂。

（4）盐析法　盐析法是将一些盐类物质加入溶液中，降低在原溶剂中的溶质溶解度，从而析出溶质。如在蛋白质溶液中加入大量的有害金属盐，蛋白质就会以沉淀的形式从溶液中出来。盐析时，需要对加入溶液的物质进行选择，不能破坏溶液中析出的物质，否则不能进行盐析。此外，合适的盐析条件也是必需因素，如溶液的温度和 pH 等。

（5）化学分离法

①磺化和皂化法：磺化和皂化常用来处理油脂或脂肪样品。当样品被磺化或皂化后，油由疏水成为亲水，油中待测的非极性物质更容易被弱极性或非极性溶剂提取出来。这类方法常用于食品中农药残留的分析。在磺化法中，样品提取液通常用硫酸处理，使脂肪磺化成极性和水

溶性化合物，这样就可以用水洗涤去除脂肪。该方法仅适用于强酸性介质中稳定的农药。皂化法通常是将油脂和热碱 KOH-乙醇溶液及其杂质皂化反应，去除油脂。该方法用于净化一些碱稳定性农药，并可采用皂化法去除与之混合的油脂。

②沉淀分离法：沉淀分离是通过沉淀反应进行分离的一种方法。沉淀剂加入样品中进行反应，将所需组分沉淀或除掉干扰组分沉淀，进而达到分离的目的。如在测定食品中糖精钠的含量时，加入碱性硫酸铜到试验溶液中可沉淀蛋白质等干扰杂质，而试验溶液中仍保留糖精钠，过滤后取滤液进行分析。

③掩蔽法：掩蔽剂与样品中的干扰组分进行相互作用，使干扰组分成为不干扰测定的状态，即被掩蔽。该方法可在不分离干扰组分的情况下消除干扰，简化分析步骤，因此被广泛应用于食品分析样品的纯化。特别是在食品中金属元素的测定中，常常加入配位掩蔽剂，以消除干扰离子共存的影响。

（6）色层分离法　色层分离又称色谱分离，是物质在载体上分离的总称。根据分离原理的不同，可分为吸附层析分离、分配层析分离和离子交换层析分离。该类分离方法具有良好的分离效果，广泛应用于食品分析和检验中。色层分离不仅分离效果好，而且分离过程往往也是鉴别的过程。该方法常用于有机物的分析和测定。

吸附色谱分离法采用聚酰胺和硅胶等吸附剂，经活化后，拥有一定的吸附能力，可选择性吸附待测成分或干扰成分，从而进行分离。如对食品中色素的测定，吸附剂将样品中色素吸附，经过过滤、洗涤，选择合适的溶剂进行解吸，获得相对纯净的色素溶液。样品中的色素可直接添加吸附剂进行吸附，也可以以吸附柱或涂成薄层板的形式进行吸附。

分配色谱分离是基于两种不一样的物质在两相中的分离比。两相中的一个相是固定的，称固定相。另一个是流动的，称流动相。

离子交换色谱分离法是根据离子交换剂和溶液中的离子之间的交换反应进行分离的方法，按离子交换的离子分为阳离子交换和阴离子交换。该方法可从样品中分离出所需的被测离子，也能将干扰成分从样品溶液中分离出来。分离操作是将样品液与离子交换剂混合，使样品振荡且缓慢地通过预先制备的离子交换柱，然后将交换剂上的 H^+ 或 OH^- 与被测离子交换，将被测离子或干扰组分置于柱上进行分离。如离子交换色谱法能用来制备无铅水和分离更复杂的样品。

（7）浓缩法　食品样品进行净化后，有时净化液体积较大，被测组分浓度过小，导致最终结果不准确，因此需要浓缩样品液，以增大被测组分的浓度。一般采用的方法有两种，即常压浓缩法和减压浓缩法。

常压浓缩法只能对非挥发性组分的样品试液进行浓缩，否则会造成待测组分的损失。操作时可通过蒸发皿直接蒸发。若需回收溶剂，则需要旋转蒸发仪（图 5-2）或一般蒸馏装置。该方法简单、快速、常用。

减压浓缩法常用作热不稳定或易挥发的样品净化溶液的浓缩，此法可采用三球浓缩器（K-D 浓缩器）（图 5-3）。浓缩时通过热水浴，抽气降低压强，使浓缩在低温下进行，该法速度快，可减少被测组分的损失。

图 5-2　旋转蒸发仪

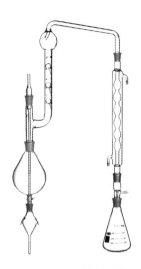

图5-3　三球浓缩器

3. 检验结果的数据处理与报告

（1）检验数据记录与计算　为了得到正确的结果，不仅需对各种数据进行准确的测量，而且需对其进行准确的记录和运算。记录的数值不仅表明了测定的数量，而且反映了测定的准确性。

有效数字是可以在分析测量中测量的数字，分析测量中仅末位数字是不确定的，而前面的全部数字皆准确。因此，根据分析仪器的准确度，所有测量数据应只保留一位估值。在对分析数据进行处理时，根据测量准确度及运算规则，合理保留有效数字的位数，弃去不必要的多余数字，称为修约。数字的修约规则可以总结成口诀"四舍六入五考虑，五后有数应进一，五后无数视奇偶，五前奇进偶舍去"。

在进行加减法运算时，有效数字的位数是按照小数点后位数最少的数为依据来确定。在乘除法的运算中，有效数字的位数按照有效数字位数最少的数为依据来确定。在全部运算中，常数、稀释倍数以及乘数为1/2、1/3等有效数字，被看作无限制。pH的有效数字通常保留1~2位。关于误差的计算，有效数字通常保留1~2位。

（2）原始数据的处理　记录原始数据是一项不容忽视的基本技能。准确的分析和测定，要求检验人员细心、认真，记录数据清晰、整齐；数据必须按照相关规定进行修改，并注意测量所能达到的有效数字。检验人员应有设计合理的原始实验记录本，不允许将数据记录在单页、纸片或任何随意的地方。在分析过程中，要及时、准确、清晰地记录各种测量数据，要有严谨的科学态度，实事求是，不能掺杂任何主观因素。分析记录的全部数据都是测量产生的，多次试验时数据即使一样，也要如实记录，并应注意有效数字的位数和仪器的精度一致。如果记录或计算错误需要更改数据，应用线划掉数据，并将正确的数据写在其上方。数据记录要用签字笔以便保存。

（3）检验结果的误差　误差是指测量值与真实值之间的差值。按照误差的来源，分为系统误差和偶然误差。系统误差是固定原因引起的误差，在测量过程中按照一定的规律反复出现，一般具有一定的方向性，即测量值总是偏高或偏低。这个误差的大小可以测量，又称可测量误差。系统误差主要来自操作误差、试剂误差、仪器误差和方法误差。偶然误差是由一些偶然的外部原因引起的误差，原因往往不固定或未知，且大小不一、有正有负，其大小不可测量，故又称不可测量误差。

为了获得准确可靠的测量结果，需要消除或减少分析过程中的系统误差和偶然误差。可通过一些方法来有效消除误差，如对各种仪器进行定期送检、校准，使用同一套仪器减少误差，对各种试剂进行定期标定，做空白实验，增加平行测定次数等。

（4）检验报告　食品分析检验结果必须以检验报告的形式表示。检验报告单必须列出每一项测定结果，并与相应的产品标准中的质量指标进行比较，判断产品是否合格。填写报告单要认真严谨、实事求是、细致准确。

（三）检验的一般要求

ISO 9000标准中指出，检验的定义为：通过观察和判断，必要时结合测量、试验所进行的符合性评价。进行检验工作应熟悉所要检验项目的质量标准，并进行转换，制定出具体的质量要求、抽样和检验方法，确定所使用的测量仪器设备。通过将质量标准具体化，使有关检验人员熟悉与掌握产品检测出的特性是否能达到合格标准。

检验的一般要求

1. 检验方法的一般要求

（1）称取　用天平进行称量，通过有效数字的位数来表示其准确度。准确称取需要准确度为±0.0001g。

（2）恒量　在标准所规定的条件下进行称量，连续两次干燥或灼烧后称定的样品质量差值不超过规定的范围。

（3）量取和吸取　量取是用量筒或量杯量取液体物质；吸取是用刻度吸量管或移液管吸取液体物质。

（4）空白试验　不加试样并采用完全相同的操作程序、试剂和用量（滴定法中标准滴定液的用量除外）进行平行试验得到的结果，用于从样品中扣除试剂本底，计算检验方法的检出限。

2. 检验方法的选择

如果标准中有两种以上检验方法，根据试验的条件来选择使用，第一种方法作为仲裁方法。当标准方法中根据适用范围设置了几种并列方法时，应根据适用范围选择合适的方法进行检验。此外，标准方法没有指定第一法，各个方法并列。

3. 试剂的要求及其溶液浓度的基本表示方法

检验方法中未注明特殊要求时，使用水为蒸馏水或去离子水，未指明溶液的配制溶剂时均为水溶液。如果检验方法中没有规定盐酸、硫酸等具体浓度，则以市售试剂的规格为准。

4. 配制溶液的要求

（1）溶液纯度　配制溶液时所使用的试剂和溶剂的纯度应符合分析项目的要求。根据分析任务、方法和对分析结果准确性的要求，选择不同等级的化学试剂。

（2）溶液保质期　在食品检验检测过程中，化学试剂直接与食品发生反应，会对检测结果造成影响。因此，要确保检测的试剂在保质期内，超过保质期的试剂不得用于检测。

（3）溶液存放　根据试剂的不同特性来存储，注意不同试剂之间的化学反应，分类放置。一般无特殊要求存放试剂使用硬质玻璃瓶，碱液和金属溶液用聚乙烯瓶，需避光试剂贮于棕色瓶。易氧化的溶液现用现配，并进行密封保存，防止其与空气接触。

5. 溶液浓度表示方法

标准滴定溶液浓度的表示方法和测定杂质含量的标准溶液应符合国家标准的要求。溶液浓度可以克/升（g/L）或以适当分倍数表示，也可以质量分数或体积分数表示，如质量（或体积）分数是 85%；质量和体积分数还可用 $\mu g/g$ 或 mL/m^3 表示。几种液体试剂的混合体积分数或固体试剂的混合质量分数可表示为（4+2+1）、（1+1）等。如果溶液是通过稀释另一种溶液制备的，如稀释 $V_1 \rightarrow V_2$ 是指体积为 V_1 的溶液稀释后混合物的最终体积为 V_2；稀释 "V_1+V_2" 表示将体积为 V_1 的溶液加到体积为 V_2 的溶液中。

6. 温度和压力的表示

一般温度以摄氏度表示，写作℃；或以开氏度表示，写作 K（摄氏度+273.15＝开氏度）。压力单位为帕斯卡，表示为 Pa。1atm＝760mmHg＝101325Pa＝101.325 kPa＝0.101325MPa（atm 为标准大气压，mmHg 为毫米汞柱）。

7. 仪器设备要求

在食品检验检测之前，应先优化和检查仪器，确保仪器运行正常，同时确保仪器的精确性。食品抽检样品的质量一般较轻，因此对检测仪器的精密度和精确度有着相当高的要求。检测液态物质时，一定要保证蒸馏仪器的气密性和密闭性。因此，应定期对仪器进行保养和维护，保证质量检测仪器一直处于良好的工作状态。此外要定期进行仪器检查和比对，若发现存在问题应该立即修理维护，以保证仪器的精度和正常使用，及时发现仪器中存在的问题和误差，确保仪器在每次使用时达到优良状态并延长仪器使用时限。

8. 样品的要求

（1）采样时应观察并记录样品的生产日期和批号，应注意采集样本的代表性和均匀性（掺伪食品和食物中毒样品除外）。采集的样品数量一式三份，供检验、复验、备用，每一份检验的样品量应足够反映该食品的卫生质量，一般情况下散装样品每份应不少于 0.5kg。

（2）采样容器根据检验项目与样品特性，选用合适的容器如硬质玻璃瓶、棕色避光瓶、聚乙烯制品等。

（3）固体样品取自每批食物的上、中、下层的不同部位，混合后按四分法对角取样，反复混合几次，获得有代表性的样品。四分法取样如图 5-4 所示。

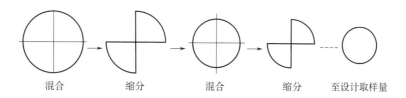

混合　　　缩分　　　混合　　　缩分　　　至设计取样量

图 5-4 四分法取样图解

（4）不同类型食品的取样　液体、半流体食品如鲜乳、油、酒、饮料等用大桶或大罐盛装的，需先充分混匀后再进行采样。肉类、水产品等不同部位组织成分不同的食品，应根据分析项目的要求，分别采取不同部位的样品或混合均匀后采样。罐头、瓶装食品或小包装食品，按批号使用随机取样，规定同一批号取样的件数 250g 以下的包装不得少于 10 个，250g 以上的包装不得少于 6 个。

（5）样品在检验结束后应保留 1 个月，保存时应加封并尽量维持原状，以备需要时复检，易变质食品则不予保留。

9. 检验人员与检验环境要求

理化检验实验室应开展分析质量控制，建立良好的实验室管理制度。

（1）人员要求　食品检验检测人员的技术水平对检测结果有直接的影响。在食品质量检测时，一定要严格按照标准方法中规定的分析步骤进行，最大程度上避免人为失误造成的结果误差。此外还要对实验中不安全因素如爆炸、腐蚀、烧伤等情况有防护措施，建立实验安全意识，保护人身安全。

（2）检验环境要求　在食品检验过程中，要严格把控检验环境质量，按照相关标准控制好检验的温度、相对湿度、气压等检验参数，保证环境整洁干净，建立健全完整的检验流程，为食品检验准确性做好硬件支持，提升检验结果的准确性。

10. 检验结果的表述

结果要报告平行样品测定值的算术平均值，并将计算结果表示为符合标准要求的测定值有效位数，使用法定计量单位报告结果。如果结果低于该方法的检出限，分析结果可描述为"未检出"。

三、检验的基本原则

（一）质量原则

质量原则对食品安全进行了较高的质量要求，使用的技术方法需成熟、稳定，具有较高的准确度、精密度和良好的选择性，确保实验数据和结论的可信性、科学性和重复性。

（二）安全原则

安全原则要求食品安全检验技术中使用的方法不得产生安全隐患或对操作人员造成危害和环境污染。

（三）快速原则

在实际的食品检验检测中，检验对象多为现场检验或对大量样品进行筛选，需要立即获得相关检测结果，这就要求食品安全检测技术中所采用的检测方法反应速度快，能在短时间内得到结果，检测效率高。

（四）可操作原则

由于进行检验的人员是基层质检部门的技术人员，因此食品安全检验技术所选用的方法其原理可以复杂，但操作必须简单明确且安全高效，具有基本专业基础的人员经过短期培训可以理解和掌握。

（五）经济原则

经济原则要求食品安全检测技术所消耗的经济成本投入要小，所要求的技术条件很容易达到，以便检验方法的推广及应用。

思政案例：进出口食品安全检测的重要性

食品质量安全对于我国的经济和社会发展影响非常重大，食品工业是国际竞争中的一环，食品安全问题不仅影响食品进出口贸易，同时还会影响社会稳定，造成国际贸易的壁垒问题。

以我国海口海关的监查实例为例。2021年6月，海口海关所属洋浦港海关对一批申报原产国日本、品名为胎盘胶原蛋白的进口货物实施查验时发现，该批货物包装标签上无生产商名称及地址，企业现场提供的原产地证书未能证明货物生产商和地址。货物成分含未获准入的猪源胚胎提取物，因此做退运处置。同年，海口海关所属椰城海关对一批申报原产国为韩国、品名为海鱼酸樱桃胶原蛋白的进口货物实施查验时，经风险分析实施标签实验室送检，实验室最终出具报告"岩藻多糖、粉琼脂不属于相关国标中允许添加的物质"。椰城海关根据实验室报告出具处理通知，督促企业对该批产品做退运或销毁处理。此外，椰城海关对一批申报原产国捷克、品名为开心啤酒、开心特浓啤酒、开心听装啤酒的进口货物实施查验时，发现采用了工业大麻香精，这不属于我国允许使用的添加剂，椰城海关根据实验室报告出具通知书，通知企业对该批产品做退运或销毁处理。

海关监管是一项国家职能，其目的在于保证一切进出境活动符合国家政策和法律的规范，维护国家主权和利益。食品进出口行业从业人员需高度重视食品质量与安全问题，将科学原理、理论知识与实际生产条件结合，掌握各项技术，做有技术、懂技术、会管理的食品监管人才，为我国的食品质量安全建立起坚实的防控堡垒。

第二节 食品检验的分类和内容

作为八大新兴高科技行业之一的食品分析技术，正在不断向前发展。以传统的检测技术为基础，引入和应用现代仪器分析技术，是食品分析技术不断发展的关键所在。随着科技的不断发展，方便、高效、快速的现代仪器的使用，食品检验技术进一步完善，食品的质量安全程度将不断提高。

一、食品检验的分类

（一）按检验目的分类

1. 生产检验

生产检验是指生产企业对产品生产全过程中各个阶段进行的检验。生产检验是为了保证产品质量。生产检验按内控标准执行。

2. 验收检验

食品检验的分类

验收检验是顾客（需方）对生产企业（供方）提供的产品进行验收，是顾客为了保证产品的质量。验收检验按验收标准执行。

3. 监督检验

监督检验是指由各级政府主管部门授权的独立检验机构，按照质量监督管理部门制定的计划，直接从生产企业抽取产品或从市场抽取商品进行市场抽样监督检验。监督检验是对进入市场的产品质量进行宏观调控。

4. 验证检验

验证检验是指由各级政府主管部门授权的独立检验机构对企业生产的产品进行抽样，验证企业生产的产品是否符合质量标准的要求。

5. 仲裁检验

仲裁检验是指供需双方因产品质量发生争议时，由各级政府主管部门授权的独立检验机构对产品进行抽样检验，并为仲裁机构作出裁决提供技术依据。

（二）按供需关系分类

按照供需关系分为以下三类。一是生产方（供方）的第一方检验，即生产企业自己对产品所进行的检验。第一方检验实际就是生产检验。二是使用方（顾客、需方）对采购的产品或原材料、外购件、外协件及配套产品等所进行的检验，称为第二方检验。第二方检验实际就是验收检验。三是各级政府主管部门授权的独立检验机构的第三方检验，包括了监督检验、验证检验、仲裁检验等，这是公正性检验。

（三）按生产过程的顺序分类

为了落实国家关于"三不准"的规定，即不合格原材料不准投产，不合格半成品不准转序，不合格产品不准出厂，检验可按生产过程的顺序来分类。

1. 进货检验

采购时企业对原材料、外购件、外协件、配套件、辅助材料、配套产品以及半成品在入库前进行进货检验。进货检验的目的是防止劣质品入库，防止使用不合格的材料而影响最终产品的质量，最终可能影响企业的声誉或扰乱正常的生产秩序。企业非常有必要把握好质量水平，减少经济损失，为市场提供良好产品，赢得口碑。

进货检验应由企业专职检验员负责，严格按照技术文件进行检验操作。进货检验包括首批（件）样品检验和成批进货检验两种。首批（件）样品检验指对供应方的样品的检验，其目的是掌握样品的质量水平和评判供应方的质量保证能力，并为今后批量采购提供质量水平的鉴定基准。因此，首批（件）样品必须认真进行检验，必要时可进行破坏性试验、解剖分析等。首批（件）样品检验发生在首次交货、产品设计产生重大变更或者对产品质量提出新要求的情况下。

成批进货检验是指对已经交货的成批货物进行的检验。目的是防止后续生产过程中混入达不到质量要求的原材料、外协件等，影响最终产品质量。利用进货检验数据进行评测比较，控制供货质量及选择合格供应方。根据外购货品的质量要求，按照对最终产品质量的影响程度分成 A、B、C 三类，分别进行严格检验、抽检或者不检验。检验工作把握重点，集中力量对影响力最大的关键品进行检验，确保产品质量。

2. 过程检验

过程检验也称工序检验，是指在加工形成产品的过程中各个加工工序的检验。其目的在于防止上游的不合格半成品流入下道工序，阻止对不合格半成品的继续加工，维护正常的生产秩序。过程检验按照生产工艺流程和操作规程进行，起着验证工艺、保证工艺规程执行的作用。过程检验通常有首件检验、巡回检验和完工检验三个工序。首件检验是在生产开始时或工艺要素调整后生产的第一个或前几个产品的检验，目的是尽早发现生产过程中的系统因素，尽快调节处理，防止产品成批大量报废。巡回检验又称流动检验，生产现场检验员定期对产品质量和相关工序的加工工艺进行监督检验。完工检验是全面检验该工序的一批完工产品。完工检验的目的是挑选出不合格产品，使合格品继续进行下道工序。过程检验不仅是简单的质量检验，还要与质量控制、质量分析、质量改进、工艺监督等相结合，建立体系，重点完成以质量控制点为主导要素的效果检查。

3. 最终检验

最终检验又称成品检验，在生产完成后、产品入库前进行。其目的是确保不合格的产品不能出厂。成品检验由企业质检部门实施，质检部门按照成品检验指导书进行检验，成品数量较大的，应当采取统计抽样检验。产品只有在检验员出具合格证书后才能办理入库手续。所有不合格的成品应返回车间返工、返修、降级或报废。返工、返修后的产品必须再次进行全项目检验，检验人员应做好记录，确保产品质量的可追溯性。

（四）按检验地点分类

按检验地点可分为集中检验、现场检验和流动检验。其中，集中检验是将待检验的产品集中在一个固定的地方，如检验站等。最终检验通常采用集中检验的方式。现场检验又称就地检验，是直接在生产现场或产品储存场所进行的。大型产品的过程检验或最终检验均采用现场检验。流动检验也称为巡回检验。

（五）按被检验产品的数量分类

1. 全数检验

全数检验又称百分之百检验，是对提交检验的所有产品按规定标准逐一进行检验。如下情况一般全数检验：产品价值高但检验费用不高；产品的关键质量特性和安全性指标；产品生产批量不大，质量没有可靠的保证措施；对精度要求高或对下道加工工序影响比较大的质量特性；由人工操作的加工工序，所生产的质量不稳定产品；用户退回的不合格批次进行复验，重检筛选不合格产品。即使全数检验也不能保证100%合格。如果希望产品100%合格，则必须重复多次全数检验。

2. 抽样检验

抽样检验是按预定的抽样计划，从交验的批次中抽取规定数量的样品组成一个样本，通过对该组合样本的检验来推断该批次产品合格或不合格。抽样检验适用于以下情况：生产批量大、自动化程度高，产品质量相对稳定；具有破坏性检验项目的产品；产品价值不高但检验成本高；部分生产效率高、检验时间长的产品；有少数不合格产品并不会造成重大损失的情况。

3. 免检

免检又称无试验检验，主要是指在购买时对国家权威机构认证的产品或信任产品执行免检，是否接收可以根据供应商的检验数据或质量证明书。执行免检时，购买方往往要监督供应方的生产过程。可通过派遣人员或获取生产过程的控制图等方式进行监督。

（六）按质量特性的数据性质分类

1. 计量值检验

计量值检验需要测量并记录产品质量特性的具体值，获得计量值数据，并将数据值与标准进行比较来判断产品是否合格。计量值检验得到的质量数据可以通过控制图、直方图等统计方法进行分析，得到更加直观的质量信息。

2. 计数值检验

为了提高在工业生产中的生产效率，常采用界限量规（如塞规、卡规等）进行检验。所获得的质量数据为合格品数量、不合格品数量等计数值数据，而无法取得质量特性的具体数值。

（七）按检验后样品的状况分类

1. 破坏性检验

破坏性检验指将被检验的样品破坏后才能取得检验结果。经过破坏性检验后，被检样品完全失去了原有的使用价值，由于检验风险较高，所以抽样样本量较小。

2. 非破坏性检验

非破坏性检验是指检验过程中产品不受破坏，产品质量不发生实质性变化，样品仍具有使用价值的检验，如零件尺寸的测量等，大多数检验都属于非破坏性检验。随着无损探伤技术的发展，非破坏性检验的范围逐渐扩大。运用回归分析等统计技术，以非破坏性检验数据推断破坏性检验的结果，大大提高了检验的有效性以及降低产品的报废。

（八）按检验人员分类

1. 自检

自检指操作工人对加工产品或零部件进行检验。自检的目的是操作者通过检验了解被加工产品或零部件的质量状况，这个过程不仅可以迅速发现问题，还可以提高操作工人的素质，有利于不断调整生产过程，最终生产出完全符合质量要求的产品或零件。

2. 互检

互检是同一工种的工人或上下道工序的操作人员对被加工产品的相互检验。互检的目的在于通过互相检验及时发现部件的质量问题，及时采取纠正措施，保障加工产品的质量。

3. 专检

专检是指由企业质量检验机构组织检验工作，专职从事质量检验的人员进行的检验。

（九）按检验系统组成部分分类

1. 逐批检验

逐批检验是指对生产的每一批产品进行的检验。逐批检验的目的是确定批次内的产品是否合格。

2. 周期检验

周期检验是指从通过逐批检验的某批或若干批产品中，按规定的时间间隔进行的检验。周期检验的目的是判断生产过程在周期内是否稳定。企业的检验体系由周期检验和逐批检验两者共同构成，是投产和维持生产的完整检验体系。周期检验是确定系统因素在生产过程中的作用，而逐批检验是确定随机因素的作用。周期检验是逐批检验的前提，没有周期检验或周期检验不合格的生产系统就不存在确立生产线而后进行逐批检验。逐批检验则是周期检验的补充，逐批检验是在经周期检验排除了系统因素作用的基础上进行的控制随机因素作用的检验。

在一般情况下逐批检验只需检验产品的关键质量特性。而周期检验要检验产品的全部质量特性以及生产环境对产品质量特性的影响。因此，周期检验所需设备较为复杂、周期较长、成本较高，但是绝不能因为检验条件高而避免周期检验。不具备周期检验条件的企业，可以委托各级检验机构进行周期检验。

（十）按检验的效果分类

1. 判定性检验

判定性检验是以产品的质量标准为依据，通过检验来判断产品是否合格的符合性判断。判定性检验的主要职能是把关产品质量，其预防职能较为微弱。

2. 信息性检验

信息性检验是利用检验所获得的信息进行质量控制的一种现代检验方法。信息性检验具有检验和质量控制的功能，因此具有很强的预防职能。

3. 寻因性检验

寻因性检验是在产品设计阶段，通过预测寻找可能会产生不合格的原因。在产品的生产制造过程中，制造防差错装置以及对于缺陷进行改善得到更有针对性地设计，来避免不合格品的产生。因此，寻因性检验具有非常强的预防职能。

（十一）按检验技术分类

1. 感官检验

利用感官试验对食品进行检验是通过人体的感觉器官对食品的颜色、香气、风味、口感和质地等品质特征进行评判，或者是人们本身对食品的嗜好倾向来做出评价，以此判断产品质量的优劣，并以统计学原理支撑评价结果来进行统计分析，最终实现运用感官来鉴别食品质量。

2. 化学检验

（1）化学分析　利用化学方法对食品进行检验分析是根据食品自身组成成分的化学性质来评价食品质量及安全。当前用于食品检测的仪器分析法也大多是基于化学法建立的。使用化学分析法进行的食品常量检验主要包含质量分析法与容量分析法。质量分析法是根据食品某一组成成分的质量称重来判断和确定其具体组成成分及含量，如食品中脂肪、水分、膳食纤维、灰分等。容量分析法也被称为滴定分析，包含各种滴定方法，如氧化还原滴定法、酸碱滴定法、沉淀滴定法、配位滴定法等，对食品的酸度、蛋白质含量、过氧化值、酸价等指标的测定分析，一般需要从容量分析的水平来进行。

（2）仪器分析　仪器分析法是目前各个检验机构较为常用的检验方法。根据仪器的工作原理和技术体系的差别，仪器分析法包括光分析法、电化学分析法、色谱分析法和质谱分析法。食品中常用的仪器分析法有紫外可见分光光度法、原子吸收分光光度法、荧光分析法、电导分析法、电位分析法（离子选择电极法）、极谱分析法、气相色谱法、高效液相色谱法、气相色谱质谱联用法、气相色谱红外光谱联用法、液相色谱质谱联用法、离子色谱法、电感耦合等离子光谱法等。

（十二）按检验速度分类

按检验速度可分为常规检验和快速检验。

1. 常规检验

常规检验技术是实验室普遍采用的基础检测方法。但是，传统的常规检验方法需要依托大型的检测仪器，一般耗时长，相对效率较低，并且需要进行很多环节的预处理工作。当样品量较大时检测工作的难度会大大提高，因此为适应当今食品安全检测的需要，检测方法正逐步向快速检验转变。

2. 快速检验

随着人们对物质生活水平的需求不断提升，对食品的要求逐渐从量转向质，食品安全问题日益突出。监管机构强化对食品安全监督机制的管理，需要研制出更迅速、更科学的检测技术进行有效的安全监管。食品领域的高质量发展，需要掌握快速检验技术的知识原理以及精准操作规范，这也将实现更科学、更高效地为食品安全保驾护航的目的。

快速检验技术无需昂贵设备且可以随时进行检验，不受时间、地域条件制约，具有快速、简便、灵活性强的特点，成为保证食品、药物安全的重要检测手段。快速检验技术是多种技术的有效结合，广泛应用于目前高流量、高密度的食品运输及生产中。实际检测中，现场快速检验技术能够在非实验室条件下进行，且经过几十分钟即可获得结果，可用于对非法添加物、生物毒素、病原微生物及农药兽药残留等的检测。快速检验技术在很短时间内完成检测，过程中加快反应速度、缩短检查时间，很大程度增强了提取和检验的能力，节省检验费用，提高食品工业的经济效益。目前我国对于食品快速检验技术的研究较为广泛，较常见的食品快速检验技术有：

（1）外观识别　外观识别是一种简单方便的检查方式，依赖于感官，不需任何仪器设备，只需要从外观、包装等方面进行简单检查。大部分食品都印有防伪标识，且外观各不相同，从颜色、气味等方面能很容易地分辨出真伪。此外，外观检查还能检验出食品有无霉变或过期等问题，可以初步筛选掉一部分不合格品，大大缓解了工作人员的压力。

（2）化学快速检测技术　化学快速检测技术是指利用被测组分的化学特性，与特定试剂发生反应，如氧化还原、水解、磺酸化和络合反应等，并与标准物质进行颜色对比，或在一定波长下进行光谱对比得到测试结果。常规的化学快速检测技术主要使用测定试剂检验、试纸检验和薄层色谱技术等，此外，目前国内外也已经有相应的微量光电测试仪。

（3）免疫速测技术　免疫速测技术是建立在特异性抗原和抗体间反应的检测技术，可以分为酶免疫、放射免疫、荧光免疫、发光免疫及胶体金免疫检测等方法。其中，酶联免疫吸附法（enzyme-linked immuno sorbent assay，ELISA）是应用最广的快速免疫测定方法之一。

近年来，随着国家对快速检验的投入，快速检验技术得到了长足发展，应用范围正在不断扩大。快速检验虽然拥有诸多优点，但也存在着一些局限性。如对于果蔬农药残留检测可能会发生误检现象：由于果蔬自然生长会产生次生物质，使用快检时无法分辨这些物质对检验的干扰作用，最终出现假阳性的误判。再如，某些食品中含有大量的色素，会很大程度干扰检测结果的准确性。此外，某些极易氧化的食品一旦暴露于空气中就会发生反应，产生变色，对于光谱分析产生极大影响。目前，大部分快速检验方法只能检验出有害物质总量是否超标，无法检验出某一完全禁用的药品是否被添加，对于检验的针对性较弱。假阴性会导致食品安全的问题，假阳性则会浪费资源造成经济损失。这一技术对于采样、送样及实验室检验的环境要求高，稍有污染就会导致结果大相径庭。检验结果的准确性对于检方与送检方的重要性不言而喻，这些局限性也给快速检验技术的发展带来非常多的阻碍与挑战。

未来，快速检验技术的开发应用将向着更快、更准确发展，这也将成为学术研究中的热点。在行业应用中科研人员正在积极探索将传统设备检验和快速检验相结合、传统设备检验进行抽检和快速检验进行常规检验相结合、快速检验作为唯一检验标准等应用模式，使食品快速检验技术更具系统性、完整性、规范性。快速检验技术在食品分析中的应用范围将随着技术水平的不断提高而越来越广泛。

二、食品检验的内容

（一）食品营养成分分析

食品与人体健康密切相关，在保证无毒无害的基础上，需要含有一定量的有益成分，达到满足人体健康的需要。对食品营养成分的分析，能为消费者对新产品的需求、企业生产水平的提升和生产工艺的改进以及食品质量标准的制定提供科学依据。食品营养成分分析主要包括水分、蛋白质、脂肪、碳水化合物、矿物质、膳食纤维、维生素等营养要素。

食品检验的内容

（二）食品添加剂的分析

食品添加剂是指为改善食品品质和色、香、味以及为防腐、保鲜和加工工艺的需要而加入食品中的人工合成或天然物质。随着食品和化学行业的快速发展，食品添加剂的种类和数量越来越多，GB 2760—2024《食品安全国家标准　食品添加剂使用标准》（2025 年 2 月 8 日实施）是我国规范食品添加剂使用的强制国家标准。随着食品毒理学研究的深入，原来认为无害的食品添加剂可能存在着慢性毒性、致畸形或致癌等危害。因此，在食品生产过程中必须合理使用食品添加剂，并且要对加入的添加剂进行检验，保证质量安全。

（三）功能性食品的检验

1. 保健食品

保健食品是一种具有特定保健功能，调节身体机能且不以治疗为目的，适合特定人群食用的食品。1962 年，在日本首次出现功能性食品（functional food）的名词，欧美国家将这类食品称为健康食品（health food）、营养食品（nutritional food）或归入膳食补充剂的范畴。我国 GB 16740—2014《食品安全国家标准　保健食品》中的定义为：声称并具有特定保健功能或者以补充维生素、矿物质为目的的食品。即适用于特定人群食用，具有调节机体功能，不以治疗疾病为目的，并且对人体不产生任何急性、亚急性或慢性危害的食品。

保健食品的检验通常包括营养成分和功能成分的测定以及安全性评价等方面的检验。营养成分检验包括蛋白质、脂肪、碳水化合物等常规营养成分的测定，以及维生素、矿物质等特殊营养成分的检验。功能成分检验则是指对保健食品中具有保健作用的功能性成分的测定，如植物提取物、活性肽、多糖等。安全性评价方面，需要对保健食品进行毒理学试验和安全性评估，以确保其安全性和有效性。

2. 转基因食品

转基因生物是一种经过基因改造以达到特定性状的生物。其基因改造过程是通过转基因技术进行的，而不是通过自然繁殖或重组的方式。转基因技术是利用载体系统的重组 DNA 技术，再结合理化和生物学等方法将重组 DNA 导入有机体的技术方法。

转基因生物是通过基因工程技术，把外源性基因转移到特定生物体内，并表达出相应的产物。由转基因生物为原料进行加工生产的食品即为转基因食品。

转基因食品具有食品或食品添加剂的特性，不会显著影响原食品的基本特征（如食品的色、香、味、型及营养价值等），即转基因食品应保持原有食品的基本性状。转基因食品的基因组发生改变，还存在外源构成元件。植物基因重组体构成元件主要包括：载体、目的基因、调控元件、启动子、终止子、标记基因、报告基因等。

转基因食品组分中存在外源 DNA 表达产物及其生物活性。外源 DNA 表达产物主要包括目的基因、标记基因、报告基因表达的蛋白，因此使转基因食品具有与相对应传统食品不同的生物学特性，可能会带来安全问题。转基因食品也具有基因工程设计的特性和功能，如转基因植物具有抗虫性、抗病毒性、除草剂耐受性等性状和功能。

转基因食品的检验主要包括基因工程技术的验证、转基因生物及其产品的安全性评价、农药残留和兽药残留等方面的检验。转基因生物及其产品的安全性评价是转基因食品检验的重要内容之一，需要对其安全性进行充分验证和评估，以确保其与传统食品一样安全。此外，还需要对转基因食品中的农药残留和兽药残留进行检验，以符合相关法规要求。检测方法主要有两大类：一类是蛋白质水平的检测，如 ELISA 法和 DNA 芯片法。另一类是核酸水平的检测，如 PCR 定性方法和实时荧光定量 PCR 方法。

（四）食品容器和包装材料的卫生检验

食品容器包括现代包装容器（纸容器、金属容器、玻璃容器和塑料容器）和传统包装容器（木制容器、布制容器、陶瓷器具等）。包装材料主要是纸容器所用的包装材料（牛皮纸、复合纸、蜡纸、玻璃纸等）、金属容器所用的包装材料（铝板、镀锡薄板等）和玻璃容器所用的包装材料（铝板、塑料等）。为了确保包装食品的卫生安全，应当严格把控包装材料的卫生质量，了解国际食品容器和包装材料的发展趋势，趋利避害，保障人民的身体健康。

（五）食品的化学污染检验

食品中化学污染检验主要包括有害有毒元素、加工中形成的有害有毒物质和农兽药残留等。

三、食品检验技术方法

（一）食品的感官检验法

食品的感官检验是凭借眼、鼻、口等器官，鉴别食物的色泽、香味、外观和味道，以得到正确的感官检验结果。当食品的质量发生改变时，会直接表现在感官性状上，同时人体的感觉器官也会产生异常的感觉，感官检验法简便且直观。

食品检验技术方法

食品感官检验是食品分析检验的重要组成部分。首先，前期对食品质量进行综合性分析，初步判断是否可接受。其次，简便地检查食品优劣，评价质量，尽早发现问题并且处理，避免后续发生的事故。再次，能察觉出食品发生的变化，如霉变、异物等，方便进行后续的理化检验，可以减少时间，节约成本。最后，能直观地反映出消费者的喜爱程度，便于进一步开发研究食品新产品。感官检验是对食品进行理化分析的首要工作，不仅能够对食品的感官性状做出判断，而且可以有一定依据进行后续必要的理化检验和微生物检验，以便进一步证实感官检验的准确性。

我国有着悠久的感官检验历史，20 世纪 40 年代至今，我国感官科研人员团结一心，不断奉献，充分发挥良好的职业道德，使我国感官检验逐步形成一门较为完善的学科。随着电子技术、生物技术等新兴技术的崛起，计算机技术逐步应用到感官分析中，未来食品感官行业也将更加完善，这为我们提供了前所未有的机遇与挑战。

感官检验有两种类型，一种是通过人的感官来分析测定食品的质量，称作分析型感官检验；一种是根据人们对食物的喜爱程度来对食品进行质量检验，称作嗜好型感官检验。

1. 分析型感官检验

分析型感官检验通过人的感觉器官分析判断食品的质量性质，对食品进行质量鉴定，根据评价者的经验找出食品的差别（图 5-5）。如检验食品质量、评价食品好坏等都属于这种类型。为了降低评价者感觉差异的影响，提高精确度，得到准确的结果，要特别注意进行食品质量检验时，必须有明确、具体的评价标准及尺度。在感官检验中，常由于环境的影响导致感官结果有很大不同，因此要统一条件。评价者要身心健康，感官敏锐。

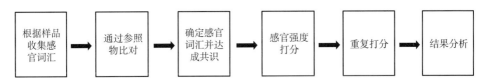

图 5-5 分析型感官检验具体流程

2. 嗜好型感官检验

嗜好型感官检验根据评价者自身的感觉来进行判断，即评价者的感觉特征和主观判断有着决定性作用，对于同一事物，其结果也会不同。检验的结果受到环境、生活习惯和情绪等多方面的因素影响。所以，嗜好型感官检验有较强的主观意识行为。

（二）食品的物理检验法

1. 密度法

（1）密度瓶法　在一定温度下，用密度瓶称量等体积的待检食品样品和水的质量，两者之比即为该检样的相对密度。具体操作为将洁净称重的空瓶中装满样液，放在恒定温度水浴中浸泡一段时间，使内部的温度达到恒定温度，细滤纸条吸去支管标线上的样液，天平称重。将密度瓶里的样液倾出洗净，加入蒸馏水，按照上述方法，测定等体积蒸馏水的质量。

（2）相对密度天平法　相对密度天平由天平和相对密度测定装置组合而成，利用阿基米德原理对固体、液体样品进行密度测量。具体操作为天平预热，将称量架、容器托架和盛水容器、网篮挂架按照位置放置，随后归零，把样品放在顶端托盘上称重，随后将样品放入网篮称重，通过读取天平数值并计算后得到样品的相对密度。

（3）密度计法　密度计法的依据是阿基米德原理，液体对浸在其中的物体施加向上的浮力，该浮力大小等于被物体排开的同样体积液体的质量。将待测液体倒入容器，放入密度计，保持恒定温度，待静置后再轻轻向下按，待其自然上升，无气泡冒出后，即可从水平方向读取与液面相交处的刻度，此为样品的相对密度。

2. 折光法

（1）阿贝折射仪　阿贝折射仪的光学系统由观测系统和读数系统两部分组成。观测系统的光线是由反光镜反射，经光棱镜、折射棱镜和样液薄层折射后射出，再经色散补偿器消除色散，然后通过物镜将明暗分界线成像于分划板上，在观测者眼中看到目镜放大的成像。由小反光镜反射出来读数系统的光线，通过毛玻璃射到刻度盘上，由转向棱镜及物镜把刻度成像于分划板上，利用目镜放大后成像于观测者眼中。光源对准反射镜，进行调整后使观测者通过目镜能看到虹彩和十字线。然后清洗棱镜镜面。旋转刻度旋钮，使明暗线刚好在十字线交叉点上，此时可记录刻度板上的读数。

（2）手持折射仪　手持折射仪的原理同阿贝折射仪一样，是光线由一种透明介质折射到另一种透明介质中产生的折射现象。在此操作下，色散干扰影响较小。手持折射仪轻便易操作，适合于农场的甜菜、甘蔗和生产现场检验。

3. 旋光法

（1）普通旋光计　普通旋光计是由两个尼克尔棱镜构成，一个可以产生偏振光，称为起偏器；另一个用作检验偏振光振动平面被旋光质旋转的角度，称为检偏器。当起偏器与检偏器光轴互相垂直时，即通过起偏器产生的偏振光的振动平面与检偏器光轴互相垂直时，光线通不过，导致视野最暗，此状态为仪器的零点。在零点情况下，将旋光质放入起偏器和检偏器之间，则光可以一部分或者全部通过检偏器，因此视野明亮。此时，若将检偏器旋转某个角度使视野最暗，则此旋转角度为旋光质的旋光度。

（2）自动旋光计　自动旋光计利用光电检测和仪器分度盘自动示数，具有检测快速、灵敏度高、操作简便、读数方便、体积小等优点。目前该类旋光计在食品分析行业中已经应用广泛。

4. 物性学

（1）流变学　流变学是研究物体的流动和变形的一种学科。通过某一物体施加外力导致其形状和体积发生改变，即会产生变形。食品流变学研究的对象是食品物质。根据食品的形态可分为液态食品、半固态食品和固态食品。

（2）质构　食品质构是指人们对入口前的食物滋味的语言表示。美国食品科学技术学会（Institute of Feed Technologist，IFT）委员会规定：食品的质构是指眼睛、口中的黏膜及肌肉所感觉到的食品的性质，包括粗细、滑爽、颗粒感等。ISO规定的食品质构是指用力学的、触觉的、视觉的、听觉的方法能够感知的食品流变学特性的综合感觉。目前，对食品质构还没有一个明确统一定义。

（3）力学特性　食品的力学特性是指食品在受到外力作用时的变形和响应方式。散粒体食品的力学特性在食品颗粒之间的互动中起着重要作用，颗粒之间的摩擦力、压缩性、弹性和位移等因素会影响散粒体食品的振动特性和流动特性。

散粒体食品的振动特性是指散粒体食品在受到振动刺激时的行为和反应。振动特性受到多个因素的影响，包括粒径、密度、形状、湿度等。振动特性在散粒体食品的加工、输送和储存过程中起着重要作用。

散粒体食品的流动特性是指散粒体食品在外力作用下的移动能力。流动性受到颗粒的密度、颗粒之间的摩擦力和颗粒形状等因素的影响。流动性的好坏直接关系到散粒体食品的输送效率和包装过程中颗粒的均匀性。

（4）热特性　食品进行蒸煮、速冻、脱水、冷冻、冷藏、冷却、热处理以及烘烤、干燥等加工过程中，食品温度伴随着热量的交换和传递发生改变。因此，在食品生产中的加工过程和设备仪器都与物料的热特性有关。物料的热特性包括比热、导热率和热扩散系数等，只与食品本身的组成和密度相关，与工艺流程、介质无关。

（5）电特性　构成食品的粒子都会带有某种电荷，当食品受到外界的刺激时，伴随产生电势差。其通常表现为食品材料的刺激电位、电容率、击穿电位、电导率等。利用食品电特性来对食品材料进行品质检测，分析加工过程的优劣，判断加工终点。

（6）光学特性　当光进入物料后会对各个方向进行散射，有一部分被吸收，还有一部分折射出去。反射光表现出的食品表面特征主要是颜色和损害等，而吸收和折射光进入食品内部构成了颜色和病变。通过分析这些特征可以判断出食品的颜色差异、成熟度和品质，其优点在于对食品无损伤且检测速度快。

（三）食品的化学分析法

化学分析法是以物质的化学反应为基础的一种经典检验方法。化学分析法包括定性分析和定量分析，是食品理化分析的基础方法。定性分析通过分析食品中的构成元素解决食品中的某些问题；定量分析测定某些组分在食品中的含量关系来解决组分问题。绝大多数食品的构成物质及主要来源都是已知的，一般不需要做定性分析。因此食品理化分析中经常做的工作是定量分析。

化学分析法历史悠久，是分析化学的基础。在当今生活的许多领域，化学分析法依旧作为一种常规的分析法，经久不衰，发挥着重要的作用，具有非常大的使用价值。因此，化学分析法仍然是食品理化检验中最基本、最重要的分析方法之一。

（四）食品的仪器分析法

仪器分析法使用化学和物理技术获得结果，其中一些需要使用复杂的精密设备。根据被测物质的组成与其化合物理化性质间的关系，对该物质进行定性和定量分析。通常仪器分析法具有高灵敏度、速度快和精度准等特性。现代分析工具发展迅速，需要仪器分析法来执行各种分析任务，有些分析法需要进行预处理和化学反应。

1. 光谱分析法

光谱分析法是通过物质被光照射后出现的物理性质（如吸收、反射、散射等）来鉴别物质以及检测物质化学组成和相对含量的方法。这是一种以物质的分子和原子光谱学作为理论基础，进行定性与定量分析的检测技术。在食品检测中，主要用到的有原子吸收光谱、荧光光谱、红外光谱、拉曼光谱等。

（1）原子吸收光谱法 主要用于检测食品中铅、铜、铝、铬等金属元素的含量。其理论基础是根据原子对特征光的吸收进行检测，即食品中待测元素的特征光谱由光源进行辐射经过蒸气状态的样品，待测元素的基态原子吸收特征光谱，该特征光谱由于被吸收而减弱的程度被接收器检测到，就可以反映待测元素的含量。原子吸收分光光度计基本构造如图5-6所示。

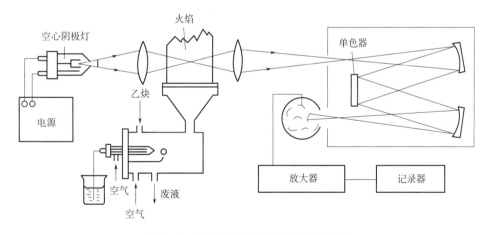

图5-6 原子吸收分光光度计基本构造

（2）荧光光谱法 一种以光为激发源，介于发射光谱与吸收光谱之间的光谱分析法。其基本原理是物质吸收特定能量的光子后，外层电子跃迁至高能级轨道，使得原子由基态转化为激发态。激发态原子不稳定，自发地通过辐射跃迁与非辐射跃迁两种途径回到低能级轨道。在此过程有一部分能量以光的形式释放，即为荧光。荧光光谱法可用于多种成分的定性和定量分析。不同物质的荧光波长不同，因此可以通过测定该物质产生的不同荧光来定性分析；在一定浓度范围内，某物质产生的荧光强度与该物质在溶液中的浓度成正比，因此可以通过测定该物质的荧光强度来定量分析。按光谱类型可分为原子荧光光谱法和分子荧光光谱法。

（3）红外光谱法　即近红外光谱技术，是利用物质对光会产生散射、吸收、透射，对待测样品开展定性定量分析的技术。样品含有 O—H、N—H、C—H 和 C≡O 等结构，均可利用近红外光谱技术分析。该技术具有检测指标丰富、穿透性强等优点，能够穿透石英、玻璃等实验室常见材料，也能穿透动植物组织等检测对象，增加了分析生物样品的可行性。

（4）拉曼光谱法　拉曼光谱法原理是利用物质产生拉曼散射效应。由于不同物质振动模式的差异较大，可根据物质振动情况来判断物质种类，达到检测样品的目的。在食品安全检测领域中，该技术可用于检测非法添加物以及食品组成成分如碳水化合物、脂质、蛋白质、色素、维生素等。该技术优点是检测准确度较高，检测时间较短。

2. 电化学分析法

电化学分析法的原理是根据物质在溶液中的电化学性质来判断物质内部组分及质量。在实际应用中，将溶液视为化学电池，通过测定电流、电导、电阻、电压曲线等各项参数以及被测样品的浓度来确定该物质的成分和含量，可以同时满足定性和定量的要求。电化学分析的主要方法有伏安分析法、电位分析法、电化学传感器法和极谱分析法。

3. 色谱分析法

色谱分析是一种分离与富集的方法，在实际测量分析中能够有效分离多组分混合物进行检测。色谱分析法主要有气相色谱法（gas chromatography，GC）与高效液相色谱法（high performance liquid chromatography，HPLC）。气相色谱法用途广泛，可以用于分析果蔬与烟草内的农药残留，还能用于分析水产品及畜禽类体内三甲胺的含量以及兽药残留，此外还能用于分析食品添加剂的品种与含量。液相色谱法具有新型的固定相、高灵敏度检测器、严密高压输液泵等新型技术，被逐渐推广。液相色谱法可用于检测腌制肉制品中的硝酸盐及亚硝酸盐含量、乳品中营养成分及各种食品添加剂的含量，还可检测农药兽药残留量。

（五）食品的生物检测

生物检测技术的优点是可以进行较为全面的食品质量检测，应用范围比较广泛。目前生物检测技术主要包括聚合酶链反应技术（polymerase chain reaction，PCR）、ELISA、生物传感器技术、基因探针技术等。与其他检测技术相比，生物检测技术作为一种理化与生物技术相结合的现代检测技术，具有检测成本较低、检测效率较高的特点。因此，在未来的食品安全检测中具有良好的发展前景。

1. PCR 技术

PCR 技术是一种在体外高效扩增 DNA 片段的技术，只需几小时就能将微量 DNA 片段扩增到上百万倍。随着人们对食品安全与执法部门监管愈发重视，PCR 技术迅速发展。由于该技术具有快速、准确、操作简单等优点，被引入到食品微生物的检验，主要应用于食品常见的致病微生物检验，包括金色葡萄球菌、大肠杆菌、沙门氏菌等，快速鉴定食品的安全性。PCR 技术还可应用于检测食品特定成分，如对食品中的动物来源成分进行鉴定。也可应用于食品营养物质检测，有效评估食品营养成分。

2. ELISA 技术

ELISA 技术是以生物酶为基础的技术，将特异性抗体转化成酶标抗体，产生与抗原反应的酶抗体，再通过反应后的显色作用，使用酶标仪或大型检测仪器对底物进行检测，最终对食品中的有害物质进行科学分析（图5-7）。由于其操作简便，检测成本较低，在食品检测中被广泛地应用。该技术可以精准检测食品中含有的 N-二甲基亚硝胺、有毒残留物等物质，确保食品安全。此外，ELISA 技术也可以与其他技术有效结合、相辅相成，提高检测质量，保证检测数据的准确性与科学性。

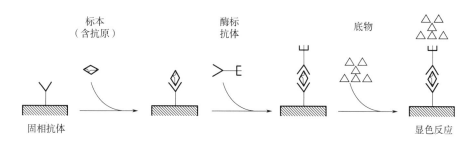

图5-7 双抗体夹心法原理示意图

3. 生物传感器技术

生物传感器技术作为新兴的生物探测技术，检测效果极强，被广泛应用到食品检测领域。在使用生物传感器检测过程中，获得相应的检测数据，将检测数据与标准数据进行比较，对食品质量进行定性定量分析。生物传感器技术还可以对食品中相关成分进行全面、科学的检测和分析，由于精确度较高和灵敏度强，在探测鱼类、肉类等食品新鲜度时可以采用这一技术。

4. 基因探针技术

基因探针技术又称核酸探针技术，属于生物检测新兴技术，是基于碱基互补原则与食品中的脱氧核糖核酸进行杂交，产生相应的信号，并将所获得的信号与标准信息进行比对，探测出食品中有毒物质的种类、含量等。由于基因探针技术检测方案开展较容易且便于操作，受到技术人员的青睐。在检测葡萄球菌、李斯特氏菌等病原微生物中具有显著优势。

5. 食品微生物检验

（1）食品微生物检验的意义和范围　食品中的微生物污染是影响我国食品卫生质量的重要原因，也是检验食品能否食用、保障食品质量、尽量减少不必要损失的科学依据。通过食品微生物检验，可以对食品加工环境及食品卫生情况做出正确的评价，为卫生管理、食品生产管理和预防某些传染病提供科学依据，有效防控传染病、人畜共患病和其他疾病。微生物检验范围主要包括：生产环境检验，如车间用水、材料、地面环境、生产工具等；原辅料检验，包括动物、植物、添加剂等产品和辅料；食品加工、储藏、销售等过程的检验，包括食品生产人员的卫生状况和健康检验，生产设备、运输车辆、包装材料的检验等；还有食品产品、可疑食品及引起食物中毒食品的检验等。

（2）食品微生物检验的种类　通过感官检验观察食品表面是否存在霉菌、霉状物、颗粒、粉状及毛状物，色泽是否变灰、变黄，有无霉味等其他异味，食品内部是否霉变等，判断出食品的微生物污染程度。细菌计数是将备检样品放在显微镜下直接镜检。大肠菌群和致病菌等检测是选择合适的培养方法进行培养以获得带菌量。

（3）食品微生物检验的指标　我国食品安全标准中的微生物指标一般是指菌落总数、大肠菌群、致病菌、霉菌和酵母等。微生物检验主要手段有培养法、免疫法、快速酶促反应法、PCR法、代谢产物检验法等。

菌落总数是指在严格规定的条件下（温度、pH、时间、营养物质、计数方法等），每克备检样品培养后所生长出来的细菌菌落总数。菌落总数对食品检验有两个方面的意义，其一是作为食品清洁度的指标，其二可用来估计食品的耐藏性。

大肠菌群是肠道正常菌群的一部分，属于非致病菌范畴，是在一定条件下产酸产气、发酵乳糖的革兰氏阴性无芽孢杆菌。从技术上讲，大肠菌群被定义为好氧或兼性好氧，其中包括肠杆菌科的产气肠杆菌属、柠檬酸杆菌属、克雷伯氏菌属、埃希氏菌属等。某些大肠菌群也会引起疾病，若进入胆囊、膀胱等处会引起炎症，当细菌离开肠道进入泌尿道会引起感染。食品中大肠菌群数量越多就说明食品被粪便污染程度越严重。

致病菌可以进入血液循环中生长繁殖而引起细菌感染，包括致病性细菌以及引起人畜共患病的病原菌。引起大多数疾病的病原体主要有细菌、支原体、寄生虫等，感染最常见致病菌一般有肺炎杆菌、军团菌、肺炎球菌、葡萄球菌等。正常情况下，致病菌常引起急性中毒，轻者常出现恶心、呕吐、腹痛等症状，经过治疗可痊愈；严重时可出现神经、呼吸等系统症状，需要及时进行抢救。

霉菌是一种条件致病菌，会在温暖潮湿的环境中繁殖。霉菌毒素是由霉菌或真菌产生，可通过食物进入人体，引起急性或慢性中毒的有毒有害物质。生活中有的食物中毒可由霉菌毒素引起。

还需要关注寄生虫和病毒的检测，如蛔虫、肝炎病毒、口蹄疫病毒、猪瘟病毒等。

（六）食品检测新兴技术

电子鼻、电子舌检测技术作为一种新型食品安全检测技术，集仿生学、传感技术、计算机科学和信号处理等技术于一体，综合功能强，主要用于包装材料和食品工业的检测。与传统光谱、色谱检测技术相比，电子鼻、电子舌技术可以对样品成分进行全面、整体的检测，获得综合信息，并与数据库信息进行对比，以评估食品品质。此技术操作相对简单，检测效率高，无需在检测前进行复杂烦冗的预处理工作，在检测时也能同步传递信息，为食品安全检测提供新的发展方向。然而该技术对于数据统计、制造工艺、传感器材料等要求较高，存在使用寿命短、成本较高、集成度低等问题，目前应用范围较为局限。

思政案例：我国第三方检验检测认证工作对人才的需要

当前我国大力发展第三方检验检测认证工作，用以保障检测工作的公正性。2011年，国务院将检验检测认证行业定为高技术生产性服务业后，我国检验检测认证行业发展一直保持着较强的增长态势，从业机构的数量和营业收入快速增长。良好的行业发展态势促使对检验检测认证人才的需求持续增大，人才缺口尤其是高精尖人才缺口凸显。由于第三方检验检测认证行业在中国起步晚，人才储备量远远不足，业务发展迅猛，人才跟不上供给；多数认证机构内部的人员培训不完善，缺少足够专业系统的培养体系。因此，加大力度提升人才培养的数量与质量，提升人才的整体素质与水平，是行业未来发展的关键。

纵观行业发展，行业对人才需求的关注点呈现多元化、专业化的特点。在价值观方面，用人单位考虑人员自身的价值观是否和企业的价值观契合，如诚信团结、对工作的态度、创业精神以及企业家精神等；在专业背景方面，由于检验检测认证机构业务覆盖范围较广，需要其从业人员具备广泛的专业需求；在学历方面，目前检验检测认证行业的学历背景以本科为主，大专、硕士也占有一定比例。同时，随着行业水平的提高，企业对服务升级和业务领域也需要不断拓展，对高级专业人才的需求也在增多，在检验检测认证行业中具有博士学历的人员数量有逐年增加的趋势。

第三方检验检测认证行业是新兴的高速发展的生产性服务业，在每年递增的产业总量、先进的仪器设备、开放的国家政策的前提下，人才的重要性被越来越多的从业机构所看重。我们需要学好食品质量安全的检测技术，培养良好的综合素质，为未来就业做好扎实准备，为公正地开展检测认证工作、确保我们的食品质量安全贡献力量。

第三节　食品主要污染成分检测技术

一、农药残留和兽药残留的检测

为满足日益增长的农业生产需求，农药和兽药被普遍使用，然而过量的使用威胁人类健康，这已成为一个日益严重的问题。尤其是有机氯农药及其残留物等持久性有机污染物会对人类和环境造成无法弥补的伤害。这些污染物及其在食品中的残留物大多难以在动物或人体内降解，因此很容易在人体内积聚，导致癌症等严重疾病。食源性疾病对公共卫生和经济的破坏性影响是巨大的，其原因包括食品生产和加工过程中的污染、某些化学品的滥用、检测基础设施薄弱以及污染食品的监测和报告困难。

（一）食品中农药残留的检测技术

1. 气相色谱法及其联用技术

气相色谱法是常用的农药残留检测技术，常常通过电子捕获检测器、火焰光度检测器、氮磷检测器和质量选择检测器等进行检测。近年来，科学家研究采用质谱（mass spectrometry，MS）检测方法，如在气相色谱上配备离子阱、四极杆、三重四极杆等分析仪和飞行时间质谱仪等提高方法灵敏度和准确度；选择单反应监测（single reaction monitoring，SRM）或多反应监测（multiple reaction monitoring，MRM）、分析物质质荷比等方式减少基质干扰，实现更低的检测限和定量限。然而，由于挥发性和热稳定性较差的极性农药使用量增加，不适于气相色谱检测，近年来气相色谱在此类产品中使用逐渐减少。

2. 液相色谱法及其联用技术

农药残留分析中采用的基于液相色谱的技术大部分与紫外检测器、光电二极管阵列检测器、二极管阵列检测器和质量检测器相结合。液相色谱-质谱联用（HPLC-MS）技术为农药检测提供了丰富的定性和定量信息，特别是结合三重四级杆质谱多反应监测的HPLC-QqQ-MS被证明是具有高灵敏度、选择性和低检测限的分析。超临界流体色谱-串联质谱（SFC-MS/MS）通常用于涉及非挥发性或受热不稳定农药的分离，具有速度、灵敏度优势和低成本的特点。与

LC-MS/MS 相比，SFC-MS/MS 方法可以快速分离农药，降低基质效应；与 HPLC 相比，此方法色谱柱的柱压降低得相对更多，因此 SFC 分析的速度会更快。然而，由于存在相对非极性的流动相，SFC 无法分析极性溶质。

3. 快速检测技术

快速检测技术尤其是便携式现场速测技术可以在短时间内迅速检测农产品的农药残留情况，有着操作简便，检测速度快，节约资源等优点。

（1）酶抑制率法　酶抑制率法是对有机磷和氨基甲酸酯类农药快速检测的国家标准方法。其原理主要基于有机磷或氨基甲酸酯类农药对胆碱酯酶有抑制作用，在加入一定量酶反应底物和胆碱酯酶的条件下，通过底物被酶催化反应的程度来确定样品中是否含有高剂量的有机磷或氨基甲酸酯类农药。为了更好地限制农药的使用和实时监测农药残留，基于 NY/T 448—2001《蔬菜上有机磷和氨基甲酸酯类农药残毒快速检测方法》和 GB/T 5009.199—2003《蔬菜中有机磷和氨基甲酸酯类农药残留量的快速检测》中酶抑制率法的农药残留快速检测仪已经大量用于检测果蔬有机磷和氨基甲酸酯类农药残留。目前该方法广泛应用于蔬菜检测中心、农贸市场、超市、蔬菜种植基地、餐厅等食品安全检测监测场所的农残检测。

（2）胶体金免疫层析法　胶体金免疫层析产品主要基于竞争性抑制免疫层析原理，样品中的待测物经特定前处理方式提取后与胶体金标记的特异性抗体结合，抑制抗体与检测线上的抗原结合，通过观察检测线颜色的深浅来判定样品中待测物的含量。目前市场销售的胶体金农药残留快检试纸条所能覆盖的农药残留项目比较有限，主要包括克百威、三唑磷、氟虫腈、水胺硫磷、甲基异柳磷、腐霉利、毒死蜱、高效氯氰菊酯、丙溴磷、敌百虫、氧乐果等十余项农药残留。

（3）ELISA 技术　该方法和配套试剂盒可用于食品中农药残留的定性分析和定量分析，是农药残留高通量分析的常见商用产品和技术类型。ELISA 试剂盒可以针对不同食品中的农药残留进行联合检测，还可以对不同品种的农药残留进行联合分析，大大提高检测效率。缺点是样品量较少的时候整个检测过程仍需要花费大量的时间和精力。但该法有较大改进空间，如不同种类农药残留的信息验证方法和分析方法不断改进。常用的 ELISA 可以分为直接 ELISA、间接 ELISA、夹心 ELISA、竞争 ELISA 和竞争抑制 ELISA 五大类。其他的 ELISA 都隶属于这五类 ELISA 或由这五类 ELISA 组合衍生。

（4）微流控技术　微流控技术又称微流控芯片技术，是将样品制备、反应、分离、检测等生化反应过程集成到厘米尺度的芯片上的技术。目前，已有一些研究人员将微流控技术应用于农残快速检测中。如专利《一种基于双光谱技术的微流控农药残留检测方法》，主要将拉曼光谱与微流控模块结合，将光信号转变为电信号，对样品中的农药残留进行定性定量检测。专利《一种基于花状纳米银衬底的农药残留快速检测系统》，其利用离心式微流控来控制液体流向及反应时间，将荧光检测装置用于获取所述圆盘阵列结构的芯片实验室中待测农药的光强度信号，通过采集农药的光强度信号进行农残检测。专利《多通道微流控荧光检测装置和方法》，采用双栅极光电薄膜晶体管和荧光装置，并将其和多通道微流控芯片集成，形成集成化和微型化的多通道的微流控荧光采集系统进行荧光信号收集和检测，具有较高的光灵敏度和光电导增益。

（二）食品中兽药残留的检测技术

1. 免疫分析法

基于抗原抗体特异性反应的免疫分析法是目前食品分析领域主流的快速分析方法，也是快速检测动物食品中兽药残留的主要方法，最常用的技术是 ELISA，其原理和应用同农药残留分析，比较适合检测的对象包括阿莫西林药品残留、土霉素残留、四环素残留等。除此之外，利用 ELISA 检测鱼肉中硝基呋喃类兽药以及畜产品恩诺沙星、沙丁胺醇残留量时，也具备较高的精准度。

2. HPLC 法

HPLC 法是兽药残留分析的主流定量分析技术。通常，多残留物的检测基于固相萃取净化结合紫外二极管阵列检测的反相 HPLC。现已应用于肉类、肾脏和牛乳中抗生素，蛋、乳、鱼和肉中的兽药，尿液中的甲基硫氧嘧啶，营养补充剂和尿液中的合成代谢类固醇和皮质类固醇如地塞米松，水、饲料和肉类中的一些相关指标的检测。HPLC 结合荧光检测器已用于同时测定多种动物组织中的 10 种喹诺酮类抗菌药物残留。利用该技术还可以检测磺胺类药物残留量，利用高效液相色谱-荧光检测技术，检测鸡蛋氟苯尼考痕量残留。

3. GC 法及其联用

迄今为止，GC-MS 和 GC-MS/MS 方法是检测动物源性食品中兽药最常用的方法。该检测技术可同时测定动物组织样品中 8 种 β-兴奋剂（克伦特罗、沙丁胺醇、妥布特罗、特布它林、喷布特罗、普萘洛尔、倍他洛尔、非诺特罗），猪肉中氢化泼尼松和甲基氢化泼尼松，蜂蜜和乳粉中氯霉素残留量，动物组织中盐酸克伦特罗和甾类同化激素，猪肉中的莱克多巴胺，鸡肉、猪肉、猪肝、鸭肝等动物组织样品中的氯霉素，鸡肉、猪肉、牛肉、猪肝、虾、鱼等动物组织样品中氯霉素等。

4. 生物传感器

生物传感器是近年来的一种新兴技术，可以利用生物活性物质的专一识别功能，选择性进行待测物检测（图 5-8）。该技术一般用于检测牛乳中的黄体酮和蜂蜜中的泰乐菌素。此外，乳酸菌固定电极表面制成的微生物传感器可以对青霉素、链霉素、四环素进行测定；分子印迹电化学传感器可检测生长促进剂如 17β-雌二醇、氟哌啶醇、非甾体类抗炎药、双氯芬酸和吲哚美辛等成分。表面增强拉曼光谱（surface-enhanced raman scattering，SERS）技术是通过结合表面增强机制，基于拉曼散射效应发展成的一种检测技术，它不仅可以对痕量物质进行无损原位检测，还能提供待测物的分子结构信息。表面增强拉曼光谱与生物传感器的共用，可以检测

（1）局部等离子体生物传感器　　（2）表面增强拉曼散射生物传感器

图 5-8　生物传感器

兽药二硝托胺和妥曲珠利、鱼体表面孔雀石绿残留、蜂蜜中土霉素、动物饲料中的金霉素、鱼肉中恩诺沙星及鸡肉中金刚烷胺的残留等。另外，苏丹红Ⅰ、曲霉素A、莱克多巴胺、巯基苯甲酸、盐酸克仑特罗等可以利用该技术进行现场检测。

5. 核酸适配体

核酸适配体是经指数富集的配体系统进化技术（SELEX技术）从随机单链寡核苷酸文库中筛选出的单链寡聚核苷酸片段，即一段长度为20~60nt的DNA或RNA序列。筛选得到的适配体序列具有丰富的碱基组合和独特的三维结构，可利用不同的空间结构和折叠模式特异性结合靶物质，是高特异性功能识别原件。当适配体与靶物质共存时，靶物质能够诱导适配体由自由构象折叠成假结、发卡、G-四分体、凸环等三维空间结构，并通过碱基对的堆积作用、静电作用、氢键作用等与靶物质特异性结合。该技术可用于氨基糖苷类抗生素（卡那霉素、链霉素、新霉素），青霉素、四环素等抗生素的检测；可用于激素类（雄激素、雌激素），磺胺类和氟喹诺酮类合成抑菌类啉，莱克多巴胺、克仑特罗、沙丁胺醇、苯乙醇胺和丙卡特罗等多种β-激动剂以及真菌类毒素赭曲霉素A的检测。

二、有害金属的检测

（一）食品中有害金属检测方法比较

有害金属污染主要是指汞、镉、铅、铬、铝以及类金属砷等生物毒性显著的金属污染。在食品中，重金属一般以化合态形态存在，所以，在分析时须对样品进行前处理，使重金属以离子状态存在于试液中才能进行客观准确的分析。传统的前处理方法有湿法消解和干法灰化以及微波消解。湿法消解是向适量的样品中加入硝酸、硫酸、高氯酸等氧化性强酸，结合加热来破坏有机物。干法灰化是在高温灼烧下使有机物氧化分解，随后测定剩余的无机物；此法消解污染小，但消解周期长，耗电多，被测组分易挥发损失。重金属形态分析常用的方法有分光光度法、原子荧光光度法、冷原子吸收法、高效液相色谱法、气相色谱法、等离子发射光谱法、质谱技术及分子生物学法等。

传统的金属检测方法如化学仪器分析法，虽然能够测定样品中金属含量，但检测过程需要对样品进行前处理，比较费时、费力，所用的仪器相对昂贵，检测需要在室内进行，不利用于现场检测。此外，由于金属的毒性与它的化学形式、氧化状态和物理状态有关，而上述仪器分析法大多无法得到金属的氧化状态或者演变信息，只能测定某一金属元素的总量。

抗原-抗体反应这一特异、灵敏、快速的免疫检测方法，是传统检测方法的补充。它可以满足快速检测的需要，提高检测的效率和质量，目前已在农药、兽药、环境激素等检测中得到了广泛的应用，成为相关领域的前沿技术和研究热点之一。重金属特异性单克隆抗体的制备技术也不断发展，为重金属离子的免疫学检测提供了广阔的前景。

（二）食品中金属元素及其有机化合物的检测技术

1. 光谱分析技术

（1）分光光度法检测技术　样品经消化后，在酸性介质中金属元素与化学物质发生反应生成有色络合物。通过分光光度计测定样品的吸光度，在一定浓度范围内，其吸光度与金属含量成正比，与标准物质比较定量。分光光度法具有设备操作简单、分析速度快、检测费用低、灵敏度高和选择性好等优点，但是使用紫外可见光分光光度法检测样品中的重金属含量需要选择合适的显色剂，才能实现较好的测定结果。

（2）原子荧光光谱法检测技术　样品消解后，在酸性介质中，金属元素被硼氧化钾或硼氢化钠还原成原子态，通过载气带入原子化器中，经特制空心阴极灯照射，将基态汞原子激发至高能态，在去活化回到基态时，发射出特征波长的荧光，其荧光强度与样品中的金属元素浓度成正比，使用原子荧光光谱仪测定，与标准系列比较定量。此外，金属的化合物经离子色谱分离后，可通过与硼氢化钾和盐酸反应生成气体，经气液分离器分离，由载气带入原子荧光光度计进行检测。原子荧光光谱法具有干扰少、灵敏度高、检出限低、可同时测定多种元素等优点，但是检测元素范围有限。目前采用此法检测的元素有砷、镉、锡、铅、硒、汞等。

（3）原子吸收光谱法检测技术　样品经灰化或酸消解后，导入原子吸收分光光度计中，金属元素经原子化对某特定波长处的共振线有吸收，在一定浓度范围，其吸收值与金属元素含量成正比，与标准系列比较即可定量。根据不同的原子化系统，可分为火焰原子吸收光谱法、石墨炉原子吸收光谱法和氢化物生成原子吸收光谱法。目前，原子吸收光谱法在元素测定中具有准确度高、选择性强、分析范围广、抗干扰能力强等优点。该方法可用于测定痕量甚至超痕量元素及其稳定的谱线。但是，原子吸收光谱法确定元素时需要更换光源灯，不能同时分析多个元素。

（4）激光诱导击穿光谱（laser-induced breakdown spectroscopy，LIBS）　这是一种快速、通用、非接触的原子光谱技术，可以几乎无损的为样品提供定性和定量分析信息，而不需要任何实质性的样品制备。然而，LIBS 直接分析液体的检测限比固体或气体更低。这是由于在大量液体中间产生的激光诱导等离子体有爆发的趋势。LIBS 也可用于恶劣环境下的非接触光场检测。该技术使用激光发射高能激光，并直接聚焦在样品的表面通过聚焦透镜诱导样品产生瞬态等离子体。通过分析等离子体的分布强度和发射线波长，可以得到样品中元素的含量和组成。与一些较成熟的光谱分析方法相比，LIBS 在检测精度和灵敏度方面都需要提高。为了解决现有的问题，对该技术的提高可以集中在改进激光光源、收集光谱信号强度、提高信噪比、降低矩阵效应和提高检测极限等方面。

2. 电感耦合等离子体-质谱法（ICP-MS）

它可作为元素分析的领先技术之一，专注于测定各种类型样品中金属和类金属的超微量水平。这是目前发展较快且应用广泛的检测金属元素的新型技术之一。采用 ICP-MS 技术，首先需对样品进行预处理，样品通过酸消化或微波消化制备成水溶液的形式。样品水溶液雾化成气溶胶后，气溶胶随惰性气体进入矩管，在高温等离子体的作用下蒸发、雾化和电离，然后电离元素进入真空质谱仪并通过质量筛选，该分离器完成了元素离子的分离。ICP-MS 具有灵敏度高、线性范围宽、抗干扰性强、重现性好和检出限低等优点。然而，ICP-MS 通常无法直接测定样品中的微量金属离子。样品中低浓度金属离子和基体的干扰导致 ICP-MS 直接测定非常困难。为了提高痕量金属测定的灵敏度，需进行富集和分离，如固相萃取、固相微萃取、分散液-液微萃取等。

目前，可与 ICP-MS 结合的技术还包括 HPLC、GC、离子色谱等。

3. ELISA 法

ELISA 法可以用于重金属物质相关的定性或定量分析。如金属硫蛋白（metallothionein，MT）是一类广泛存在于生物体内的低分子量（约 6500Da）金属结合蛋白，富含半胱氨酸，能被金属诱导，是体内唯一结合镉的蛋白质，具有拮抗电离辐射、对重金属解毒以及清除自由基的作用。用 ELISA 方法测定 MT 含量比以往的汞结合法、银饱和法和镉-血红蛋白饱和法等更加灵敏快速和操作简便，不需要特殊的仪器设备，无需经过柱层析收集 MT，重复性和准确性高，适合于检测大批样品，但制备单抗难度大，金属离子的特异性需求难以充分满足。

三、霉菌毒素和有害微生物的检测

（一）霉菌毒素的检测技术

目前已知的霉菌毒素大概有400余种。各国较为关注的霉菌毒素主要有黄曲霉毒素、赭曲霉毒素、棒曲霉素（棒状曲霉）等几类毒素。各国政府以及WHO、FAO对霉菌毒素的残留限量进行了规定，欧盟是最为严格的地区之一。在植物及其农作物的储藏、制备、加工过程中极易发生霉菌毒素污染的情况，这不仅会导致经济损失，甚至还会危害人类和动物的健康。因此霉菌毒素的检测极其重要。

1. 食品中霉菌毒素的检测技术

霉菌毒素的检测通常包括两部分，样品前处理（提取、净化）和测定。传统的前处理方法包括溶剂提取法、柱层析法等，测定则常采用色谱等方法。由于样品基质较复杂，且霉菌毒素本身的结构、化学性质以及干扰因子都有一定差异，快速且高效的前处理方法和精确的检测方法成为霉菌毒素检测技术的一大研究热点。

目前，霉菌毒素的检测方法主要包括HPLC、HPLC-MS、GC-MS、薄层色谱法（thin-layerchromatography，TLC）、ELISA等，其中，免疫分析法由于其灵敏度高、检测范围广、操作简便快捷等特点深受人们青睐。TLC在霉菌毒素发现早期作为主要的检测方法，应用于黄曲霉毒素等的检测。随着色谱技术以及霉菌毒素检测技术的发展，TLC成为常用的一种仪器分析方法，但在实际使用中已逐渐被GC、HPLC等代替。随着仪器分析和检测技术的不断发展，色谱与一些传统检测器（紫外、荧光）相结合，开启了色谱质谱联用技术的新篇章，尤其是GC-MS和LC-MS。GC-MS是将气相的检测器更换为质谱的检测器，混合物经气相部分高效分离后，在高灵敏度的质谱检测器下确定待测化合物的相对分子质量、分子式甚至是官能团结构，因此在早期霉菌毒素检测中GC-MS得到广泛应用。与GC-MS相比，LC-MS对检测物性质以及前处理方式的要求较低，应用范围也更广。LC-MS既具有液相分离效率高、适用范围广，又具有质谱的高选择性、高灵敏度的优点。LC-MS不仅能检测单个毒素或单一种类的毒素，还能同时对多类毒素进行检测。近年来，超高效液相色谱技术（ultra-performance liquid chromatography，UPLC）的出现，使得霉菌毒素的检测由HPLC转向UPLC。

因考虑到仪器配备、操作复杂性、检测成本、样品量以及现场检测需求等因素，作为快速检测方法的免疫分析发挥了其重要作用，免疫分析主要可分为ELISA法和免疫层析法。在霉菌毒素检测方面，ELISA法可同时用于单一霉菌毒素和多类霉菌毒素的高通量测定，是免疫分析的快速替代方法。

2. 食品中常见霉菌毒素的检测方法

（1）黄曲霉毒素 黄曲霉毒素的检测主要是依据其荧光性、理化性质以及污染介质的特性等，采用不同的提取、净化和测定方法。黄曲霉毒素的检测具有类似性，因此每一种黄曲霉毒素基本都可以应用光谱法、色谱法和ELISA进行测定。由于黄曲霉毒素等霉菌毒素的含量低，属于痕量检测，因此现在常采用准确度、灵敏度较高的色谱-质谱、色谱-免疫亲和柱、ELISA等技术。当然，具体检测还需根据实际情况来确定。

（2）棒曲霉素 棒曲霉素又称展青霉素。TLC是最早、最经典的检测棒曲霉素的方法，该方法适合检测污染苹果制品中的棒曲霉素。该方法成本低、操作简单且分析速度快，回收率可达85%~119%，检出限为100μg/L，但样品处理过程较为烦琐且灵敏度不高。GC法、HPLC法都在棒曲霉素检测方面有着一定的应用，GC 法需要将棒曲霉素衍生后才能获得较高的灵敏度。目前，HPLC-UVD 是国际上最流行的检测棒曲霉素的方法。免疫学检测方法虽然是霉菌毒素的主流快速检测技术，也是快速现场检测的最常用方法，但在棒曲霉素检测中，由于其分子质量较小，抗体制备和获取非常困难，目前仅是一些定性的测定方法和类似抗体的"化学抗体"——分子印迹产品。国际上针对棒曲霉素及其衍生物的抗体研究也一直在进行，因此建立快速、廉价、灵敏且准确的检测方法具有十分重要的意义。

（3）伏马毒素　主要用色谱分析法、免疫学方法、快速检测技术以及红外光谱技术等检测食品中的伏马毒素，色谱分析以及免疫学方法与色谱分析相结合的方法应用较多。如利用 ELISA 定量测定谷物和饲料中的伏马毒素、HPLC 测定玉米中的伏马毒素等。

（二）有害微生物的检测技术

我国微生物中毒事件在食物中毒发病人数中占有较高比重，约 70% 是因食品中的致病微生物污染所引起的。因此，检测有害微生物对于保障人民生命健康非常重要。

1. 有害微生物的传统检测技术

对于有害微生物的检测，主要利用传统的检测方法，包括形态检查和生化方法，其准确性和灵敏度均较高，但因为其检测周期较长、操作烦琐且检测成本高等原因，难以满足国内外对食品安全检测的要求，使得传统检测方法的发展受到了一定限制。因此，在明确检测特点的基础上，需要由原来的培养水平向分子水平迈进，向着仪器化、自动化、标准化的方向发展。近年来，分子生物学技术、生物传感器技术、免疫学技术等新技术不断出现，这些技术从根本上解决了传统检测方法时间长、成本高等缺点，具有检测过程快速、简便且检出率高等优点，成为未来检测的重要方法。

2. 有害微生物的快速检测技术

（1）PCR 技术　目前可以利用实时 PCR 技术检测鲜切哈密瓜、香菜、紫花苜蓿芽中的沙门氏菌，多重荧光定量 PCR 检测蔬菜中的大肠杆菌及蜡样芽孢杆菌。

（2）ELISA 技术　根据单克隆抗体原理建立的一种新型捕获 ELISA 法用于识别食品中单核细胞增生李斯特菌。ELISA 法与免疫磁性分离技术联用检测牛乳中的金黄色葡萄球菌，极大地提高了检测效率。

（3）蛋白质芯片快速检测技术　蛋白质芯片技术其原理是在固相支持物（载体）表面固定大量的高密度排列的蛋白探针以形成蛋白质点阵，用未经标记或标记（荧光物质、酶或化学发光物质等）的生物分子与芯片上的探针进行反应，经相应的系统检测后，用计算机分析和比较蛋白质的表达情况。采用软蚀刻的微接触印刷技术制作出一种可以检测大肠杆菌 *E.coli* O157：H7 及鲑肾杆菌的抗体微阵列，此芯片与其他有害微生物的交叉反应少，是一种很有效的微生物检测技术。

（4）生物传感器检测技术　生物传感器以固化酶、抗原抗体、细胞等生物敏感功能物质为识别元件，使样品与识别元件间发生反应，产生的生物化学信息通过适当的信号转换器转化为可检测的电信号、光信号等，再经过检测器进行信号放大、输出，最终达到检测的目的。该技术在检测病原体和内毒素方面应用较多，常用于检测大肠杆菌、李斯特菌、沙门氏菌等病原体。此外，利用生物素—亲和素系统将分子马达与探针连接构建分子马达生物传感器，能对副溶血性弧菌进行特异性识别。

（5）DNA 芯片快速检测技术　基因芯片技术又称 DNA 芯片、DNA 微阵列，是生物芯片的一种。如图 5-9 所示，其原理是将大量已知序列的核酸片段有规律地固定在玻璃片、硅片、尼龙膜等各种固体支持物上形成分子阵列，然后与用荧光标记过的核酸样品进行杂交，当样品与基因芯片上对应位置的核酸探针发生互补配对时，可以通过荧光强度来确定探针位置，获得与探针互补的核酸序列，从而获知样品信息。目前，结合生物信息学技术以细菌16SrDNA和23SrDNA序列设计出各类细菌的特异型探针和引物，在基因芯片制备基础上，通过对靶基因的扩增、杂交和对杂交结果的分析，对常见肠道致病菌检测。该方法可广泛应用于食品饲料安全控制、突发性食品安全事件检测和出入境检验检疫等，但检测费用昂贵。

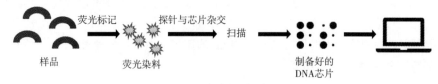

图5-9　DNA芯片检测

（6）纳米金标记技术　纳米金指直径在1～100nm的微小颗粒，具有高电子密度、介电特性和催化作用。利用氨基偶联法在传感器表面固定多克隆抗体作为一抗，纳米金粒子标记的大肠杆菌 *E. coli* O157：H7 的多克隆抗体作为二抗，通过三明治方法（双抗体夹心法）用双通道表面等离子体共振传感器对 *E. coli* O157：H7 进行检测。

（7）其他有害微生物快速检测技术　由德国生产的 RVLM 型微生物快速检测系统，将多种检验方法的优点集合应用，如培养皿法、酶法（β-葡萄糖苷酸酶分析）、免疫法、基因法。适用于菌落总数、大肠菌群、大肠杆菌、金黄色葡萄球菌、绿脓杆菌、沙门氏菌、李斯特菌、肠球菌、产气荚膜梭菌、亚硫酸盐还原梭状芽孢杆菌、霉菌（曲霉属真菌、曲霉菌）、酵母菌、军团菌的定量检测。

ChemScan AES Chemunex 公司的 ChemScan RDI 微生物快速检测仪，将激光扫描合成成像技术与活细胞荧光酶标记相结合，研制成功 ChemScan RDI 微生物快速检测仪，可在 1.5h 内对可过滤样品中的微生物及原生虫进行快速计数。其特点为只检测活细胞数，激光对整张滤膜扫描后自动读数，检测速度快。

思政案例：我国食品快速检测技术的发展

近年来，食品安全检测技术的不断革新一直吸引着人们的关注。特别是以便捷高效著称的食品安全快速检测技术，弥补了传统检验设备耗时长、机动性不强的不足，让食品检测走出了实验室，走进了人们的生活。

随着快速检测技术水平的不断提高，快速检测设备近年开始深入基层。很多地方工商部门建立了检测箱、检测车、检测点、检测中心"四位一体"的流通领域食品快速定性检测体系。快速检测箱是便捷的食品安全检测设备，具有检测速度快、准确度较高的特点。食品安全检测箱外在像普通的旅行箱，但里面却是一个小型实验室：有肉类水分检测仪、果蔬农药残留检测仪、瘦肉精快速检测卡、各种检测液、快速检测试剂等，可对亚硝酸盐、二氧化硫、甲醛、吊白块、注水肉、双氧水、硼砂和苏丹红等42个项目进行定性检测，还可以快速检测蔬菜农药残留。快则几十秒，慢则不超过半小时。除此之外还有更高级的快速检测车。一辆食品安全快速检测车堪称一个"移动实验室"，配备了上下水、电源、污水处理等设备。检测车可快速定性检测白酒、乳制品等上千种食品，也可以检测果蔬的农药兽药残留量、水分值、非食用物质及乳品中蛋白质含量，食用油、酱油、味精等调味品的有效成分等。还可以对食品细菌菌落数量、重金属含量、食品添加剂等数百种指标进行检测，最快能在 10min 内检出农药残留量、调味品中有效成分含量等是否合格，最慢在 30min 内也能完成，准确率在 95% 以上，能够基本满足快速定性检测的要求。

我国的食品安全快速检测技术已接近国际一流水平。尽管如此，我们仍需要不断的自主创新，缩小我们在高水平检测设备方面与国际一流水平的差距。这些科技差距的弥补需要我们提升创新水平，生产出具有自主知识产权的中国产品，用以推动我国食品安全的高科技、高水平发展。

第四节　食品中添加剂的检测

食品添加剂很大程度上促进了食品工业的发展，由于它给食品工业带来许多益处，被誉为现代食品工业的灵魂，其主要作用为防止腐败变质、改善食品感官性状、保持提高营养价值、增加品种和方便性、方便食品加工等。使用食品添加剂最重要的是要确保其安全性。无论国内还是国外，任何一种新开发的食品添加剂都需要经过安全性评价。安全性评价是根据有关法规与卫生要求，以食品添加剂的理化性质、质量标准、使用效果、使用范围、使用量、毒理学评价等为依据而做出的综合性评价。其中最重要的是毒理学评价，通过毒理学评价确定食品添加剂在食品中无害的最大限量，并对有害的物质提出禁用或放弃，它是制定食品添加剂使用标准的重要依据。

一、食品添加剂的种类

联合国粮农组织和欧盟根据可能添加的食品类型进行食品添加剂分类。食品类型包括：乳制品、脂肪和油、可食用冰、水果和蔬菜、糖果、谷物和谷物制品、鸡蛋和蛋类制品、甜味剂、盐、香料、汤、酱汁、沙拉、蛋白质产品、营养用途的食品、饮料、即食风味食品和预制食品。

食品添加剂可按组成、功能和安全性评价等分成不同的种类。按组成一般分为天然添加剂和合成添加剂两大类。天然添加剂主要是通过纯化植物或动物来源的成分而产生的。合成添加剂是以化学原料为基础，从中提取和纯化有机或无机物。按照食品添加剂的功能分类为抗氧化剂、漂白剂、甜味剂、防腐剂、着色剂和增稠剂等。

联合国粮农组织和世界卫生组织下的食品添加剂联合专家委员会（Joint FAO/WHO Expert Committee on Food Additives，JECFA）将添加剂分为 A、B、C 三类，具体为：A 类是 JECFA 已经制定 ADI（每日允许摄入量）和暂定 ADI 者；B 类是已经进行过安全评价，但未建立 ADI 值，或未进行过安全评价者；C 类是在食品中使用不安全或应严格限制作为某些食品的特殊用途者。应该注意的是，由于毒理学、分析技术以及食品安全性评价的不断发展，某些经 JECFA 评价认为是安全的食品添加剂，经过再次评价，安全评价结果可能会发生变化。

二、食品添加剂的检测技术

（一）电化学分析及其传感技术

电化学分析技术要求食品添加剂在电极表面呈现电活性（还原和/或氧化反应），从而产生用于其量化的电流。电化学分析法常评价的食品添加剂是抗氧化剂、甜味剂和着色剂。就电化学活性而言，电极表面预处理的改进和具有均匀表面的材料的开发是扩展电化学分析技术在食品控制分析中的适用性的基础。

近年来，利用电化学技术结合抗体、适配体等识别分子构建各种传感器进行分析成为食品分析中的热点领域。如电化学适体传感器利用 DNA 或 RNA 适体在不同转导系统中作为配体，与目标分子高亲和力和特异性结合；利用多孔纸作为 DNA 或 RNA 适体固定化的底物，可构建用于食品分析的适体传感器；纳米技术可使适体传感器具有足够的稳定性和表面覆盖能力，同时在溶液中保持很高的结合亲和力。

电化学分析在食品添加剂检测中的应用有 L-色氨酸/石墨烯修饰电极同时测定尿酸和黄嘌呤，铋-壳聚糖薄膜修饰玻碳电极测定偶氮着色剂日落黄，振动银汞合金微丝电极测定天然水（包括海水）中的碘化物形态等。电化学结合生物传感器的研发更增加了检测的灵敏度。如氨气敏电极与天门冬酶聚合并固定于渗析膜可直接检测甜味素（阿斯巴甜）；利用亚硫酸盐氧化酶为敏感材料制成的电流型二氧化硫酶电极可用于测定食品中的亚硫酸盐含量；卟啉微电极可检测食品中的亚硝酸盐；生物传感器测定色素和乳化剂。

（二）色谱技术

目前，在许多食品添加剂的检测标准中，都有用到色谱检测技术，如 SN/T 3538—2013《出口食品中六种合成甜味剂的检测方法　液相色谱-质谱/质谱法》、SN/T 4890—2017《出口食品中姜黄素的测定　高效液相色谱法和液相色谱-质谱/质谱法》等。另外，还有高效液相色谱-质谱法测定食品中的抗氧化剂丁基羟基茴香醚、二丁基羟基甲苯和特丁基对苯二酚，芝麻油、芝麻调和油中的乙基麦芽酚，食品防腐剂山梨酸钾、丙酸钙和甲酸钠以及果汁、碳酸饮料和糕点类食品中的色素。此外，一些新型食品添加剂，如专利蓝 V 和爱德万甜也可使用色谱方法检测。

气相色谱法可以对含有酰胺基、氨基、羟基、羧基以及沸点和熔点较高的物质进行有效检测。如甜蜜素在酸性介质中会与亚硝酸盐反应，生成检测目标物环己醇亚硝酸酯。同时，这种检测技术对山梨酸和苯甲酸等食品添加剂的检测也十分准确。

无机离子检测技术（IC）可实现茶叶中游离氟离子和铬酸铅的快速定性和定量。同时，对于罐头、果汁及熟食中焦磷酸盐、正磷酸盐、三聚磷酸盐和三偏磷酸盐成分的检测也具有耗时短、操作简便和精准度高等优点。离子色谱法用于丙酸钙检测可快速有效地获得丙酸钙含量。IC 检测方法在亚硫酸盐检测过程中，能在很大程度上防止电极中毒现象的发生，检测效果好。因此，该法广泛应用于检测果冻、果酱、面包和饮料等食品。

（三）光谱检测技术

光谱检测技术是基于电磁辐射与物质的相互作用。来自热、放电或光的能量促进电子瞬时激发到更大能量的状态（激发态），当电子回到初始能量状态（基态）时，之前吸收的能量以光的形式释放出来。食品添加剂的化学结构呈现官能团，允许以已知波长吸收和/或发射电磁辐射，可用于量化原料和食品中的食品添加剂。食品工业主要采用的方法是紫外/可见辐射光谱和红外光谱，用于确定化学成分、结构参数和质量相关参数。近些年，新型的光谱检测技术包括太赫兹光谱和表面增强拉曼光谱也逐渐开始应用于食品添加剂的检测。

太赫兹光谱是利用太赫兹时域光谱（THz-TDS）技术对太赫兹波电场的振幅以及相位变化进行采集，进而获得被检测样品的特征吸收谱和折射率谱。作为新兴技术，太赫兹光谱可以检测抗结剂（滑石粉）、抗氧化剂（特丁基对苯二酚、L-抗坏血酸、酒石酸）、甜味剂（木糖醇、D-木糖、阿斯巴甜）和营养强化剂（维生素类）。

表面增强拉曼光谱可应用于食品中微量山梨酸钾和苯甲酸钠、色素（柠檬黄、日落黄、苋菜红、胭脂红、诱惑红、赤藓红及橙黄Ⅱ、碱性橙2）、甜味剂（糖精钠、安赛蜜、阿斯巴甜）等成分的检测。

三、食品添加剂分析的展望

电分析技术具有灵敏度高、操作方便、成本低等特点。为提高其选择性开发的许多材料，为拓宽电化学分析技术在食品质量控制领域中的使用奠定了基础。改进电极表面预处理和开发具有均匀表面的材料是扩展电化学分析技术在食品控制分析中适用性的未来方向。

色谱技术促进了对不同种类的食品添加剂的分离、鉴定和定量。然而，色谱技术要求对样品进行复杂的前处理，对分析人员提出了较高的要求。此外，高纯度标准品和色谱柱维护的成本很高，在食品行业使用该技术会增加质量控制的操作成本。

光谱技术很少甚至不需要样品的准备步骤和复杂的设备。然而，这类技术的选择性很差，因为所有的食品添加剂都具有吸收或发光的功能化学基团。人工神经网络的使用可以提高食品分析的选择性。开发一种特定的"指纹"，一种模拟人类嗅觉感知的仪器，基于电子鼻测量和适当的算法，可以建立电子鼻信号与食品添加剂之间的回归模型。

随着人们生活水平的提高，对食品的消费要求也逐渐增高，食品添加剂的使用也要更进一步探索，避免不恰当的使用食品添加剂对人体健康造成的危害。因此，探讨和总结食品添加剂的分析方法，对指导食品添加剂的使用和监管具有重要意义。

🔍 思考题

1. 检验的基本职能有哪些？
2. 食品检验的基本原则有哪些？简述其内涵。
3. 抽样时要遵循哪些原则？
4. 样品的预处理方法有哪些？
5. 试述检验按不同情况下具体的分类。
6. 食品快速检测技术可以应用到哪些食品产业中？
7. 感官检验的类型有哪些？
8. 食品微生物检验的范围包括什么？微生物检验的指标有哪些？

第六章　CHAPTER

食品安全风险分析

【学习要点】

1. 了解食品安全风险分析产生的背景和意义，熟悉食品安全风险分析的理论框架，掌握食品安全风险分析涉及的基本概念。

2. 了解食品安全风险评估的目标、特征与益处，正确理解风险评估的分类，熟悉风险评估的四个步骤，掌握风险评估各个步骤中常用的方法。

3. 了解风险评价的内容，熟悉风险管理措施选项的评价、实施以及监督和评议，掌握食品安全风险管理的一般原则。

4. 了解风险交流的定义与内容，正确理解风险交流在风险分析框架中的意义，熟悉风险交流的实践应用方法和要点。

2019 年，中共中央、国务院发布《中共中央、国务院关于深化改革加强食品安全工作的意见》，指出了我国食品安全发展方向，强调要牢固树立风险防范意识，强化风险监测、风险评估和供应链管理，提高风险发现与处置能力。当前，食品安全的前沿理念是以风险为基础来预防和应对潜在的和已发生的食品安全问题。这里的风险指的是可接受风险，并非零风险。因为风险是无处不在的，在高速公路上驾驶、在泳池里游泳或在餐馆中就餐都可能遇到风险。但是这些风险都是可接受的，人们不会因为存在风险而拒绝出行、游泳和外出就餐。科学的风险评估是确定风险是否可以接受的唯一手段。食品安全的任务不是消除危害，而是控制风险。那么什么是风险？什么是食品安全风险分析？什么是食品安全风险评估？本章将概括性介绍相关内容。

第一节　食品安全风险分析概述

一、食品安全风险分析产生的背景和意义

风险分析理论最初应用于环境危害控制领域，之后在航天、金融、通信等领域都得到了广泛应用。20 世纪 80 年代食品安全风险分析才发展起来，逐渐成为专门为食品安全决策提供依据的一门结构化、系统化的新学科。基于"从农田到餐桌"全过程控制的理念，食品安全风

险分析通过对食品中各种危害因素致人群健康损害的潜在风险进行科学评估，根据风险的性质、严重程度，并综合考虑实际操作的可行性，监管的可及性，经济、政治等各种相关因素，采取相应的管理措施，最终将风险控制在一个可接受的水平，并且强调在整个过程中各利益相关方的共同参与和相互交流。

在食品安全风险分析的发展中，FAO 和 WHO 发挥了重要作用。JECFA 和 FAO/WHO 农药残留专家委员会（Joint FAO/WHO Meeting on Pesticide Residues，JMPR），于 1956 年和 1961 年为个别成员方提供食品风险分析的科学建议。1963 年成立的 CAC 为其相关的委员会也提供建议，但此时并没有形成结构化的风险分析模式。

1986—1994 年举行的乌拉圭回合多边贸易谈判，最终形成了与食品密切相关的两个正式协定：《实施卫生与植物卫生措施协定》（Agreement on the Application of Sanitary and Phytosanitary Measures，SPS 协定）和《技术性贸易壁垒协定》（Agreement on Technical Barriers to Trade，TBT 协定）。SPS 协定的主要目标是在 WTO 各成员范围内保护人类和动物健康以及植物卫生状况。TBT 协定涉及 SPS 协定不包括的所有技术要求和标准，与 SPS 协定互为补充。在目前的国际食品贸易中，SPS 协定是保证食品安全的基础，其第五条指出：各成员应确保其卫生和植物卫生措施均采用有关国际组织制定的风险评估方法，根据本国的具体条件，对人、动物或植物的生命或健康进行风险评估后所制定。这里的"卫生和植物卫生措施"指用于保护成员领土内的人类或动物的生命或健康免受食品或饲料中的添加剂、污染物、毒素或病原微生物所致风险的任何措施。国际组织指的是 CAC。SPS 协定中食品安全"国际标准、指南和建议"指由 CAC 制定的食品添加剂、兽药、农药残留、污染物分析和抽样方法，卫生操作守则及指南。

1991 年，FAO、WHO 和关税及贸易总协定联合召开了食品标准、食品中的化学物与食品贸易会议。会议建议 CAC 及其专家咨询机构在制定决定时应基于适当的科学原则并遵循风险评估的决定。同年，CAC 第 19 次大会同意采纳上述建议。1993 年，CAC 第 20 次大会针对有关"CAC 及其下属和专家咨询机构实施风险评估的程序"的议题进行了讨论，提出在 CAC 框架下各分委员会及其专家咨询机构应在各自的化学物安全性评估中采纳风险分析的方法。1994 年，第 41 届 CAC 执行委员会会议建议 FAO 与 WHO 就风险分析问题联合召开会议。

1995 年的 FAO/WHO 联合专家咨询会议形成了《风险分析在食品标准问题上的应用》报告。此次会议是国际食品安全评价领域发展的一个里程碑。该报告根据 SPS 协定中的基本精神，对相关的术语进行了重新界定。报告认为风险分析应当包括风险评估、风险管理和风险交流三个部分，同时对风险评估的方法、风险评估过程中的不确定性和变异性进行了讨论。同年，CAC 要求下属所有相关的食品法典分委员会对该报告进行研究，并将风险分析的概念应用到具体的工作程序中。1997 年的 FAO/WHO 联合专家咨询会议形成了《风险管理和食品安全》报告。该报告规定了风险管理的框架和基本原理。1998 年的 FAO/WHO 联合专家咨询会议提交了《风险交流在食品标准和安全事务中的应用》报告，对风险交流的要素和原则进行了规定，同时对有效风险交流的障碍和策略进行了讨论。至此，食品安全风险分析原理的基本理论框架已经形成。

2003 年，CAC 在食品法典体系中采用了由国际食品法典通用原则委员会建立的风险分析工作准则，同时要求相关的法典委员会在其具体领域制定风险分析特定原则及指南。在 CAC 的程序手册中有专门的章节介绍风险分析相关内容。FAO 和 WHO 于 2006 年出版了《食品安全风险分析国家食品安全管理机构应用指南》，全面介绍了由风险管理、风险评估和风险交流三个部分组成的食品安全风险分析框架，以指导各国中央政府层面的食品安全官员在本国食品安全体系内应用风险分析。

我国食品安全风险分析起步较晚。2009年颁布的《食品安全法》中规定"国家要建立食品安全风险评估制度"等条款，推动了我国的风险评估工作。2009年底国家卫生部牵头成立了国家食品安全风险评估专家委员会及其秘书处，制定了年度工作计划和一系列工作制度。2009年5月发布了GB/T 23811—2009《食品安全风险分析工作原则》，2010年颁布了《食品安全风险评估管理规定（试行）》。同年国家食品安全风险评估专家委员会发布《食品安全风险评估工作指南》。2015年修订的《食品安全法》中进一步强调了风险分析框架，在具体条款的修改中全面体现了风险监测、风险评估、风险管理和风险交流，基本上与国际接轨。

2021年4月修订的《食品安全法》在第二章食品安全风险监测和评估中的第十七条规定：国家建立食品安全风险评估制度，运用科学方法，根据食品安全风险监测信息、科学数据以及有关信息，对食品、食品添加剂、食品相关产品中生物性、化学性和物理性危害因素进行风险评估。2021年11月4日，国家卫生健康委员会修订并印发了《食品安全风险评估管理规定》，以规范食品安全风险评估工作，有效发挥风险评估对风险管理和风险交流的支持作用。

二、食品安全风险分析的框架

（一）食品安全风险分析中的基本概念

我国现行的 GB/T 23811—2009《食品安全风险分析工作原则》是参考《食品法典委员会程序手册》（第十七版，2008）制定的，下列术语的定义均参照 GB/T 23811—2009《食品安全风险分析工作原则》。

食品安全风险
分析的框架

危害指食品中所含有的对健康有潜在不良影响的生物、化学或物理因素或食品存在的状态。

风险指食品中危害产生某种不良健康影响的可能性和该影响的严重性。

风险评估是以科学为依据，由危害识别、危害特征描述、暴露评估以及风险特征描述四个步骤组成的过程。

风险管理指与各利益相关方磋商后，权衡各种政策方案，考虑风险评估结果和其他保护消费者健康、促进公平贸易有关的因素，并在必要时选择适当预防和控制方案的过程。

风险交流是在风险分析全过程中，风险评估者、风险管理者、消费者、产业界、学术界和其他利益相关方对风险、风险相关因素和风险感知的信息和看法，包括对风险评估结果解释和风险管理决策依据进行的互动式沟通。

风险分析是由风险评估、风险管理和风险交流三部分组成的过程。

危害识别指对某种食品中可能产生不良健康影响的生物、化学和物理因素的确定。

危害特征描述是对食品中生物、化学和物理因素所产生的不良健康影响进行定性和（或）定量分析。

暴露评估指对食用食品时可能摄入生物、化学和物理因素和其他来源的暴露所作的定性和（或）定量评估。

风险特征描述是根据危害识别、危害特征描述和暴露评估结果，对产生不良健康影响的可能性与特定人群中已发生或可能发生不良健康影响的严重性进行定性和（或）定量估计及估计不确定性的描述。

（二）食品安全风险分析的理论框架

食品安全风险分析基于"从农田到餐桌"的全过程控制理念，着重于事前的预防、预警和过程控制，通过对不同危害进行风险评估，制定相应的管理措施，把食品链的风险控制在一个可接受的水平。

《食品安全风险分析工作原则》的一般要求包括六个方面。第一，风险分析应包括风险评估、风险管理和风险交流，三个部分密切相关、不可分割。第二，风险分析应完整、全面、准确；公开、透明并予以记录；根据最新科学数据适时评价和审查。第三，在整个风险分析过程中应确保所有利益相关方的有效交流和协商。第四，风险评估和风险管理应在职能上分离，从而确保风险评估的完整性，避免风险评估者和风险管理者职能的混淆，减少任何利益冲突。第五，当有证据显示食品中存在影响人体健康的风险，但科学研究数据不充分或不全面时，不应着手制定限量标准，应考虑制定指导性技术文件。第六，审慎是风险分析固有的原则。在对食品引起的人体健康危害进行风险评估和风险管理时，常常存在很多不确定因素，在风险分析中应明确考虑现有科学资料存在的不确定性和差异性。如果有足够的科学证据允许制定标准或指导性技术文件，风险评估使用的假设和所挑选的风险管理备选方案应反映不确定性程度和危害的特性。

风险评估是指对人体因接触食源性危害而对健康产生的已知或潜在的不良影响的科学评估，是一种系统地组织科学技术信息及不确定性信息，来回答关于健康风险的具体问题的评估方法。风险评估一般包括危害识别、危害特征描述、暴露评估和风险特征描述四个步骤。风险评估应明确其范围和目的，并与风险评估政策相符。风险评估结果的形式及可能的替代结果也应予以明确。挑选风险评估的专家的方式应当透明，重视其专业知识、经验和独立性。专家的挑选程序应予以记录，包括公开声明任何可能的利益冲突。公开声明还应确定和详细说明专家的专业知识、经验和独立性。风险评估应以所有现有科学数据为基础。应尽最大可能利用所获得的定量信息，同时也可利用定性信息。进行风险评估还应获取和整合来自各地的相关数据，尤其包括流行病学监测数据、分析和暴露数据、媒体报道、投诉及国外预警等。风险特征描述应易懂和实用。风险评估应考虑整个食品链中所使用的生产、贮存和处理工艺（包括传统工艺），以及分析、取样和检验方法，也应考虑特定的不良健康影响的普遍性。在风险评估的每个步骤中应考虑对风险评估产生影响的制约因素、不确定性和假设，并以透明的方式加以记录。风险评估中对不确定性和可变性的表达可以是定性或定量的，但应尽可能科学量化。根据切合实际的暴露情形，风险评估应考虑风险评估政策确定的不同情形；应考虑易感和高风险人群，也应考虑相关的急性、慢性（包括长期）危害以及累计（或合计）的不良健康影响。风险评估报告应指出所有制约因素、不确定性和假设及其对风险评估的影响，还应记录少数人的不同意见。消除不确定性对风险管理决策影响的责任在于风险管理者，而不在于风险评估者。如果风险评估结果中能对风险做出数量估计，应以通俗易懂、实用的方式提交风险管理者和其他风险评估者及利益相关方，以便他们能对这些评估进行审查。

风险管理是指依据风险评估的结果，权衡管理决策方案，并在必要时，选择并实施适当的管理措施（包括制定规则），尽可能有效地控制食品风险，从而保障公众健康的过程。食品风险分析的双重目的是保护消费者健康和确保食品贸易的公平性，但风险管理中所做出的决策和建议应将保护消费者的健康作为首要目标。在处理不同情形下的类似风险时，如无正当理由，应避免消费者的健康保护程度出现差别。

风险管理应包括初步风险管理活动，对风险管理备选方案的评估，以及对做出的决策进行监测和评审。这些决策应以风险评估为基础，并适当考虑与保护消费者健康以及促进公平食品贸易相关的其他合法因素。风险管理者应遵循食品安全风险分析的一般指导原则，在就现有的风险管理备选方案提出最终建议或决策之前，尤其是在制定标准或最大限量时，需确保风险评估结果已提交。在取得一致结果的过程中，风险管理应考虑整个食品链中使用的相关生产、贮存和处理工艺（包括传统工艺），分析、取样和检验方法，执法和遵守的可行性，以及特定不良健康影响的普遍性。

风险管理过程应透明、协调一致和详细记录。风险管理方面的决策和建议都应予以记录，条件具备时在各项食品标准和指导性技术文件中明确规定，从而促进所有利益相关方更广泛地认识风险管理过程。初步风险管理活动和风险评估结果应与现有风险管理备选方案的评估相结合，以便对该风险的管理作出决策。对风险管理备选方案进行评估应根据风险分析的范围、目的及方案对消费者健康的保护程度，同时也应考虑不采取任何行动的情况。为了避免贸易壁垒，应确保风险管理决策过程的透明性和一致性。对所有风险管理备选方案的评估应尽可能考虑其潜在的利弊。在对同样能够有效保护消费者健康的不同风险管理方案中作出选择时，应考虑这些措施对食品贸易所产生的潜在影响，并避免选择产生不必要贸易限制的措施。风险管理应考虑风险管理备选方案的经济性及可行性。在制定标准、准则和提出其他建议时，风险管理还应考虑替代性备选方案的必要性，所有方案在保护消费者健康的程度方面是一致的。

风险管理应是一个持续的过程。在对风险管理决策进行评估和审查时，应考虑新收集的所有数据。应对食品标准和指导性技术文件进行定期审查，并在必要时予以更新，从而反映出最新的科学知识和与风险分析相关的其他信息。

风险交流是指在风险评估者、风险管理者、消费者和其他有关各方之间进行的，有关风险及与风险相关各因素的信息和观点的交流过程。风险交流应当做到：促进对风险分析所审议的特定问题的认识和理解；促进制定风险管理备选方案/建议的透明度和一致性；为理解提出的风险管理决策奠定合理的基础；提高风险分析的总体效益和效率；加强参与者之间的合作关系；促进公众对食品风险分析过程的认识，提高公众对食品供应安全性的信任和信心；促进所有利益相关方的适当参与；促进利益相关方对食品风险信息的交换。

风险分析应包括风险评估者（专家组织和咨询机构）和风险管理者之间的明确、相互联系和记录的交流，以及在这一过程中所有利益相关方之间的相互交流。风险交流不只是信息的传递，其主要作用应是确保将有效风险管理需要的所有信息和意见纳入整个决策过程。

风险交流应明确说明风险评估政策、风险评估及其不确定性。还应明确解释标准或指导性技术文件的必要性、制定程序及对不确定性的处理。风险交流应说明所有制约因素、不确定性和假设及其对风险分析的影响，以及风险评估过程中少数人的意见。

在风险分析的三个组成部分中，风险交流往往易被忽视。在实际运行时，风险管理者和风险评估者经常处于一个相对封闭的过程中，且他们往往认为风险分析过程主要由政府管理者和专家来完成，其他利益相关方和普通大众则较少参与。因此，风险交流的目的就是要在整个风险分析的过程中，通过互动式、双向的风险信息的交流和互换，以保证各个利益相关方都能参与到风险管理和风险评估的过程中，提高大众对风险管理决策的知情权和参与权。

思政案例：陈君石院士的食品安全之路

在我国，陈君石院士是食品安全标准领域当之无愧的元老级人物，他从事食品安全标准的研究和制定四十多年，从创立我国食品毒理学学科，到成为国内外享有盛誉的营养和食品安全专家；从牵头我国多项食品卫生标准的制定，到推动我国食品安全标准体系的形成、建设并走向国际化。他始终坚持食品标准应当以保障公众健康为宗旨，服务于政府管理和食品工业发展的原则，并将科研成果转化为改善人民营养状况和提高公众健康水平的政策和措施上。他终生致力于引领我国食品安全科技工作的创新与发展。

陈君石作为将食品安全风险分析理论引入中国食品安全监管的先行者和实践者，极力推动该理念作为制度纳入《食品安全法》。2009年，我国《食品安全法》中明确规定建立风险监测和风险评估制度，并规定食品安全标准等监管措施应以风险评估结果为依据。这一里程碑式的举措将国际上一贯遵循的风险预防理念以法律形式体现，经过多年的积累和实践，我国食品安全监管的科学化水平大幅提高。2000—2014年，陈君石作为我国国家食品安全标准审评委员会技术总师，遵循风险分析框架对我国近1000项食品安全标准进行了大幅度更新，确保标准各项指标科学、合理、切实可行，促进了我国食品工业的发展。陈君石作为JECFA委员，主动提供我国食品污染物数据，填补了发展中国家数据的空缺，使国际评估考虑了中国的情况。作为参加CAC食品添加剂和污染物法典委员会CCFAC的中国代表团发言人，其在食品标准领域的博学和经验得到FAO与WHO以及其他国家专家的认可和尊敬。2002年，陈君石代表中国首次担任了国际食品法典标准《控制树果中黄曲霉毒素污染生产规范》的牵头起草国，标志着中国开始真正有效地参与国际食品安全标准的制定工作。此后，又牵头承担了多项食品标准相关工作，推动了我国主动参与国际食品法典标准的制定工作，逐步提升我国在CAC的国际地位。2006年，在陈院士的积极沟通和推动下，我国成为国际食品添加剂法典委员会主持国，开辟了发展中国家主持国际食品法典通用委员会的先河。

在陈院士多年的努力和奉献下，我国在国际食品法典中的影响力不断增强，我国食品管理领域一批批中青年科技人才不断成长。陈君石院士充分展现了我国科研工作者的大国工匠精神，他心系食品安全发展，敬业奉献、服务人民，值得我们每一个人学习。

第二节　食品安全风险评估

风险评估的过程分为四个步骤：危害识别、危害特征描述、暴露评估及风险特征描述。根据这些步骤获得的综合信息，以及根据有害事件发生的可能性和后果的严重性来估计健康和安全的风险情况。

一、风险评估的目标、特征与作用

（一）风险评估的目标

风险评估的主要目标有两个，一个是量化某人群消费某产品的风险。如果资料充足，根据消费时的污染率和污染水平、消费量（就餐量和就餐频率）以及适当的剂量-反应关系，确定因暴露导致的公共卫生结局的风险。另一个是确定可降低健康风险的策略和行动。一般需要通过建立模型来模拟食品的生产、加工和处理，以及"从农田到餐桌"食物链中发生的变化。随后，可能需要确定对食品安全来讲非常重要的食品生产步骤，对这些步骤采取控制或干预措施后能最大程度地降低食源性疾病风险。

（二）风险评估的特征

1. 客观、透明、资料完整，并可供独立评审

一项风险评估应该是客观且无偏见的，不应让非科学的观点或价值判断（经济、政治、法律或环境因素）影响评估结果。风险评估者应该深入了解任何判断所依据的科学资料是否充分。风险评估工作从启动到执行，再到完成应是共同参与的过程。风险管理者和其他利益相关方都应当能通过报告正确理解风险评估的过程。风险评估的透明度尤其重要，在记录该过程时，风险管理者应描述所基于的科学原理，指出所有可能影响风险评估执行或结果的偏倚，简洁明了地确定所有科学的投入，清晰地陈述所有假设，要为普通大众提供一份说明性摘要，以及在可能的情况下使公众能够评议风险评估。

2. 风险评估和风险管理的职能应分别执行

一般情况下，风险评估和风险管理的职能应该分别执行，这样才能使科学独立于法规政策和价值标准之外。但实际上，明确风险评估者、风险管理者和风险交流参与者的职能权限非常困难。有的国家因为资源和人力有限，有人同时承担风险评估者和风险管理者的双重角色。在由他们进行风险评估时，要想实现职责分离，必须要有适宜条件保证在开展风险评估时不受风险管理的干扰。

3. 风险评估者和风险管理者应保持互动交流

在风险评估时，虽然需要将风险评估和风险管理的职责分离，但对于风险分析的有效性来说，双方又必须持续进行互动。风险评估者和风险管理者之间的交流是该过程中的关键要素。

4. 遵循结构化和系统性的程序

按照CAC的描述，风险评估过程一般由四个步骤组成，绝大多数危害因素在风险评估时都应遵循相应的典型流程和系统性程序。不同国家也在食品安全风险管理框架和指南中作出了相应的要求。

5. 以科学数据为基础，考虑整个食品供应链

风险评估的一个主要原则是充分依据科学数据。数据必须来源合理，且应优质、详细、具有代表性、经过系统地整理。当委托开展一项风险评估时，完成该任务所需的数据常常不能满足要求。但可以从很多国内和国际渠道获得支持风险评估的科学信息，包括：已发表的科学研究，为弥补数据缺失开展的专项研究，行业内未公开发表的研究或调查，国家食品监测数据，居民健康监测和实验室诊断数据，疾病暴发调查，国家食品消费调查，其他政府开展的风险评估，国际食品安全数据库等。

当数据缺乏时，可参考专家意见来解决重要和不确定性问题。专家可能不习惯向他人描述

自己掌握的内容以及获取知识的途径，但信息诱导技术能挖掘出专家的知识，使得尽可能多的证据能够支持专家意见。常用的方法有访谈法、德尔菲法、调查和问卷调查法等。

6. 明确记录不确定性及其来源和影响

定量风险评估所需的权威数据经常不够充分，甚至有时候用来描述风险形成过程的生物学或其他模型本身就具有明显的不确定性。风险评估中常利用一系列的可能数值来解决现有科学信息的不确定性问题。变异性是一个观察值和下一个观察值不同的现象。不确定性是未知性，原因可能是现有数据的不足，或对所涉及的生物学现象不够了解。风险评估者必须确保风险管理者了解现有数据的局限性对风险评估结果造成的影响。风险评估者应清晰地描述风险评估中的不确定性及其来源。风险评估还应描述默认的假设如何影响结果的不确定性。

7. 必要时应进行同行评议、审议和更新

同行评议可加强风险评估的透明度，并能深入探讨与某个特定食品安全问题有关的更广泛的科学观点。当出现新的信息或需要新的资料时，应该对风险评估进行审议和更新。在采用新的科学方法时，外部评议尤为重要。公开比较采用不同的公认科学资料和其他判断的同类风险评估结果，可形成有益的见解。

但在某些情况下，一项具体的风险评估过程操作起来相对简单直接，此时风险评估的一般特征则可能有很大变化。例如，有时政府食品安全机构的专家可能不需要组建多学科的风险评估队伍，就能快速高效地完成一项完整的风险评估。

（三）风险评估的作用

风险评估可以客观评价各种有争议或高成本的风险管理措施。实施食品安全风险管理的成本包括酝酿、制定和实施措施的费用。食品工业界为了遵守食品安全管理规定需要投入更多资金。例如，管理者规定"不得检出致病菌"，企业执行此标准时要使用灭菌包装就需投入更多成本，而管理者也要投入人力和物力监管标准的实施情况。另外，还需要通过对致病菌进行风险评估，利用科学的数据和证据评价风险管理措施，并验证其合理性。

通过风险评估能够形成一整套可有效保障食品安全的措施，达到保护消费者的目的。风险评估关注的是整个食品供应链，即从生产、加工、流通到消费的每一个阶段，而不仅仅是关注终端食品的安全，这有助于制订从生产到消费的食品安全计划。通过风险评估可以确定危害的风险级别，依据其风险级别制定执行标准能够充分利用社会资源，节约执行成本。因此，风险评估有助于制定基于风险级别的执行标准。风险评估从生物性、化学性和物理性危害的角度，科学评估可能对人体健康造成不良影响的因素，有助于权衡界定不同危害物产生的风险因子。因此，风险评估有助于权衡不同危害因子产生的风险关系。由于食品具有品种多样和物性复杂等特点，通过风险评估将所得数据进行综合分析，得到的评估结果不仅可以作为食品安全技术和措施的依据，还可作为不同来源数据和食品安全需求与食品安全措施之间的桥梁。因此，在制定食品安全措施时，风险评估使不同来源的数据和食品安全需求具有等价性。

风险评估可以科学地证明高于 CAC 标准的进口要求的合理性。我国部分国家标准在污染物种类、具体食品种类和限量值等方面存在高于 CAC 标准的情形。例如，GB 2762—2022《食品安全国家标准　食品中污染物限量》中对大米重金属镉的标准为 $0.2mg/kg$，而 CAC 标准为 $0.4mg/kg$。这是因为根据我国的居民膳食结构，大米是膳食镉的主要来源，平均贡献了总膳食摄入量的 55.8%，其次是小麦粉和蔬菜，分别贡献了 11.8% 和 10.5%。控制大米中的镉含量能控制一半的膳食镉暴露量，所以我国大米镉的限量严于 CAC 标准和部分国家的规定。可见，风险评估能够更加科学地证明这些食品安全标准制定的合理性。

风险评估可以确定并抓住科学研究和数据收集需求的重点。风险评估是建立在大量的流行病学和食品毒理学研究基础上的，为了满足风险评估对数据和信息的需求，必须持续、可靠地进行数据采集和供给，及时进行信息和数据的补充和更新，才能充分支撑风险分析的数据需求。

风险评估是与所有相关方交流风险管理决策的科学依据。风险管理决策制定的结果体现在标准的制定上。从国内相关方针对大米镉限量的争论可见，制定合理的大米镉限量标准需要考虑诸多方面的因素，包括：人体镉摄入量的健康指导值，当前人群的暴露风险，我国人群的膳食结构，经济和贸易壁垒因素以及我国当前的土壤环境状况和社会经济因素。这些都需要科学的风险评估结果提供依据。

二、风险评估的分类

风险评估从类型上可分为危害评估、定性风险评估、定量风险评估；从对象上可分为化学危害物风险评估和微生物风险评估。

（一）危害评估

危害评估是指危害物引起不良影响的可能性，包括历史上危害物引起不良影响的证据及该危害物发生暴露的可能性。危害评估的局限性在于不能度量风险的大小，缺少信息、假设与人类健康风险之间的联系，没有考虑风险的概率（可能性），可能存在较强的主观性，逻辑关系不够清晰和透明，不能与其他风险问题进行比较。

（二）定性风险评估

定性风险评估是依靠先例、经验进行的主观估计和判断，可为决策者提供关于风险的定性判定。对风险发生的概率或频率（可能性），可描述为频繁、经常、偶尔、很少、不可能；对风险评估的结论（严重性），可描述为灾难性的、严重的、中等程度的、可忽略的。

（三）定量风险评估

定量风险评估是指通过对暴露水平和剂量-反应关系的量化表达，对风险问题进行量化评价，其目标是建立一个数学模型来阐明危险因素对健康造成不良影响的概率。定量风险评估有点评估、简单分布评估和概率评估三种类型。

三、风险评估的步骤

食品安全风险评估可分为两个部分，第一部分是确定所要评估的危害，即确定评估的对象（如某种动物、植物、微生物、化学污染物、毒素等），解决何种危害及其存在载体的问题；第二部分是评估风险，也就是确定危害发生概率及其严重程度的函数关系，是真正意义上的风险评估。

风险评估的步骤

（一）危害识别

危害识别是食品安全风险评估的第一个步骤，是食品安全风险评估的基础和起点。食品安全危害是指潜在损害或危及食品安全和质量的因子或因素，包括生物、化学以及物理性的危害，能对人体健康和生命安全造成危险。一旦食品含有这些危害因素或者受到这些危害因素的污染，就会成为具有潜在危害的食品，尤其指可能发生微生物性危害的食品。

由于危害因素的种类繁多，在启动食品安全风险评估程序前，首先要经过筛选，以确定需要评估或优先评估的危害因素。根据国家卫生健康委员会 2021 年印发的《食品安全风险评估管理规定》，有下列情形需要开展风险评估的，可列入国家食品安全风险评估计划：通过食品安全风险监测或者接到举报发现食品、食品添加剂、食品相关产品可能存在安全隐患的；为制定或者修订食品安全国家标准的；为确定监督管理的重点领域、重点品种需要进行风险评估的；发现新的可能危害食品安全因素的；需要判断某一因素是否构成食品安全隐患的；国家卫生健康委员会认为需要进行风险评估的其他情形。

危害识别步骤的结果可以回答该食品是否会产生危害，有何证据，危害的程度和水平等问题。

1. 危害识别的主要作用

用以澄清一种人类健康问题或环境问题，以帮助制定风险管理的策略和方案；用以确定产品危害方面的标识；用以将产品划分到合适的种类或群组，便于进一步测试和评估。

2. 危害识别的主要内容

识别危害物的性质，并确定其所带来危害的性质和种类等。确定这种危害对人体的影响结果。检查对所关注危害物的检验和测试程序是否适合、有效。确定什么是显著危害。

3. 危害识别的主要方法

不同类型的危害因素在进行危害识别时的顺序以及侧重点有所不同。化学性危害识别主要是确定物质的毒性，可能需要鉴定这种物质所导致的不良后果的固有性质。化学性危害通常按照流行病学研究、毒理学研究、体外试验和定量的结构-活性关系的顺序进行研究。生物性危害识别主要是确定病原体及病原体所致疾病的症状、严重程度和持续性等，疾病的传染性、传播媒介、发病率、死亡率、易感人群，该病原体自然条件下的存在状态及其适应的环境。物理性因素的危害识别比化学性和生物性危害的识别容易，主要是了解和控制食品原料、食品加工过程中物理性掺杂物可能产生的潜在危险因素。

（1）**化学表征** 在进行危害因素识别时，首先要了解这些危害物的理化性质，因此需要对其进行表征。考虑到其在食品安全风险评估时所需的信息，化学表征起着关键性的作用，是较为常用的手段。因为在进行危害物调查、分析和鉴别时，常需要以化学物质的定性和定量数据作为依据。与食品安全相关的化学物质主要包括农药残留、兽药残留、污染物和食品添加剂等。在进行化学表征时，需要利用紫外、红外、核磁、透射和扫描电镜、X 射线衍射等方法，获取化学物质的名称、结构、组分（包括同分异构体）、理化性质（如分子式、分子质量、密度、熔点、溶解度等）和实验室分析方法等。

（2）**流行病学研究** 流行病学是研究特定人群中疾病、健康状况的分布及其决定因素，并研究防治疾病及促进健康的策略和措施的科学。目前流行病学广泛用于健康相关事件的研究，在食品安全领域用来研究特定人群中不良健康影响发生频率和分布状况与特定食源性危害之间的联系。流行病学调查和研究得到的是人体毒性资料，对于农药残留、兽药残留、污染物和食品添加剂的危害识别十分重要，是危害识别中最有价值的资料。

流行病学研究的阳性结果应当用于风险评估。在危害识别及其他步骤中应当充分利用从临床研究中获得数据，但一般难以获得大多数化学物质的临床和流行病学资料。由于大部分流行病学研究的统计学力度不足以发现人群中低暴露水平的作用，在风险评估中难以使用阴性研究结果进行解释。因此，风险管理决策不应过于依赖流行病学研究。

（3）**毒理学研究** 毒理学是一门研究外源因素（化学、物理、生物因素）对生物系统的有害作用的应用学科，其通过研究化学物质对生物体的毒性反应、严重程度、发生频率和毒性作用机制，对毒性作用进行定性和定量评价，从而预测其对人体和生态环境的危害，为确定安全限值和采取防治措施提供科学依据。

由于流行病学研究的费用昂贵，资料往往难以获得；与体外试验相比，动物试验能提供更为全面的毒理学数据，因此危害识别中绝大多数毒理学资料来自动物试验。动物试验可以提供以下几个方面的信息：毒物的吸收、分布、代谢、排泄情况；确定毒性效应指标、阈值剂量或未观察到有害作用剂量（no observed adverse effect level，NOAEL）等；探讨毒性作用机制及其影响因素；化学物质的相互作用；代谢途径、活性代谢物以及参与代谢的酶等；慢性毒性发生的可能性及其靶器官。

世界各国对动物试验和试验设计都出台了相关的标准要求，我国于 2015 年 5 月 1 日实施 GB 15193.1—2014《食品安全国家标准　食品安全性毒理学评价程序》。常用于危害识别的动物试验主要包括急性毒性试验、重复给药毒性试验、生殖发育毒性试验、遗传毒性试验、致癌试验等。

动物试验初期研究物质的吸收、分布、代谢和排泄（absorption，distribution，metabolism，excretion，ADME），有助于选择合适的实验动物种属和毒理学试验剂量。评估应当考虑化学危害物的特性和代谢物的毒性。基于上述考虑，应研究化学危害物的生物利用率（原型化学物、代谢产物的生物利用率），包括组织通过特定的膜吸收（如肠道等消化道的吸收）剂量、体内循环剂量和靶剂量等，这对于化学危害物的评估非常重要。受试动物和人在 ADME 方面的任何定性或定量差异，可能会为识别暴露造成的危害提供重要信息。

急性经口毒性试验是检测和评价受试物毒性作用最基本的一项试验，即经口一次性或 24h 内多次给予受试物后，在短期内观察动物产生的毒性反应，包括中毒体征和死亡。该试验可提供在短期内经口接触受试物产生的健康危害信息，作为急性毒性分级的依据，为进一步毒性试验提供剂量选择和观察指标的依据，初步估测毒作用的靶器官和可能的毒作用机制。实际上动物的急性毒性试验结果对食物中化学物质的危害识别作用不大。因为一般情况下，人的实际暴露量远低于引起急性毒性的剂量，且暴露持续的时间较长。但当急性毒性是主要健康损害作用时，急性毒性试验可直接用于食物中化学物质的危害识别。

重复给药毒性试验的主要目的是检测人或实验动物每天接触食品中化学物质或食物成分，经 1 个月或更长时间出现的体内效应。我国重复给药毒性研究的标准包括 GB 15193.22—2014《食品安全国家标准　28 天经口毒性试验》和 GB 15193.13—2015《食品安全国家标准　90 天经口毒性试验》。重复给药毒性试验设计不仅要求识别潜在的毒性危害，还要确定靶器官的剂量–反应关系，从而确定毒作用的性质和程度。重复给药毒性试验作为危害识别的核心试验具有重要的意义，为危害识别提供大量实验数据。这些数据不仅与组织和器官损伤有关，还与生理功能和器官系统功能的细微变化有关。

生殖毒性指对雄性和雌性生殖功能或能力的损害和对后代的有害影响。发育毒性是个体在出生前暴露于受试物，发育成为成体之前出现的有害作用，表现为发育生物体的结构异常、生长改变、功能缺陷和死亡。GB 15193.25—2014《食品安全国家标准　生殖发育毒性试验》中包括三代（F_0、F_1 和 F_2 代）。F_0 代和 F_1 代给予受试物，观察生殖毒性，F_2 代观察功能发育毒性。为更好地涵盖与内分泌干扰作用相关的终点指标，可适当修改现行的生殖和发育毒性试验程序，某些食物化学物质还需要进一步检测和重新评估。

遗传性危害的初步检测一般不采用动物试验，通常可以通过体外试验获得检测结果。如果体外致突变试验结果为阳性，则需要做进一步的体内试验来确定这种突变活性在整体动物中是否有所表现。当体外致突变谱和结构活性资料足以说明其体内活性时，可不必进行体内试验。我国食品安全国家标准 GB 15193 系列中的遗传毒性相关试验包括：细菌回复突变试验、微核试验、染色体畸变试验、啮齿类动物显性致死试验、DNA 损伤修复试验、果蝇伴性隐性致死试验、体外哺乳类细胞 HGPRT 基因和 TK 基因突变试验等。

致癌性是指实验动物长期重复给予受试物所引起的肿瘤（良性和恶性）病变发生。通过致癌试验确定在实验动物的大部分生命期间，经口重复给予受试物引起的致癌效应，了解肿瘤发生率、靶器官、肿瘤性质、肿瘤发生时间和每只动物肿瘤发生数，为预测人群接触该受试物的致癌作用以及最终评定该受试物能否应用于食品提供依据。

近年来，分子生物学、体外细胞组织器官培养等技术的突飞猛进为开展体外试验提供了技术支撑；同时动物福利保障遵循的 3R 原则（减少、优化和替代）促进了替代试验的发展和试验设计的优化。体外试验方法简单、快速、经济，试验条件易于控制、误差较少，利用人体细胞组织进行体外试验较好地解决了物种差异问题，操作过程易于标准化、自动化和仪器化，常常用于毒性筛选，提供更全面的毒理学资料，也用于局部组织或靶器官的特异毒效应研究。但体外试验也有其难以克服的缺点，如难以精确地模拟反映外源物在体内的生物转运和生物转化过程，也无法得到毒效学和毒性动力学的资料；难以预测慢性毒性；难以长期维持生理状态。因此，体内试验仍是食品毒理学评价不可替代、不可或缺的重要内容。

（4）结构-活性关系　结构-活性关系的研究对于提高人类健康危害识别的可靠性起到了一定作用。很多化合物的结构相似，其产生毒性作用的结构也一致（如多环芳烃、多氯联苯和二噁英）。在同一级别的一种或多种物质有足够的毒理学数据时，可以采用毒物当量预测人类暴露在同一级别其他化合物下的健康状况。许多试验结果表明，致癌作用确实与化学物质的结构种类有关，将化学危害物的物理化学特性与已知致癌性（致病性）的化学物质进行比较，就可得知此危害物的潜在致癌性（致病性）。

（5）食源性疾病监测　大部分食源性疾病的临床表现为急性肠胃炎，但引起急性肠胃炎的食源性病原体有很多，不同致病因素引起的食源性疾病严重程度也不同。据 WHO 报道，全球每年发生腹泻病的病例数高达 1.5 亿，其中 70% 的病例与各种致病菌污染的食品有关。由于食品中的生物性污染无论在发达国家还是发展中国家都是影响食品安全最主要的因素，WHO 呼吁各个国家和各级组织机构共同参与加强建立食源性疾病监测系统。

疾病暴发监测是食源性疾病监测的基本形式，即通过哨点医院或疾病预防控制部门，对发病人数在 2 人及以上或死亡 1 人及以上的食源性疾病进行监测并上报。将一段时间内事件暴发的地区、时间、场所、致病食品、致病因素和污染环节进行描述性分析总结，形成初步的食源性疾病分布特征报告。这有利于指导国家食品安全政策和进行食品安全预警。

我国于 2001 年开始建立食源性疾病监测网，2010 年全面启动食源性疾病监测工作。为进一步规范卫生健康系统食源性疾病监测报告工作，根据《食品安全法》第十四条、第一百零三条、第一百零四条等规定，国家卫生健康委员会于 2019 年 10 月 17 日印发了《食源性疾病监测报告工作规范（试行）》，该规范已于 2020 年 1 月 1 日起施行。

（6）食品中污染物监测　1976 年，由世界卫生组织/联合国粮农组织/联合国环境规划署共同成立了全球污染物监测规划食品项目（Joint UNEP/FAO/WHO Food Contamination and Monitoring Programme，GEMS/Food）体系，旨在掌握各成员方食品污染状况，了解食品污染物的摄入量，保护人体健康和促进贸易发展。我国于 20 世纪 80 年代末加入 GEMS/Food 体系，在全国各地陆续开展了污染物监测工作，并从 2001 年起全面开展食品污染物监测工作。根据《食品安全法》的有关规定，国内 2010 年首次在全国范围内进行大范围的食品化学污染物安全风险监测工作，监测的主要内容有重金属、各种食品添加剂及在食品生产、加工及包装等环节所带来的各种污染物等。不同省、市应按照《国家食品安全风险监测计划》的要求制定相应的食品安全风险质量控制方案，遵循食品风险监测过程的系统性及联系性，实现全范围的食品安全监测，从食品的种养殖、生产、加工、销售到餐桌等各环节，进行全面、细致的监控。

4. 微生物致病因子的危害识别

对于微生物致病因子，危害识别的目的是识别与食物有关的微生物或微生物毒素。危害识别主要是定性过程，可以从相关的数据源识别危害。危害的相关信息可以来自科学文献，食品行业、政府机构和相关国际组织等的数据库，也可以通过征求专家的意见获得。相关信息包括：临床研究、流行病学研究和监测、实验室的动物研究、微生物特征调查、从初级生产到消费的整个食物链上微生物与环境之间的相互作用等。进行危害识别时，收集以上资料还应包括审核以前的风险评价和风险评估，研究国际上相关的暴发数据，收集流行病学统计结果等，并充分考虑国内的情况。

对于生物性危害来说，危害识别应该在总结可获得的相关流行病学和动物试验信息的基础上，对相关危害物所产生的不良健康影响、危害物的自身性质及可能含有该危害物的食品三个方面的因素进行识别，并提供相关的定性信息。就危害物所产生的不良健康影响来说，需提供的信息主要包括：疾病的症状、严重程度、持续性，疾病的传染性、传播媒介，疾病的发病率及病死率，疾病的特殊易感人群等。就危害物的自身性质来说，需提供的信息主要包括：是化学性还是生物性的危害，该危害物在自然条件下的存在状态，该危害物所适应（或可能被消除）的环境等。就可能含有该危害物的食品来说，需提供的信息主要包括：可能被该危害物污染的食品种类，食品加工过程中是否有控制该相关危害物的措施，食品加工过程中是否存在交叉污染的可能性等。

5. 危害识别的不确定性

危害识别过程中存在以下三个与不确定性和变异性密切相关的问题。

（1）分类错误 即确定一种因素是危害，但实际上该因素不是危害，反之亦然。

（2）筛查方法的可靠程度 包括恰当地确定一个危害及其检测方法的重复性两个方面。

（3）外推问题 由试验结果外推预测对人体的危害时存在一定的不确定性。

（二）危害特征描述

危害识别确定危害因子后，风险评估的第二步是危害特征描述。风险评估中的危害识别和危害特征描述常会出现交叉的情况，其主要区别在于危害特征描述中通常要进行详细的剂量-反应评估。剂量-反应评估是指在风险评估中，用数学关系描述人类摄入微生物病原体的数量、有毒化学物剂量或其他危害物的量与发生不良健康反应的可能性之间的关系。

通过剂量-反应模型分析，不仅可获得健康指导值，还可结合暴露评估对这些物质的暴露边界值（margin of exposure，MOE）进行估计，并能对特定暴露水平下的风险/健康效应进行量化。剂量-反应关系评估是描述暴露于特定危害物时造成的可能危险性的前提，同时也是安全性评价以及建立指南/标准系统的起点。只有充分了解某种物质的剂量-反应曲线，才能预测暴露于已知或预期剂量水平时的危险性，确定降低影响健康风险水平的策略和措施。

1. 危害特征描述的一般步骤

危害特征描述的一般步骤包括：对不良健康影响进行剂量–反应评估；易感人群的鉴定及其与普通人群的异同点比较；分析不良健康影响的作用模式和（或）机制的特性；不同物种间的推断，即由高到低的剂量–反应外推。

2. 食品中化学性危害的危害特征描述

（1）健康指导值　GB 15193 . 18—2015《食品安全国家标准　健康指导值》中规定，健康指导值是指人类在一定时期内（终生或24h）摄入某种（或某些）物质，而不产生可检测到的对健康产生危害的安全限值，包括日容许摄入量、耐受摄入量、急性参考剂量等。

日容许摄入量（acceptable daily intake，ADI）是指人类终生每日摄入正常使用的某化学物质（如食品添加剂），不产生可检测到的对健康产生危害的量，以每千克体重可摄入的量表示，即 mg/kg 体重。ADI 适用于食品添加剂、食品中农药和兽药残留。目前世界各国的相关评估机构均采用 ADI 对食品和饮用水中的化学物质进行安全性评价。

耐受摄入量（tolerable intake，TI）是指人类在一段时间内或终生暴露于某化学物质，不产生可检测到的对健康产生危害的量，以每千克体重可摄入的量表示，即 mg/kg 体重，包括日耐受摄入量、暂定最大日耐受摄入量、暂定每周耐受摄入量和暂定每月耐受摄入量。

日耐受摄入量（tlerable daily intake，TDI）类似于 ADI，适用于那些不是故意添加的物质，如食品中的污染物。暂定最大日耐受摄入量（provisional maximum tolerable daily intake，PMTDI）适用于无蓄积作用的食品污染物，由于污染物在食品和饮用水中天然存在，因此该值代表人类允许暴露的水平。因为通常缺乏人类低剂量暴露的实验结果，因此，耐受摄入量一般被称为"暂定"，新的数据有可能会改变这个暂定的耐受摄入量。暂定每周耐受摄入量（provisional tolerable weekly intake，PTWI）适用于有蓄积作用的食品污染物（如重金属），其值代表人类暴露于这些不可避免的污染物时，每周允许的暴露量。暂定每月耐受摄入量（provisional tolerable monthly intake，PTMI）适用于有蓄积作用且在人体内有较长的半衰期的食品污染物，其值代表人类暴露于这些不可避免的污染物时，每月允许的暴露量。

急性参考剂量（acute reference dose，ARfD）是指人类在 24h 或更短的时间内摄入某化学物质（如农药），而不产生可检测到的对健康产生危害的量。JMPR 采用 ARfD 作为农药或具有急性毒性作用兽药的健康指导值。

（2）危害特征描述的主要方法　包括剂量–反应的外推、剂量的度量、遗传和非遗传毒性致癌物、阈值法、非阈值法等。

①剂量–反应的外推：剂量–反应关系是建立食品中化学物质安全性的基础。通过动物试验首先确定对靶器官的毒性及导致毒理反应的化学机制；其次估计 NOAEL，低于此剂量，无毒性作用发生。试验获得的 NOAEL 值除以合适的安全系数等于安全水平或 ADI，即 ADI＝NOAEL/安全系数。安全系数一般使用 100，其中 10 倍是调整人和动物间的物种差异，10 倍是调整人群中个体间毒性反应的差异。根据受试物的理化性质、毒性大小、代谢特点、接触的人群范围、食品中的使用量及使用范围等因素，可综合考虑增大或减小安全系数。

为了比较并得出人类的允许摄入水平，动物试验通常采用较高的剂量水平，其数据经过处理后外推到比它低得多的剂量。从获得的危害物与某种危害间的剂量–效应关系曲线求得 NOAEL、最低有害作用剂量水平，以及半数致死量或半数致死浓度等数据。这些外推步骤无论在定性还是定量时都存在不确定性。首先，危害的特性随着剂量改变而改变，甚至完全消失。其次，人体与动物在同一剂量水平下，毒物代谢动力学有所不同。最后，化学物质的代谢方式在低剂量和高剂量时可能存在差异，高剂量的动物试验不能准确地反映出人体长期低剂量摄入该危害物时的病理变化。因此在由高剂量外推到低剂量时，必须考虑这些潜在危害以及其与剂量相关的变化。

②剂量的度量：动物和人体的毒理学平衡剂量一直存在争议，JECFA 和 JMPR 通常用 mg/kg 体重作为种属间缩放比例。美国官方基于外源性化学物代谢动力学提出新的规范，以 mg/（3/4kg 体重）作为缩放平衡比例。理想的情况是通过测量外源性化学物在动物和人体组织内的浓度，以及靶器官的代谢率来获得。

③遗传毒性致癌物和非遗传毒性致癌物：致癌物可分为遗传毒性致癌物和非遗传毒性致癌物，前者能够直接或者间接引起靶细胞的遗传改变，其主要作用靶点是遗传物质；后者作用于非遗传位点，可能导致细胞增殖和/或靶位点持续性的功能亢进或衰竭。大量研究数据表明，遗传毒性致癌物与非遗传毒性致癌物之间存在种属间致癌效应的差异。原则上，非遗传毒性致癌物可以采用阈值方法如 NOAEL-安全系数法进行管理。遗传毒性致癌物没有阈值剂量，但在某些情况下，10^{-5} 和 10^{-6} 级别的剂量对应的风险水平被认为是可忽略的。

④阈值法：ADI 值提供的信息是当摄入该化学物质的剂量小于或等于 ADI 值时，不存在明显的风险。这种计算方式的理论依据是人类和实验动物存在合理的可比较剂量的阈值。人类可能比实验动物更敏感，遗传特性的个体间差异更大，且饮食习惯更加多样化，因此 JECFA 和 JMPR 采用安全系数来克服上述不确定性。通过研究长期的动物试验的数据得出安全系数一般为 100，但不同国家的卫生机构有时采用不同的安全系数。理论上，某些个体的敏感程度可能会超出安全系数的范围，因此，安全系数并不能保证每个个体都是绝对安全的。

⑤非阈值法：遗传毒性致癌物一般不能采用 NOAEL-安全系数法来制定 ADI，因为即使在最低的摄入水平，仍然有致癌风险。因此无阈值物质的管理办法有两种：一是禁止商业化使用该种化学物；二是建立一个足够低的被认为是可以忽略的、对健康影响甚微的或社会能够接受的风险水平。美国食品与药物管理局及环境保护署一般选用百万分之一（10^{-6}）作为可接受的风险水平。

⑥代谢实验：不同危害物间巨大的代谢差异会对毒性作用产生很大影响。有些化学物质对人体造成危害的原因不是其本身，而是其代谢物，因此研究化学危害物在动物及人体内的代谢是危害特征描述的一个重要方面。在毒性试验中，原则上应尽量使用与人类具有相同代谢途径的动物种系进行较长期的试验。研究受试物在实验动物和人体内 ADME 的差别，对于将动物试验结果较为准确地外推到人体具有重要意义。代谢实验的目的是了解危害物在体内的吸收、分布和排泄速度及蓄积性，寻找可能的靶器官，为选择慢性毒性试验的合适动物种系提供依据，了解有无毒性代谢产物的形成。

3. 食品中生物性危害的危害特征描述

（1）主要内容　生物性危害的特征包含三个关键部分：识别与病原体、宿主、媒介有关的因素，评估对人体健康产生的不良影响和分析剂量-反应关系。对于生物性危害来说，在确定微生物病原体的特征及其在宿主体内引起疾病的能力时，危害识别和危害特征描述可能会存在重叠。

影响病原体不良作用发生的频率、程度或严重性的因素包括：病原体的致病性（毒力）

特点；入侵并突破宿主生理屏障，最终确定感染的病原体数量；宿主的健康或免疫力状况；食品的性质等。上述因素可归纳为病原体、宿主、媒介三个方面。

对人体健康产生不良影响的评估应考虑无症状的感染、临床表现及其严重性。严重性可以通过疾病的持续时间、患病率、病死率、社会负担与花费等来体现。还应明确该疾病的临床表现及其发生频率、影响范围和流行性。

剂量-反应评估是用数学模型描述人类摄入病原体的数量与发生不良健康反应的可能性之间的关系。对于通过产生毒素致病（中毒型）的机制，剂量-反应数据较为充分，而关于多数病原菌（感染型）的剂量-反应数据资料则很少，甚至没有。

（2）剂量-反应三要素　包括微生物的感染性、毒性和致病性，宿主特性和媒介物（食品）的特性。

①微生物的感染性、毒性和致病性：不同微生物的感染性有较大的差异，其分布越广，感染范围就越大，在地域分布上存在差异；微生物的毒性与致病性密切相关，其毒性通常是由它们所产生的内毒素或外毒素引起的。

②宿主特性：生物性危害对人体健康的危害作用会受到宿主易感性的影响，如老年人、孕妇、营养状况和免疫状况等都可以影响个别宿主对生物性危害的易感性。必须在危害特征描述中说明生物性危害的易感人群及其特点。

③媒介物（食品）的特性：在危害特征描述中必须说明相关的媒介物及其特性。不同类型和不同加工类型的食品对微生物危害感染、生存、繁殖和产毒的影响各不相同。食品的某些特性可以影响病原体的生存或改变微生物的致病性，也会改变宿主的反应，如脂肪、油、碳水化合物可以保护病原体免受胃酸的杀伤作用。食品的特性（包括pH、温度、水分活度、氧化还原作用等）影响病原体的生长和生存，以及对特殊的营养或生长因子的需求。另外，还应考虑食品的加工、储存和运输特性对病原体的影响。

（3）对人体健康的有害影响及其他作用　生物性危害的危害特征描述中应当包括疾病的临床表现、持续时间和严重性（如发病率、病死率、后遗症等），该种疾病是否显示出流行病学特征，是否具有通过其他方式传播的可能性等。当人体的免疫力不足以抵抗微生物危害的侵袭时，表现为疾病。当微生物危害引起的疾病进展到后期时，由于人体的免疫力低下且机体虚弱，可能会造成多器官的并发症。感染过微生物的患者通常会在一段时期内对相关疾病产生免疫力，在进行危害特征描述时应做出说明。危害特征描述还应包括与微生物危害相关的抗生素抗性。

（4）剂量-反应调查和评估　剂量-反应关系是指进入胃肠道的微生物数量（剂量）和其引发的人体有害健康作用的严重性与发生频率（反应）间的关系。生物性危害可以造成宿主的一系列反应，从无作用到急性发作，甚至死亡，这主要取决于生物性危害的毒性和宿主的易感性等。基于上述情况，可以使用一个范围来描述各种反应与依赖于宿主易感性的剂量间的关系。从志愿者试验中获得的剂量-反应数据通常不能包含所有的病原体，因此需要依靠动物试验或从暴发事件调查中获取的流行病学信息。

4. 危害特征描述过程中的不确定性和变异性

危害特征描述是确定作用位点、作用机制和剂量-反应关系的过程。此步骤往往需要建立一系列模型，包括用纯数学表达的模型和以生物学原理为基础表达的模型。每种模型都在不同程度上反映出人类的实际疾病过程，但同时也具有不同程度的不确定性。如危害特征描述过程中建立的剂量-反应曲线模型存在不确定性和变异性，用数学方法建立的剂量-反应关系在表达实际生物学过程方面具有很大的不确定性。尽管如此，这些数学模型仍然是目前预测出现不良健康作用的最常用方法，并且在制定政策时行之有效。另外，对于所研究的种属，在给定的剂量水平下，得到的剂量-反应存在差异。在高摄入量时收集到的剂量-反应资料模型向低摄入量水平外推时可能会产生偏差。尽管绝大多数实验动物是纯系的，具有遗传特性的一致性，但是动物对相同剂量的反应仍存在个体间差异，在非纯系动物中差异则更大。此外，不同种属间的外推存在外推模型的不确定性和外推参数间的变异性。

（三）暴露评估

暴露评估是食品安全风险评估的重要组成部分，是通过量化风险并确定某种物质是否会对健康带来风险的必要过程。膳食暴露评估是整合食品消费量数据与食品中化学物质浓度数据的桥梁，通过比较膳食暴露评估结果与相应的食品化学物质的健康指导值，来确定危害物的风险程度。准确可靠的食物摄入量对于暴露评估尤为重要，因此，消费者的平均食物消费量和不同地区人群的食物消费数据对于暴露评估非常重要，尤其是对易感人群进行暴露评估时。在制定国际食品安全风险评估办法时，必须重视膳食摄入量资料的可比性，特别是不同国家或地区的主要食物消费情况。全球环境监测系统（global environmental monitoring system，GEMS）建立了一个全球膳食数据库，库中包括近 250 种原料和半成品的日消费量数据。根据 FAO 的食物平衡表中部分国家的数据，按照食物消费量进行分类获得 13 类膳食模式。我国原卫生部、科技部、公安部和国家统计局联合实施了全国膳食、营养与健康调查，由中国疾病预防控制中心负责组织实施，调查所得的基础数据已成为我国食品安全危害膳食暴露评估的科学依据。

由于暴露评估的工作项目繁多，需要制定暴露评估准则，否则可能会导致评估结果差异较大。完整的暴露评估工作应包括：单一化学危害物或混合物的基本特性，污染源，暴露途径及对环境的影响，通过检测、测量或估计得到的危害物浓度，暴露人群情况，整体暴露分析。进行暴露评估时，主要回答以下几个问题：污染频率有多高和污染程度有多严重，危害物将如何作用，危害物在特定食品中的分布情况。

与化学性危害在加工过程中只发生较小的变化不同，食品中病原体的数量是动态变化的，会出现显著的升高或降低。因此，对于生物性危害，要特别关注病原体的生态学特征，如特定病原体进入宿主体内将如何变化（生长或失活），也要注意食品的加工、包装和贮存及其中相应的控制措施对病原体产生的影响。此外，消费特定食品的人群及在食用前加工方式也需要考虑。

为了尽可能全面地描述危害物的特点，对于每种暴露可以按照以下几种方法对其进行描述。第一，人类或环境物种对危害物中各成分的暴露水平，一般用暴露剂量、外部剂量等指标来描述；第二，评估或衡量这种危害物被人体及组织器官摄入的水平，以及该摄入水平下经代谢和排泄后的水平，通常用吸收剂量、内部水平、生物利用度等指标来描述；第三，确定时间因素下危害物对靶器官、组织的富集剂量，通常用靶剂量、到达剂量、生物有效剂量等指标来描述。

1. 数据与模型

（1）数据 膳食暴露评估要求必须将获得的危害物监测数据与膳食消费量结合，然后进行统计学处理，以获得膳食暴露量估计。暴露评估的关键是获得计算暴露量所需的数据。涉及的数据包括膳食摄入量数据、危害物浓度监测数据、研究人群的人口学特征数据等。膳食摄入量数据一般来自全国或部分地区居民营养与健康状况调查；有害物浓度监测数据一般由各年度全国或地区食品污染物监测网获取；人口学特征数据一般来自全国或地区居民营养与健康状况调查，主要提供年龄、性别、体重等信息。对我国膳食调查和污染物监测获得的海量数据进行整合、分类、编码及分布特征研究，可构建符合膳食暴露评估要求的数据库。

（2）基本模型　膳食暴露评估通过整合目标人群的食物消费量和危害物浓度数据，实现对人群摄入某种或某类危害物的定量估计。根据食物消费量和危害物浓度数据信息，膳食暴露模型可用公式表示：食物消费量×危害物残留量（浓度）＝膳食暴露量。将这些食物消费量与危害物残留量（浓度）的数据结合起来的模型有很多种，常用的三种膳食暴露评估模型为点评估模型、简单分布评估模型和概率评估模型。

①点评估模型：点评估是保守的膳食暴露评估方法。点评估模型的数据来源均假设每种食物只有一个消费量水平和一个化学物质浓度水平，如设定食物消费量为平均消费量或高水平消费量，化学物质浓度为平均水平或法定允许最高水平，将两者相乘并进行暴露量累加。常用的点评估方法包括交易数据评估法、预算法、膳食模型粗略估计评估法和改良的点评估法。

交易数据评估法是利用一段时间内（通常指1年内）某国家用于食品加工的某化学物质，一般指包括调味品在内的食品添加剂的交易量来估算某种化学物质的人均摄入量，该方法主要用于食品添加剂的暴露评估。该法中使用的数据包括某化学物质的产量及其食品加工的用量，而且还要考虑该化学物质的进出口量和含有该化学物质的食品的进出口量。相关数据主要由生产者上报行业协会。采用该方法得到的平均膳食暴露量往往存在很大的不确定性，因为通常可用资料中并没有说明哪些食品中含有该物质，或谁消费了这些食品。该方法及其衍生方法也没有充分考虑到高消费人群，因此不能充分地说明他们的膳食暴露是否低于健康指导值。

预算法最初用于评估某些食品添加剂的理论最大膳食暴露量，即食物消费量和食物中化学物质的浓度都采用了最保守的假设，从而得到高消费人群的高估暴露量，这样才能避免将本身有安全风险的食品错判为无安全风险的食品。但也不能因此就采用不切实际的食物消费量，食物消费量必须在人的生理极限之内。人们通常认为预算法过于保守，但实际上该方法并非真正意义上的膳食暴露评估，只是为了确定食物中是否有需要进行进一步膳食暴露评估的物质。

膳食模型的建立是基于现有的食物消费资料，可通过建立膳食模型来表示一般人群或特殊亚人群的典型膳食（如高消费人群的膳食模型）。根据被评估物质的种类可建立不同的膳食模型，如对包装材料、兽药残留和食品添加剂可以分别建立最大迁移限量模型、最大残留限量模型和理论最高日摄入量模型。

改良的点评估法使用的模型是根据评估目的和现有数据来选择的。对于化学物质的浓度数据，点评估通常包括所有检测值的平均数、中位数、高百分位数；对于食品消费数据，点评估通常为人群中所有消费数据的平均值或高百分位数。该方法的优点是操作简单，一般可以用电子表格或数据库程序建立模型，但是这类模型包含的信息有限，不利于开展风险描述工作。

根据膳食摄入危害物的性质及评估目的不同，点评估模型可分为急性暴露点评估模型和慢性暴露点评估模型。

JMPR提出了急性暴露点评估模型——国际短期膳食摄入量（international estimate of short-term intake，IESTI）估计法，在欧盟及国际权威机构制定农药残留最高限量时，该法得以广泛应用。IESTI以食品为对象，选取某食品消费人群的高端消费量和危害物的高残留量来计算24h内的膳食暴露量。该方法主要针对一餐或一天内摄入可能引起急性毒性反应的危害物，通过将其在 24h 内的膳食暴露量与 ARfD 相比较进行评估。IESTI 采用了食物高消费量和危害物高残留量进行计算，体现了保护大部分消费人群的原则，简便易行，易于推广；但该法忽略了个体的体重、消费量、危害物摄入水平等方面的差异，准确性不高。点评估采用高水平的值代表食物消费量或危害物浓度数据，把多种食物中的摄入量综合起来时就会导致高估摄入量，这会高估暴露的风险，产生过度保守值，甚至有时与实际情况相去甚远。

慢性暴露点评估的计算方法是以可能含有某种危害物的食物为对象，以每种食物在总人群中的平均消费量（每人每天消费量的均值）乘以相应食物中危害物残留的中位数，然后将各种食物的数据累加得到总暴露量。慢性暴露点评估模型不考虑变异性和不确定性，其结果通常与 ADI 相比较进行评估。由于该法采用全人群消费量均值与危害物残留中位数相乘再进行所有食物暴露量的累加，在反映人群平均水平暴露时也相对较保守。

②简单分布评估模型：简单分布评估模型假定所有食物中的化学物质均以最高残留水平存在，同时考虑相关食物消费量分布的差异。在简单分布模型计算过程中，食物消费量虽采用了分布形式，却忽略了食物中化学物质存在的概率以及不同食物中化学物质浓度水平的差异，一般将其设为最高残留水平。

由于化学物质采用高端检测值，简单分布模型的暴露估计值仍然比较保守，只能得出膳食暴露值的上限，但由于该法考虑了食物消费量模式的差异，其结果比点评估模型更有意义。简单分布模型已经被美国环境保护署采纳，作为分层法实施的第一阶段应用于急性膳食暴露评估。

点评估模型和简单分布模型的方法都是趋向于使用"最坏情况"的假设，均假定的是食物中化学物质的高暴露人群。但实际上，人们很少会持续摄入大量含有高浓度化学物质的食物。当所研究的食物中相关化学物质的浓度整体偏高或偏低时，此法就会产生偏倚。当某种化学物质广泛分布于多种食物时，在计算高端消费者膳食暴露量时会遇到困难。

③概率评估模型：概率评估模型是对待评估的危害物在食物中的存在概率、残留水平（浓度）及相关食物的消费量进行统计模拟的模型。此模型需要收集足够的食物中危害物浓度和食物消费量数据，建立数据库，并据此进行评估。建立膳食暴露评估概率模型的方法主要有 4 种：简单经验分布估计法、分层抽样法、蒙特卡洛法（随机抽样法）和拉丁抽样法。

简单经验分布估计法是由食物消费调查得到的食物消费量的经验分布和相应食物中化学物质浓度的点估计值相乘得到暴露量分布。反过来，由食物消费量的点估计值和相应食物中化学物质浓度的经验分布相乘也能得到暴露量分布。

分层抽样法是将食物消费分布和化学物质浓度分布分为若干个层，然后从每层中随机抽样的方法。该方法的优点是可以获得详细、准确、重现性好的结果；缺点是不能对分布中的上下限进行评估。通过将分布分为更多的层虽然可以改善这个问题，但并不能完全解决，且抽样需要重复的次数多，需要计算机软件或相关专门知识。

蒙特卡洛法是一种以抽样和随机数的产生为基础的随机性方法，因此也称为随机抽样法。该技术已经广泛应用于不同的模拟事件中。当数据适当且模拟重复次数足够多时，就可以得到近似实际情况的模拟。注意在采用该方法时，要用样本中现实的最大观测值对分布进行截尾，以免在模型中出现现实生活中不可能出现的暴露水平。

拉丁抽样法是将分层抽样和随机抽样相结合的统计方法。为了确保食物污染浓度数据分布和食物消费数据分布范围内各个部分的数据都抽到，也将分布分成很多层，然后从每个层中抽取数据。

通过科学的抽样，将食物中某种危害物的浓度与实际含有该物质的食物消费量相结合，可提供一个真实的暴露评估基础，用于更准确地评估该危害物的暴露量是否超过既定的安全阈值。

总体上，点评估模型质量最差，不确定性最大，但费用较低；概率评估模型质量最高，不确定性最小，但费用最高。在膳食数据使用方面，点评估模型基于模式膳食、地区膳食、国家膳食等群体膳食水平，概率评估模型以家庭个体为单位。在危害物数据使用方面，点评估模型多用标准监测数据的最大值，而概率评估模型使用全部监测数据。因此经济、可行且能保证质量的做法是：先进行点评估，如果点评估远低于健康指导值，则无须进行概率评估；否则，应使用概率评估模型进行更为精细的评估。

2. 化学性危害的暴露评估

大多数情况下，危害物的实际摄入量都低于 ADI 值。某种食物中危害物的潜在暴露量主要是由产品本身含有的危害物的量和个体摄入食物的量决定的。膳食摄入量的测定可以采用相对直接的方法，即直接测定相应食物中危害物的浓度并调查其消费量。根据膳食调查及食物中危害物的含量，可以计算出人体暴露的化学危害物剂量。平均水平（或中位数）和不同人群详细的食物消费数据很重要，特别是易感人群；另外必须重视膳食摄入量资料的可比性，特别是世界上不同地区的主食消费情况。

长期及短期膳食暴露计算的通用公式为：膳食暴露量=食物中化学危害物含量×食物消费量/人体体重。在数据充分时"食物中化学危害物含量"可用"有效剂量"或"吸收剂量"代替，长期（慢性）膳食暴露还可用"终生平均剂量"代替。有效剂量是指以危害物对人体的伤害程度来表示的剂量；吸收剂量是指危害物穿过生物屏障到达血液或其他组织的浓度；终生平均剂量是指考虑食物摄入量与体重等因素在一生中各年龄段的变化而计算出的剂量。

（1）暴露评估所需的数据资料

①食物消费量数据：膳食组成和各种食物消费量具有地区和季节差异性，且不断变化。在美国由农业部牵头，每年开展一次全美营养调查，可以提供丰富且有价值的数据；我国每十年一次的全国营养调查报告提供了城乡居民各种食物的消费量数据。

②食物中化学危害物含量数据：以农药残留量为例，数据主要来源于以下几方面：农药生产企业进行农药登记时提交的田间农作物药效试验报告中的作物农药残留量数据；农药残留监测和常规市场抽查获得的食物农药残留量数据；总膳食研究时进行市场调查获得的数据。在从农田到餐桌的监测数据中，处于流通环节末端的农药残留量数据对暴露评估更有价值。

（2）膳食摄入量评估的方法　对食品添加剂、农药和兽药残留及污染物的暴露评估，主要是根据膳食调查和各种食物中化学物质暴露水平的调查数据进行的。通过计算，可以得到人体对该种化学物质的暴露量。因此，进行膳食调查和国家食品污染物监测计划是准确进行暴露评估的基础。进行暴露评估需要两方面的资料，即有关食物的消费量和这些食物中相关化学物质的浓度。一般来说，摄入量评估有总膳食研究、双份饭研究和单一食品研究。

总膳食研究（total diet study，TDS）又称市场菜篮子研究，用以评估某个国家和地区不同人群组对膳食中化学危害物的暴露量和营养素的摄入量，以及这些物质的摄入可能对健康造成的风险。TDS 是一种能够提供一个国家的人群或亚人群（有可能的话）实际摄入食物中农药残留、污染物、营养物质或其他化学物质平均浓度最准确的方法，是国际公认的最经济、有效、可靠的方法。中国 TDS 始于 1990 年，已成功开展了六次。第七次中国 TDS 于 2022 年启动，各省（市、自治区）结合中国总膳食研究工作手册制定出有效的实施方案，做好现场工作准备，加强总膳食样品制备和生物样品采集的组织管理，注重基础数据的收集，为膳食评估及健康危害影响提供必要的、重要的信息数据，并关注暴露系数和烹调因子的影响。TDS 中的浓度数据不同于其他监控或监测体系得到的化学物质数据，其化学物质浓度是在食品已加工处理后正常食用情况下测定的。

双份饭研究是将被调查对象每天摄入的所有食物留取等质等量的一份进行实验室测定，得到的化学污染物和营养素的含量乘以被调查对象的实际消费数据，得到每个调查对象的膳食摄入量。双份饭研究适用于小范围人群，多为 20～30 人，常用于个体膳食摄入量的评估，准确性最好。

单一食品研究是当食品监控/监测结果显示某些食品存在某种特殊污染物时，在典型（代表性）地区选择指示性食品进行研究。如海产品中的汞、脂类食品中的持久性有机污染物、添加剂和兽药等危害物都可以通过单一食品进行深入研究。

总体上，总膳食研究和双份饭研究不能确定危害物的来源，不能广泛使用；单一食品研究在烹饪过程中危害物浓度可能会有损失或是浓缩，所以进行暴露评估时最好三种方法同时进行。

3. 生物性危害的暴露评估

生物性危害暴露评估的目的是提供食品中病原体的数量或细菌性毒素水平的估计值，以及目标人群对该危害物的摄入水平的估计值。食品中生物性危害的暴露评估主要通过以下步骤进行。

（1）明确暴露来源与暴露途径 包括明确媒介物（如是否为即食食品）、暴露单位（如摄入该种食品的数量）、暴露途径、暴露人群的规模及人数统计、暴露的时空性和持续性、暴露人群的行为特征等。CAC 风险评估原理框架中规定的暴露途径是生物性、化学性或物理性危害因子从已知来源到被暴露个体的路径。对于生物性危害因子来说，尤其需要根据食物原料的来源考虑从农田到餐桌或从产地到餐桌的全过程。例如，烤鸡携带病原菌的暴露途径可能是：产地的繁殖→运输→其他收获前的干预措施→屠宰和加工→脱毛引发的变化→掏膛引发的变化→清洗和其他处理的影响→冷却和冷冻的影响→加工后的变化→家庭制备→交叉污染模式→烹调后的暴露情况→食用。

（2）确定风险食品的污染情况 主要是收集有关该病原体的生态学特性及其对周围环境的反应，如获取营养物质的能力、适宜的温度及 pH 等。这些特性可以影响该病原体在某一特定传播工具中出现、存活、繁殖或死亡的能力。确定污染情况主要是明确该病原体的出现频率、水平或浓度（如可能被污染的食品样品的数量或比例，可能摄入的病原体的数量及其内在可变性）。

（3）信息的整合 重点整合信息包括与原材料中该危害物污染情况有关的资料；可能对发病水平及分布情况产生影响的加工、销售、处理、预准备和使用过程等的相关信息；注意消费-使用的模式及可能影响病原体水平的消费者行为特征。

暴露评估必须考虑的因素包括食品被致病因子污染的频率以及食品中致病因子含量随时间的变化。这些因素会受下列因素的影响：致病因子的特性，食品的微生物存在状况，食品原料的最初污染情况（包括考虑产品的地区差异和季节性差异），卫生设施水平和加工过程控制，加工工艺，包装材料，食品的储存和销售及任何食用前的处理。评估中必须考虑的另一个因素是食用方式，该因素与以下方面有关：社会经济和文化背景，种族特点，季节性，年龄差异，地区差异及消费者的个人喜好。还需要考虑的其他因素包括：作为污染源的食品加工者，对产品的直接接触量，温度条件等的潜在影响。

微生物致病菌的含量水平是动态变化的，如在食品加工中采用适当的时间和温度条件可将它们控制在较低水平。在特定条件下它们会明显增加，如不恰当的食品储藏温度或者与其他食品的交叉污染。因此，暴露评估应该描述食品从生产到食用的整个路径，预测可能与食品接触的方式。

暴露评估估计了在各种水平不确定的情况下，致病菌或微生物毒素的含量水平以及在食用过程中它们出现的可能性。可以根据以下因素将食品定性分类：食品原料是否会被污染，食品是否会支持致病菌的生长，对食品的处理是否会造成致病菌的潜伏性，食品是否受热加工工艺的限制，微生物的生存、繁殖、生长和死亡是否受到加工包装、储藏环境（包括温度、相对湿度、气体成分）的影响。其他相关因素包括 pH、水分含量、水分活度、抗菌物质及竞争性微生物的存在。

定性风险评估只需要简单的模型来描述暴露途径。定量风险评估需要使用数学模型预测病原菌对环境条件的生长、存活和死亡反应，以及估计病原菌在食品消费前的数量。由于病原菌在不断生长和死亡，预测微生物学成为暴露量评估的有用工具。数学模型可描述病原菌的数量是如何随着时间而改变的，以及环境条件对病原菌变化率的影响，可用于建立微生物预测模型。

4. 暴露评估过程中的不确定性和变异性

暴露评估过程中的不确定性和变异性主要有六个方面。一是用于表达摄入量的模型带来的不确定性；二是产品中某一因素的检测值，或者该产品原料中（包括土壤、植物或动物体）该因素的测定值产生的不确定性和变异性；三是某一因素在加工烹调、稀释等过程中的变化产生的不确定性和变异性，包括含量水平的下降率或富集率；四是人体暴露于某产品的频率和强度产生的不确定性和变异性；五是人体暴露于某产品的时间周期或寿命分数产生的不确定性和变异性；六是某种健康损害效果在临床上能检测到的平均时间产生的不确定性和变异性。

（四）风险特征描述

1. 风险特征描述的分类

（1）定性风险特征描述　定性风险特征描述是指采用文字或描述性的级别说明风险的影响程度和这些风险出现的可能性，如采用"高""中"和"低"等文字描述风险的概率和影响。定性风险特征描述的建议包括：该化学物质在高暴露情况下没有毒性的陈述或证据；特定使用量情况下化学物质是安全的陈述或证据；避免、降低或减少暴露的建议。定性风险评估常用于筛查风险，即决定是否进行进一步调查。

（2）定量风险特征描述　定量风险特征描述是指使用数值描述风险出现的可能性和后果的严重程度，通常用均数、百分数、概率分布等来描述模型变量。定量风险特征描述的建议包括：基于健康的指导值；不同暴露水平的风险估计；最低和最高摄入量时的风险（如营养素）。定量风险特征描述在处理风险管理问题时更加精细，也更有利于风险管理者做出准确的决策。

2. 基于健康指导值的风险特征描述

健康指导值一般从人群资料或实验动物的敏感观察指标的剂量–反应关系得到。制定健康指导值时如果采用的是从实验动物外推到人（假定人最敏感）或从部分个体外推到一般人群时一般要采用安全系数。化学性危害物通常在危害特征描述步骤推导获得健康指导值，并以其作为参考值进行风险特征描述。如果待评估物质的膳食暴露量估计值低于健康指导值，一般认为其膳食暴露量不会对人群健康产生可预见的风险。相反，如果膳食暴露量超过健康指导值，在对健康风险进行判定和描述时应更加慎重。与此同时，还要考虑到健康指导值在推导过程中存在一定的不确定性。因此，要综合考虑所有可能的相关信息，谨慎地进行风险特征描述。

3. 遗传毒性致癌物的风险特征描述

（1）ALARA（as low as reasonably achievable）原则　遗传毒性致癌物是指能与DNA反应，引起DNA损伤而致癌的化学致癌物。因为这类物质在任何暴露水平下，都可能会对人体健康造成不同程度的风险，JECFA建议在对遗传毒性致癌物进行风险特征描述时，应采用ALARA原则，即在合理的条件下，应将其膳食暴露量水平降至尽可能低的水平，以最大限度保护消费者健康。

（2）低剂量外推法　对于有些致癌物，可在实验条件下获得高剂量水平下的剂量–反应关系，然后利用该剂量–反应关系进一步推测低剂量条件下的剂量–反应关系，从而假设致癌物在低剂量的反应范围，剂量和癌症发生率之间的剂量–反应关系，以此来估计膳食暴露于这些致癌物后的肿瘤发生风险。

（3）暴露边界值（margin of exposure，MOE）法　MOE法是根据动物或人群试验获得的剂量–反应曲线分离点或参考值与估计的人群实际暴露量的比值（即MOE值）的大小反映膳食暴露的风险水平。化学物质膳食暴露的健康损害随MOE值的增加而减小。目前还没有一个国际公认的对人类健康产生显著危害的MOE值。英国致癌化学物质委员会和欧盟认为，MOE值大于10000可认为待评估化学物质的致癌风险较低。加拿大卫生部则认为MOE值小于5000属于高风险，5000~500000为中风险，高于500000为低风险。

4. 微生物危害因素风险特征描述

微生物风险评估主要是评估特定食品中污染的有害微生物。通过综合流行病学、临床和实验室的监测数据，确定有害微生物及其适宜的生长环境，了解微生物对人类健康的不良影响及作用机制。同时，还应关注微生物污染的食品及在世界各国所致食物中毒的发生情况等。

微生物风险评估的危害特征描述应对微生物可能对人体健康造成的不良影响进行评价。同时，对影响微生物生长繁殖的食品基质特性进行描述。根据剂量–反应关系，确定机体摄入微生物的数量与导致不良健康影响（反应）的严重性或频率。对食品中微生物风险进行暴露评估时，常根据食品的消费量和消费频率以及致病菌在食品中的污染水平，按照定性和定量的评估方法进行。定性评估一般使用阴性、低、中、高等词汇描述；定量评估则通过定量模型，估计食物中致病菌的污染水平以及人群暴露量。

5. 风险特征描述过程中的不确定性和变异性

风险特征描述最后一个重要步骤是描述其不确定性的特征。为了直接认清风险评估中不确定性的特征，需要采用多层次方法分析不确定性。一般可以分为以下三个层次。首先，需要阐明导入参数的偏差及其对最终的风险评估所造成的影响。其次，采用敏感度分析来评估模型的可靠性和数据准确度对模型预测的影响。敏感度分析是使模型的变量在某特定范围内变动，以观察模型行为或变化情形的一种分析方式，其目的在于根据导入参数对结果偏差影响的大小进行排序。最后，应用差异扩大方法仔细说明风险特征描述的整体准确度与模型、导入参数及场景有关的不确定性和变异性的关系。

思政案例：国家风险评估中心的成立与工作

我国唯一的国家级食品安全风险评估技术机构——国家食品安全风险评估中心（简称中心），成立于 2011 年 10 月。中心的主要职责包括九个方面：开展食品安全风险监测、风险评估、标准管理等相关工作；拟订国家食品安全风险监测计划，开展食品安全风险监测工作，按规定报送监测数据和分析结果；拟订食品安全风险评估技术规范，承担食品安全风险评估相关工作，对食品、食品添加剂、食品相关产品中生物性、化学性和物理性危害因素进行风险评估；开展食品安全相关科学研究、成果转化、检测服务、信息化建设、技术培训和科普宣教工作；承担食品安全风险监测、评估、标准、营养等信息的风险交流工作；承担食品安全标准的技术管理工作和国民营养计划实施的技术支持工作；开展食品安全风险评估领域的国际合作与交流；承担国家食品安全风险评估专家委员会、食品安全国家标准审评委员会等机构秘书处工作；承办国家卫生健康委交办的其他事项。

自 2010 年以来，我国已发布 10 余项风险评估相关技术规范和指南，包括进行食品安全风险评估的技术指导和对风险评估的数据收集要求等。中心的成立是党中央、国务院加强食品安全工作的重要举措，也是深入贯彻落实《食品安全法》、有效提升我国食品安全风险管理科学水平的重要基地。中心成立以来，全面落实食品安全风险监测、风险评估、标准管理、国民营养计划四大核心业务，有效发挥了技术支撑国家队的示范引领作用。

国家食品安全风险评估中心的成果是近些年来我国食品安全领域发展的一个缩影，是国家和政府心系人民生命健康安全的体现。努力学习食品质量与安全的专业知识，踏踏实实地融入到建设食品质量与安全的相关科学研究和监督管理中，是保障人民食品安全、维护国家稳定、促进社会和谐发展，建设强盛中国对人才的必然需求。

思政案例：从我国的总膳食研究历程看我国食品安全发展

中共中央、国务院于 2019 年 5 月 9 日发布《中共中央、国务院关于深化改革加强食品安全工作的意见》，提出"到 2035 年，基本实现食品安全领域国家治理体系和治理能力现代化"，并将实施风险评估和标准制定专项行动列为开展食品安全放心工程建设攻坚行动之首。

实施风险评估和标准制定专项行动需要系统开展食物消费量调查、总膳食研究、毒理学研究等基础性工作，完善风险评估基础数据库；系统开展食品中主要危害因素的风险评估，建立更加适用于我国居民的健康指导值。为此，总膳食研究（TDS）成为食品安全的重要基础性工作，列为各级党和政府在食品安全放心工程建设攻坚行动的重要工作内容。

我国 TDS 研究起步较晚。1988 年，在卫生部科研基金项目的资助下，中国预防医学科学院营养与食品卫生研究所首先通过在北京市进行试点，于 1990 年开始经过近 3 年的时间，组织全国 12 个省、市、自治区成功地开展了中国 TDS。第一次中国 TDS 结果表明，我国居民代表性的膳食安全合乎营养要求。但儿童膳食中铅暴露量，谷类、蔬菜和水果中高毒性有机磷农药，摄入胆固醇和微量元素过多或不足等存在问题。第二次中国 TDS 于 1992—1993 年开展，结果表明，所测定化学污染物暴露量均低于健康指导值，但又检出 3 种有机磷农药，膳食中铅暴露量、放射性核素暴露量需要关注。通过前两次 TDS，基本建立了适合中国的 TDS 方法。第三次中国 TDS 于 2000 年开展，采用大区混合食物样品法，保留了混合前的单个食物样品，结果发现学龄前儿童平均铅暴露量仍然是突出问题。第三次 TDS 方法可以有效地识别污染源。第四次中国 TDS 于 2007 年开展，最大的进步是取消了大区混合食物样品，将按 4 个大区混合食物样品得到的"菜篮子"样品改变为仅混合到省级水平。第四次 TDS 的检测项目也有所增加，并且逐步深化开展了单个样品法。第四次中国 TDS 所有数据以中英文双语公开发表，结集出版了《第四次中国总膳食研究》一书。随着国力的不断增强以及人民对于食品安全不断提升的关注下，第五次 TDS 在保留中国特色的混合食物样品法和单个食物样品法的基础上，又有了进一步的飞跃发展。无论是检测省份、采样点、分析方式都有改进，成为全世界 TDS 检测项目最多、最全面的国家。

我国食品安全的发展历经多年的累积和学习，经过几代人不断努力和进步，体现了食品人的务实精神、奉献精神和创造精神，更体现了国家和社会对于人民生命安全的尊重和负责。我们为生活在这样幸福的国家而自豪，也要为不断创新的国家科研贡献力量。

第三节　风险管理程序

在 CAC 的定义中，风险管理是及时依据风险评估的结果，权衡管理决策方案，并在必要时，选择并实施适当的管理措施（包括制定措施）的过程。风险管理的首要目标是依据风险评估的结果，选择和实施适当的措施，尽可能有效地控制食品风险，保障公众健康，保证进出口食品贸易在公平的竞争环境下进行。风险管理是为了确定是否需要和需要何种食品监管措施，才能将风险降低至社会可以接受的水平。这些监管措施包括制定最高限量，制定食品标签标准，制定食品安全卫生标准及法律法规，实施公众教育计划，召回和预警，通过使用替代品或改善农业或生产规范以减少某些化学物质的使用等。

基于科学的风险评估结果适于确定食品中危害的风险，但风险管理的决策过程需要考虑多方的因素。虽然需要利用风险评估的科学结果，但决策本身却并非一个完全科学的过程，某种程度上来说是多方博弈的结果。因此就风险管理决策的过程来讲，单纯考虑风险评估的结果是不够的，还要考虑社会、经济和道德伦理等方面的评估结果。

一、风险评价

为了确定需要控制食品中的哪些危害，应对某种食品进行多种危害物的风险评价，以评估某一食品中可能存在多少潜在的和显著的危害，并将这些危害按照风险的大小加以排序，进行风险评估。风险评价可以被定义为对食品安全问题及其背景情况的一种描述，也可以称为初步风险评估，是风险管理活动的起始阶段，直接影响了风险管理选项的质量和风险管理的整体效果。风险评价的主要步骤如下。

（一）识别食品安全问题

由于食品种类多种多样，各自的生产、加工过程不同，进行风险评价时要分别评价能够引发风险的不同因素，并确定这些因素属于哪类危害物，这关系到不同风险需要采用不同的方法来控制。需要考虑的主要风险因素包括：化学性因素，如农药残留、兽药残留、食品添加剂、环境危害物和生物制剂等；生物性因素，包括生物及生物毒素；物理性因素，如金属类和非金属类异物；其他因素，如包装材料等。

食品安全风险可能产生于其生产、加工、储存、运输、制备和膳食摄入的全过程，能够引起食品安全风险的情况主要有：出现新的食品品种；使用新食品成分配方；改变原有的食品生产、加工工艺；未识别出的不良作用风险；因某一特殊食品引起的特定疾病；未证明某种食品会给消费者带来多大的风险；国际、国内相关食品法规的改变；涉及进出口的国外有关食品安全的预警信息；新的食品危害信息。

在对食品安全问题进行识别时需要特别注意：已采用信息的来源；认知食品安全领域不断出现的新问题；确认出现该问题的范围；注意资源配置的先后次序。

（二）描述风险概况

食品安全风险概述是指对某一食品安全问题所涉及的风险概况进行的系统性总体描述，它是风险管理的一项准备活动，需要对危害与食品的多种组合相关的食品安全问题进行细致的描述。风险概述通常是针对某一特定的食品安全问题，按照一定的要求和模式，从食品生产到消费全过程对影响食品安全风险的各个要素和各种相关信息进行系统地收集、整理和分析的过程。风险概述所需要的风险信息来源、数量以及质量是决定风险分析报告质量的基础。相关风险信息应包括：检验检疫信息、国际贸易信息、风险预警信息、生产信息、流行病学信息和相关研究报告等。

风险概述要求对相关问题的已知情况进行简要的书面描述，其目的是帮助风险管理者采取进一步行动。风险概述的主要作用有三方面：第一，帮助风险管理者了解特定的食品安全问题所面临的风险，确定优先解决的问题及风险管理备选方法；第二，帮助风险管理者决定是否需要进一步开展风险评估，并制定风险评估政策；第三，指出解决特定食品安全问题存在的数据或技术缺陷，为下一步技术攻关指明方向。

因此，风险概述是风险管理的重要基础和依据，是风险管理步骤首先需要面对和解决的重要问题。一般而言，风险概述主要由风险评估者及其他熟悉该问题的技术专家完成。

（三）依据风险评估和风险管理的优先权对危害物进行排序

综合信息可以对食品或危害组合的风险加以分级，分级的标准应主要考虑其对人类健康和经济两个方面的影响。食品安全风险主要以人类的发病率和死亡率作为标准进行排序。对人类健康方面的风险排序时，最基本的就是确定是以病例数量为基础，还是以结果的严重性为基础。国家食品安全管理机构需要同时处理大量的食品安全问题，在特定的时间内管理所有问题时不可避免地会出现资源不足的情况。因此，对于食品安全监管者而言，对食品安全问题进行分级，建立风险管理的优先次序非常重要。

风险分级的一般程序是首先要建立收集食品安全风险信息的体系，因为任何风险分级都是对一定风险信息的评价，如食源性疾病的监测数据、病例数、经济损失、敏感人群和风险评估数据等。其次要选定风险因素，并设置这些因素的权重来对风险进行分级。对于食源性致病菌进行风险分级时，主要选择影响公共健康的因素。因此，食品危害或风险的分级并没有统一的分级体系，分级体系的建立往往取决于食品安全风险管理者所选择的监管目标和目的。

（四）确定风险管理的目标

食品安全风险管理的主要目标是通过选择和实施合适的风险管理措施，尽可能有效地控制风险，保护公众健康。在风险评价中必须确定某个具体食品安全问题的风险管理目标。食品安全管理不存在零风险，要根据当时的社会经济发展水平，考虑降低风险所需要的成本以及产生的效益，综合考虑制定风险管理目标。因此对于同一个食品安全问题，不同的国家和地区选择的风险管理目标往往不同。风险管理目标只要能够达到当时情况下的可接受水平即可。确定风险管理的目标就是确定风险管理中应优先考虑的问题，其中包括：保护和改善公众健康、资源的合理配置和公平贸易行为。确定食品安全应优先考虑的问题时，需要考虑开展风险评估和风险管理花费的时间、金钱和人力。

（五）确定是否需要进行风险评估

可根据具体情况确定何时需要开展详细的风险评估。如果是下述情况无需做详细的风险评估：经初步评估表明风险很低；紧急情况下没有充足的时间进行详细的风险评估；减少暴露的成本低于详尽风险评估的成本；关于问题或风险管理方案没有争议或不同意见等。但是，如果出现下述情况则需要做详细的风险评估：初步评估表明风险很大；风险管理决策一旦出错后果严重；如低估风险而不采取行动，或高估风险而采取行动都会导致花费多而成效甚微；不同的科学研究工作得出的信息差异很大；关于风险性质存在对立的观点；有可能在食物链中两个以上的环节降低风险；为了长期的风险管理目标，需要确定关键的研究领域等。

（六）界定风险评估的目的和范围

1. 风险管理者必须明确风险评估的目的

风险管理者需要根据风险评估的结果制定相关政策。因此，确定风险评估的目的是进行风险评估工作关键性的第一步，是选择适当的风险评估方法，开展风险评估工作，得到对于风险管理者有实际应用意义的风险评估结果的前提。明确进行风险评估所要寻求的答案可以合理分配和利用资源。

2. 风险评估范围由所关注的风险问题和风险评估的目的决定

确定风险评估的范围有助于明确进行风险评估实践的结构、类型和所采用的具体方法。风险评估工作的范围可以包括食品类型、地域范围、数据来源、相关人群范围和不良影响的性质等。例如，评估对象是整个食物链，还是仅针对终端产品；需要的风险评估结果的详细和精确程度以及目标人群。在明确风险评估范围的基础上，确定需要收集的数据和资料。确定风险评估工作的范围还可以包括确定风险评估的类型，逐级提高评估的精确性和详细程度。风险评估的类型包括普通数据，简单模型；具体数据，复杂模型；定量的点估计和概率估计。

（七）制定风险评估政策

风险评估政策是指在风险评估过程中，价值判断的准则和用于特定决策的政策取向。这些政策指南应该形成文件，以确保其延续性和透明性。目前，国际上公认的风险评估政策包括：依赖动物模型确立潜在的人体效应；采用体重进行种间比较；假设动物和人的吸收大致相同；采用100倍的安全系数调整种间和种内可能存在的易感性差异，在特定的情况下允许存在偏差；对发现属于遗传毒性致癌物的食品添加剂、兽药和农药，不制定ADI值；允许污染物达到ALARA水平；在等待提交要求的资料期间，对食品添加剂和兽药残留可制定暂定的ADI值。

（八）委托进行风险评估

风险分析的一条重要原则是风险管理应通过维持风险管理与风险评估功能的独立性，来保证风险评估过程的科学性和完整性。因此，原则上风险管理者是不适合进行风险评估的，应该委托专业的风险评估机构进行。在委托进行风险评估之前、之后及风险评估过程中，风险管理者应做到：确定风险评估小组的组成人员；风险评估小组应该是由多方面人员组成的一个核心工作组，包括科学家、食品行业专家和其他相关人员；界定和提供所有与所关注的食品安全问题有关的背景资料文件；确定风险评估所需要明确的主要问题，并形成文件；确定工作时间表；保证风险评估过程中可以得到足够的资源；在现有的资源、数据和时间安排下，风险评估者是否可以回答风险管理者提出的问题；评估过程中，管理者和评估者需要经常讨论进展、工作方向和可能出现的问题；在评估过程中可能需要对评估目标和部分方法进行优化或修改。

（九）对风险评估结果进行审议

对风险评估结果进行审议要注意：充分认知风险评估过程中所有的假设，包括这些假设对评估结果产生的影响；清楚理解所有风险特征描述中的变异性和不确定性及其产生的原因；注意到风险评估是一个风险程度范围，而不是局限于某个单一的数值；重视风险特征描述中所表明的当前条件和要降低风险可供选择的措施；注意风险特征描述中关于所关注的特定风险同其他健康风险之间的比较性探讨。

在风险评估者将风险评估结果递交给风险管理者之后，为了把评估结果应用到管理策略中，还需要回答以下问题：目前风险水平是否过高；可以接受的风险水平是什么，或者要将风险降低到什么水平才能达到目标；应如何选择能降低风险的最优管理措施。

二、风险管理措施选项的评价

在风险管理活动中，完成风险评价工作后，就需要确定、评价和选择风险管理措施，这是风险管理的第二阶段。一般情况下，制定风险管理措施可能需要（或不需要）风险评估的结果。因为有些前期的风险概述工作已经包含了一些风险管理措施的信息，如前所述，在某些紧急情况下，不可能等到风险评估全部完成后再制定风险管理措施。因此，当风险管理者已经知悉确定的风险管理目标及风险评价或评估的结果时，可制定出能解决所面临的食品安全问题的风险管理措施。基于风险管理措施的目标一般是为了把风险降低至某一目标水平，也就是适宜保护水平。风险管理措施的目的就是最大限度地降低风险，但同时也需要保证管理措施能有效实施。

对于任何一个风险管理目标，当只有一种风险管理措施可供选择时，其评价相对简单。但食品安全问题往往涉及诸多方面，食品安全风险的控制可能涉及食品链的很多环节，这时可能会有多种可供选择的风险管理措施。风险管理政策由各个国家确定，CAC也可为各国推荐不同的风险管理政策，如初级生产的控制程序、HACCP 的应用、GMP 的应用等。CAC 推荐的风险管理政策包括以下几个方面：建立标准、法规、规范、指南等，包括微生物指标和其他加工指标；激励操作人员执行先进的管理措施，如 GMP、HACCP 体系等；避免已经证明被污染或有人群中毒历史的食品出现；在食品链的任何阶段预防污染或病原体的引入，包括在初级生产中减少特定的病原体水平；杀灭病原体；采用正确的标签和标识为消费者提供信息；教育或通报相关人群采取可减少风险的措施。

上述管理措施在可行性、实用性及能达到的食品安全水平是不同的，因此需要风险管理者对其进行评价，以便选择当时情况下最恰当的措施。在评价和选择食品安全管理措施时，关键因素之一就是评价管理措施能在多大程度上降低风险或保护消费者。但仅凭风险管理措施降低风险的程度还不能确定所要实施的管理措施，还要考虑风险管理措施的可行性、实用性及其成本-效益分析，并综合权衡各个措施所带来的社会价值影响。

对风险管理措施选项进行评价时需要考虑的因素包括：初级生产、加工、运输相关的方法和途径；检验程序和分析方法的有关条款；技术和经济上的可行性；用于降低风险的可替代方法；综合考虑风险管理措施带来的额外风险。目前的风险分析基本上是对单个危害的风险进行研究，很少同时考虑多种不同危害的综合风险，也缺乏比较不同风险的可操作方法。因此，不排除所选择的风险管理决定有可能会引起其他负面后果，造成更大的或者其他的危害。例如，在肉制品中不使用亚硝酸盐，可以减少因亚硝酸盐转变为亚硝胺后带来的致癌风险，却增加了肉毒梭状芽孢杆菌增殖产毒引起食物中毒的风险。

为了达到有意义和实用的目的，最终的风险管理决策应当给出以下几方面信息：预防风险的优先权，而不只是控制风险；考虑从初级生产到消费的整个食品链；合适的情况下，考虑危害的多种来源及可能涉及的多种产品类型；在达到合适的公共健康保护水平的风险控制政策中，提供尽可能广泛的选择机会；基于最有效的科学、技术和经济信息；可行并具有与成本相关的合理的效益；可在各国法律和法规框架内强制实施；考虑合适和有效的生产方法和工艺、检验、取样和测试方法，以及监管、检验过程中遇到的困难；考虑风险管理者认为合适的风险水平，考虑与消费者健康保护有关的所有利益相关方的优先权；创新、评价和研究的激励；考虑与影响人类健康有关的食品危害物的科学知识范围，当其不足时，应当选择更严格的控制措施。

另外，对风险管理措施的评价应该是一个开放式的过程，风险管理者、风险评估者、企业、消费者及其他利益相关方在这一过程中都应有机会提供信息，对措施进行评论，并提出选择最适当措施的条件。虽然这种交流过程有时会降低决策的效率，但范围广泛、内容丰富的意见征询过程往往能够提高最优风险管理措施的决策质量，并使公众更容易接受这一措施，为后期执行措施提供便利。

三、风险管理措施的实施

管理决策的执行指的是有关主管部门，即食品安全风险管理者将风险管理选择评估过程中确定的最佳风险管理措施付诸实施。风险管理决定的执行，通常要有规范的食品安全管理措施。只要总的计划能够客观地表明可实现既定的目标，企业可以灵活选用特殊措施。重要的是在风险管理执行期间，应根据现时的变化，对风险管理行为的成效进行评定。评定的内容包括新措施的效果、成本以及各相关方的意见。根据评定结果，对现行的风险管理行为进行及时调整。

根据风险的类型及食品安全问题的重要性，管理决策执行的内容通常包含五个方面：已知风险管理、未知风险管理、从农田到餐桌的全程安全管理、食品产地及污染物的可追溯性风险管理和突发食品安全事件中的风险管理。

四、风险管理措施的监督和评议

选择风险管理措施并实施后，还要对风险管理措施实施的效果进行监督和评议，确保实现食品安全目标。任何管理措施的选择都是基于当时情况下的一种相对最优的选择，难免带有一定的时效性和不确定性，因此在实施过程中必须对风险管理措施进行监督和评议。风险管理者应该确认降低风险的措施是否达到了预期效果，是否产生了与所采取措施相关的非预期后果；风险管理目标是否可以长期维持，当获得新的科学数据或新的观点时，需要对风险管理措施进行定期的评估。如果发现所实施的风险管理措施没有达到预期效果，可能需要对其进行重新评估审查，启动一个新的风险管理措施。

在对风险管理措施进行风险监控时，先要制订监控计划，即要明确监控目标和需要收集的风险信息。监控目标一般和风险管理的目标一致，如果风险管理的目标是降低某种危害的水平，那么就应该监测度量并收集关于这种危害水平的信息。由国家市场监督管理总局实施的食品安全监测计划，在某种程度上就是对我国实施的一些风险管理措施效果的一种监控。另外，当监测到新的科学数据或研究成果可能对以往的风险评估结果产生影响时，需要开展新的风险评估，或利用新的和额外的研究结果对风险评估结果进行更新，这可能会改变风险管理目标及选择新的风险管理措施。因此，有针对性地制定食品安全监测计划是风险管理措施有效执行的保证。

五、食品安全风险管理的一般原则

（1）风险管理应遵循结构化的方法，包括风险评价、风险管理措施选项的评价、风险管理措施的实施、风险管理措施的监督和评议。在某些情况下，并不是所有环节都必须包括在风险管理活动当中。

（2）在风险管理决策中应当首先考虑保护人类健康。对风险的可接受水平应主要根据人体健康决定，同时应避免风险水平上随意的和不合理的差别。在某些风险管理情况下，尤其是决定采取措施时，应适当考虑其他因素，如经济费用、效益、技术可行性和社会习俗。

（3）风险管理的决策和执行应当透明。风险管理应当包含风险管理过程（包括决策）所有方面的鉴定和系统文件，保证决策和执行的理由对所有相关团体透明。

（4）风险评估政策的决定应当作为一个特殊的组成部分包括在风险管理中。风险评估政策为价值判断和政策选择制定准则，这些准则将应用在风险评估的特定决策点。因此，最好在风险评估之前，与风险评估人员共同制定。从某种意义上讲，制定风险评估政策往往成为进行风险分析实际工作的第一步。

（5）风险管理应当通过保持风险管理和风险评估二者功能分离，确保风险评估过程的科学完整性。但是风险分析是一个循环反复的过程，风险管理者和风险评估者的相互影响在实际应用中至关重要。风险评估机构作为科学咨询机构，而非决策机构，对食品安全的科学监管具有重要意义。因此，要把风险评估和风险管理的职能分离，减少利益冲突，确保风险评估的科学完整性。

（6）风险管理决策应当考虑风险评估结果的不确定性。如有可能，风险的估计应包括将不确定性量化，并以易于理解的形式提交给风险管理者，以便他们在决策时能充分考虑不确定性的范围。例如，如果风险的估计很不确定，风险管理决策将更加保守。

（7）在风险管理过程的各个阶段，应当与消费者和其他有关组织进行透明的信息交流。在所有有关团体之间进行持续的相互交流是风险管理过程的一个组成部分。风险交流不仅是信息的传播，其更重要的功能是将至关重要的信息和意见并入决策的过程，使风险管理更加有效。

（8）风险管理应当是一个连续过程，并不断考虑在风险管理决策的评价和审议过程中出现的新资料。在实施风险管理措施之后，为确定其在实现食品安全目标方面的有效性，应定期进行评价。为进行有效的评议与审查，有时必须实施监控和其他活动。

第四节　风险交流

一、风险交流概述

（一）风险交流的定义、内容与意义

1. 风险交流的定义

WHO/FAO 的《食品安全风险分析——国家食品安全管理机构应用指南》中明确指出，风险交流是在风险分析全过程中，风险评估人员、风险管理人员、消费者、企业、学术界和其他利益相关方就某项风险、风险所涉及的因素和风险认知相互交换信息和意见的过程，内容包括风险评估结果的解释和风险管理决策的依据。

食品安全风险交流非常重要，通过交流方便公众更科学、更透彻地理解风险；可以有效促进食品安全风险监管；可快速推进食品安全现代化治理进程；有利于重建消费者对食品安全的信心。我国的风险交流是指针对食品安全风险性事件，政府相关部门借助于传统媒体和社会化媒体方式，及时有效地与大众进行互动交流与沟通，以争取大众的理解、支持与合作。风险交流也利于风险管理者尽可能多地收集来自科研部门、政府相关部门、消费者、行业企业、媒体和其他各方面的信息与意见，以便风险管理者能够获知更多的影响因素和决策信息，避免出现片面决策，做出质量更高、效果更好的风险管理决策。

2. 风险交流的内容

食品安全风险交流内容是指风险评估者、风险相关人员、企业、专家学者、消费者、媒体及其他关心风险交流的人员针对风险情况的认知、风险等级的划分、风险涉及因素及其危害程度等的看法和意见。其交流的内容包括风险的性质、利益的性质、风险评估的不确定性和风险管理的选择。

（1）风险的性质　风险的性质包括危害的特征和重要性，风险的大小及其严重程度，风险情况的紧迫性，风险所呈现的变化趋势，暴露于危害的可能性，暴露情况的分布，能够构成显著风险的暴露量，风险人群的性质和规模大小以及最高风险级别人群等。

（2）利益的性质　利益的性质包括与每种风险有关的实际利益或者预期利益，风险的受益者和受益方式，风险与利益的平衡点，利益的大小和重要程度及受影响的全部人群的利益。

（3）风险评估的不确定性　风险评估的不确定性包括评估风险的方法，每一种不确定性的重要性，所得资料的局限性，评估时建立的假设。

（4）风险管理的选择　风险管理的选择包括控制风险和管理风险的措施方法，可能减少个人风险的措施方法，风险管理的费用及其来源，执行风险管理后仍然可能存在的风险。

3. 风险交流的意义

风险交流作为食品安全风险分析框架中的重要组成部分，在风险评估与风险管理过程中起着黏合剂和润滑剂的作用。风险交流是实现社会共治目标的必然要求，共治的前提是形成共识，风险交流恰恰是形成共识的重要手段。结合我国目前的情况，风险交流工作主要有以下四个目标。

（1）促进公众对风险信息的知晓与理解　风险交流的首要作用是促进各个利益相关方对风险信息的知晓与理解，其中最重要的是公众，也包括政府的监管者、学术界的研究者、行业企业、各种媒体以及消费者组织团体等。食品安全涉及的学科领域繁多，原料涉及环境、农业，终产品涉及健康和疾病。与专家相比，公众的知识面更为狭窄，面对不熟悉的专业领域，在信息获取过程中可能出现各种误读和误解，因而出现过度反应或者非理性语言和行为。风险交流使用通俗的语言向利益相关方解释风险评估及风险管理中涉及的专业问题，使公众能够知晓并理解相关信息，在众多利益相关方之间架起桥梁，弥合各方对风险认知的差异。

（2）促进监管措施的有效施行　监管者不是技术专家，直接面对风险评估的结论时也会感到困惑，只有他们理解其科学内涵才能做出正确的决策，这也需要风险交流。监管措施出台前，各利益相关方如果及时交换信息和意见，可以提高风险管理的水平，提高所做决策的可行性及合理性。充分的风险交流可以有效降低措施出台后可能出现的矛盾，利于风险管理措施的顺利执行。

（3）提高公众的食品安全信心　只有通过长抓不懈的有效行动，以透明公开的工作态度，配合良好的风险交流方法，才能重建消费者信心，从根本上改善舆论大环境。如通过各食品安全监管部门之间的有效风险交流，提高获取信息的一致性，避免出现语言、立场冲突，损害政府的公信力；通过提高政务信息公开力度，解决信息不对称造成的信息真空；同时鼓励公众和媒体走进食品企业，破除食品工业的神秘感，增强彼此的认识理解。

（4）促进食品产业、行业和贸易的健康发展　食品产业和行业的发展最终必然惠及全体消费者，它离不开良好的舆论环境和消费环境。如果风险交流长期缺位，必然导致消费者信心缺乏，将会对行业发展带来不利的影响。

（二）风险交流的目标、形式和指导原则

1. 风险交流的目标

风险交流的目标包括：促进所有参与者认识和理解风险分析过程中的具体问题；在达成和实施风险管理决定时，增加一致性和透明度；为理解提出的或实施的风险管理决定提供一个合理的依据；促进风险分析过程的全面有效性并提高效率；制订和实施作为风险管理选项的有效信息和教育计划；培养公众对食品供应安全性的信任和信心；加强所有参与者之间的工作关系和相互尊重；促进各方适当地参与风险交流过程；各方交流有关食品风险及其他论题的信息，包括其认识、态度、价值、行为及观念。

2. 风险交流的方法或途径

风险交流的方法或途径一般可分为会议性途径和非会议性途径。会议性途径包括听证会、公众会议、专题讨论会、针对重点人群的会议、答辩性的会议等；非会议性途径包括访谈、热线和免费电话、网络、电视广播、展览条幅、科学报告等。

选择何种交流方法或途径，取决于该问题的内容特征、交流的对象类型和知识背景。无论选择何种方法或途径，都应当最大限度地提高交流对象的参与度和主动性。我国许多与食品安全相关的标准、规范及法律法规在起草以后、正式发布之前都会向公众征求意见。与食品安全相关的任何一方，包括监管部门工作人员、企业技术人员及消费者都可以很方便地参与到食品安全风险管理策略的制定过程中。

3. 风险交流的指导原则

（1）认识交流对象　在制作风险交流信息资料时，应该先分析交流对象，了解他们的动机和观点，并与他们保持持续有效、开放的交流渠道。

（2）科学专家的参与　作为风险评估者，科学专家必须有能力解释风险评估的相关概念和评估过程，还应能解释评估所得的结论和科学数据，以及评估过程是基于哪些假设和主观判断，使风险管理者和其他相关方都能清楚地了解风险的全貌。科学专家还必须能够通俗易懂地表达他们了解的和不了解的信息，并且解释在整个风险评估过程中存在的不确定性。

（3）建立交流的专门技能　要想形成有效的风险交流，需要所有相关方都能够传达出易于理解的有用信息。风险管理者和科学专家由于工作等原因可能没有时间或技能去完成这样复杂的交流任务，因此，需要有具备风险交流技能的人员参与其中。

（4）确保信息来源可靠　决定信息来源可靠性的因素包括可信任度、公正性及无偏见性。消费者认为与"可靠性高"相联系的用词包括：基于事实的、知识水平高的、专家、公众福利、负责任的、真实的及良好的可追溯性。如果从多种途径来源的信息是一致的会加强信息的可靠性。有效的交流需要承认目前存在的问题和困难。及时传递信息非常重要，许多争论往往集中于知悉时间，而非风险本身。遗漏和歪曲都会损害信息的可靠性。

（5）分担责任　国家、地区和地方政府管理机构对风险交流负有根本的责任，公众期望政府在管理公众健康的风险方面起到领导作用。尤其当风险管理的决定是采取强制或非强制的自愿控制措施（即监管部门不采取行动）时，应通过风险交流解释为什么不采取行动是最佳措施。媒体、企业、风险评估者等均需对风险交流的结果负有共同的责任。

（6）分清"科学"和"价值判断"的区别　风险交流者有责任说明所了解的科学事实及与之相关的认识的局限性。而价值判断体现在可接受的风险水平这一概念中。公众往往将安全的食品理解为零风险的食品，但实际上其通常指食品是足够安全的。风险交流者应该对公众说明确定可接受的风险水平的理由。

（7）确保透明度　为了使公众接受风险分析过程及其结果，要求过程必须是透明的。除了因合法原因需保密外，风险分析的透明度必须体现在过程的公开性和可供有关各方审议两个方面。

（8）正确认识风险　要正确认识风险，一种方法是研究可能带来风险的食品的加工工艺或加工过程；另一种方法是将所讨论的风险与其他相似的更熟悉的风险相比较。只有正确认识风险才能更好地开展风险交流工作。

如果不能正确地按以上原则进行风险交流，可能会导致负面效果。如目前的风险交流强调消费者和新闻媒介的参与，但由于一些发展中国家的消费者和新闻媒介对于食品安全问题的认识水平相对较低，过分强调其作用很可能导致政府在决策时将有限的管理资源投入到消费者更加关注的热点问题上。而实际上这些问题并不完全是真正亟待解决的，或者在科学意义上并不是最严重的食品安全问题。这必将造成管理资源的巨大浪费，同时也将给消费者造成潜在的危害。

二、风险交流的实践应用

食品安全风险交流在实践中可分为日常交流和危机交流两部分。日常交流侧重于告知、教育、促进风险决策、达成共识等。危机交流侧重于满足公众的信息需求，尽快警示公众并为他们提供降低风险的可选方案，引导舆论，避免恐慌蔓延。两者的不同之处在于日常交流关注少、影响力弱，适合系统布局设计交流方案；危机交流关注度高、需求旺盛、紧迫性强，需要风险交流工作更为迅速地展开。

（一）日常交流基本流程

1. 明确风险交流的目的和目标

制定风险交流预案的第一步是明确目的和目标。风险交流的目的通常是比较宽泛的描述，一般有九类：提高对某一具体事物的知晓率和认知度；增加风险决策的透明度、一致性和可操作性；充分理解风险管理措施；提高风险分析框架的总体效力；有效的信息传播和健康教育；构建信任关系并巩固消费者对食品安全的信心；强化各利益相关方之间平等互利的工作关系；促进各利益相关方参与风险交流活动；就食品相关问题在各利益相关方之间广泛的交换意见，包括知识、信息、关切、态度和认知等。风险交流的目标通常指预期达到的特定的、可衡量的某种状态。

2. 受众分析

基于受众需求是风险交流的基本原则，而受众分析是实现这一原则的具体方法。受众分析中主要关注的问题如下。

（1）确定受众群体 如果要开展一项健康教育活动，警告并引导消费者关注某一风险信息，同时改变他们的行为，首先需要了解哪些人群处于风险之中，受到风险的影响，掌握基本的人群特征。如人群的地域、年龄特征、生理特征、职业特征等，不同的人群特征很可能影响后续交流渠道和信息表达方式的选择。这一步骤帮助风险交流者初步的认识受众。

（2）受众分析内容和相应交流对策 所有风险交流活动都应该做最基本的受众分析，了解对风险交流活动产生直接影响的受众特征，如阅读理解的能力、主要信息获取的渠道及是否有抵触情绪等。对于危机交流做到这个层次可能就够了。当交流机构人、财、物、时间等资源比较充足时，可进一步分析受众的社会、经济、文化背景特征和人口学特征等，如年龄、性别、民族、地域分布、职业和收入水平等都属于这一层次。

（3）获取受众分析所需信息 风险交流者获得受众分析所需信息的渠道分为直接和间接两种。直接渠道是指信息直接来自受众，信息收集方式多数为对受众进行调查，以定量的统计调查和定性的焦点访谈为主。间接获取信息的渠道包括采用替代受众和借助现有资源两种。替代受众的方法是指从与实际受众较接近的受众样本获取信息，该方法解决了与受众时空隔离的问题，也可以降低资金成本。借助现有资源是最常用的信息渠道，特别是来自互联网的公开信息。

（4）构建风险交流信息　进行受众分析之后，需要进一步构建风险交流信息图谱。信息图谱既可以用于筛选、梳理信息，也可以直接用于向受众展示信息，在新闻报道中直接播出。其最大特点就是层次分明，逻辑关系清晰，易于被受众理解。信息图谱的制作可以邀请不同专业领域的人员共同参与，各种不同观点和意见的交汇最终会使风险信息得到更广泛的认同。

3. 选择合适的交流方式

成功构建风险交流信息后，还需要确定用什么方式传递这些信息。交流应对的强度从低到高一般是：微博或网站发布新闻口径、向记者发送新闻稿、接受记者采访或专访、召开媒体通气会和新闻发布会等。从受众复杂性来说，一种特定的方式或媒体工具可能难以满足所有受众群体的需求，需要根据具体情况灵活调整。

4. 制定时间进度

时间表的作用是让所有参与者都知道自己所处的位置和在整个过程中的时间约束，可以提高检验人员执行计划的效率，也可以作为风险交流效果评价的一项指标。时间表不仅仅包括风险交流主线的时间安排，也包括其中每一项具体工作的安排。

（二）危机交流基本流程

危机事件通常指的是突然或意外发生的状况，是事件发展中的关键点或具有决定性意义的转折点，如重症急性呼吸综合征、禽流感及三聚氰胺事件等。虽然不同的危机事件具有其独特性，但以下步骤是危机交流通用的。

1. 了解危机交流的主要特征

（1）紧迫感　危机事件必须在较短时间内做出决策且结果未知。风险交流者要认识到随着事件发展，风险交流信息可能令人困惑甚至相互矛盾，随时可能发生改变；事先计划可能有所改变。

（2）突发性、难预测　这意味着常规的或事先计划好的交流渠道可能无法使用，需要事先计划并留有一定灵活性，事件发生后寻找替代方案。

（3）可能出现大量病例或伤亡　这会导致信息需求旺盛，需要与各种机构和部门建立联合工作小组，集思广益建立交流方案。

（4）媒体密集报道　记者不断地挖掘信息，相关报道层出不穷。因此应指定发言人并进行培训，其他人也需要做好发言的准备。

（5）情绪反应强烈　人们可能产生各种负面情绪，这些负面情绪将影响他们对风险的行为反应。因此，要针对不同负面情绪开展相应的风险交流并提供合理的行为建议。

（6）信息不完整或信息未知　对风险的错误认知会影响行为反应。要对重要的误解给予回应；解释风险交流者现在知道什么，不知道什么，并指出这是暂时情况；针对未知因素，风险交流者正在做什么。当获得更多信息后，应更新信息并对先前的错误言论加以修正。

（7）安全和隐私　要解释哪些信息不能公布，不能公布的原因，以后会不会公布，在何种情况下可以公布。

（8）问责　在危机事件过后，人们会寻找问责对象。总结不足之处，机构要勇于承担责任，解释现在已经做了哪些改进。

2. 建立预案

危机事件意味着需要更迅速地开展风险交流，因此尤其需要提早做好计划、建立预案。日常交流的六个步骤是事发前制定交流预案的基础。但危机交流预案需要提前准备一些要特殊侧重的内容，如本机构参与风险交流的人员名单，他们的办公和个人联系方式，包括机构发言人的名单以及办公和个人联系方式；相关机构及专家人员的办公和个人联系方式；媒体联系方式列表；利益相关方的联系方式以及联系的优先次序；个人和机构的职责，包括应急指挥中心、公共信息部门、公共卫生人员、执法部门、社区组织等；明确信息核实和批准流程，通常要求过程越简化越好；媒体采访的审批流程；电力、电话通信中断，场地或其他资源无法获得的状况下的应急处理办法；向脆弱人群传递信息的渠道和方式，以及在常规交流渠道失灵情况下的替代方案，这些人群可能包括残疾人、老年人、少数民族或慢性病患者等。

3. 危机事件期间的风险交流

当危机事件爆发，风险交流者应当执行事先制定的交流预案，并根据实际情况进行灵活变通。危机事件期间如何更好地与媒体进行有效的沟通，是风险交流面临的一大难题。美国 CDC 对突发事件下的媒体应对做出如下建议：在发布正式消息前指派人员答复媒体的咨询电话；通过新闻专线、电话、简报和网站等形式发布媒体信息；为媒体人员提供场所完成新闻稿，并发布给读者、观众或听众；准备好一个适合媒体拍摄的角度，如果是在机构内拍摄，一般选择能拍到机构名称或标志的地方；承诺媒体可以得到信息更新（"暂时尚无更新的消息"也是一种信息更新）的时间；给记者发放一份包含基本信息的材料，也包括机构的介绍或官方声明。

如果要召开新闻发布会应注意以下问题：发言人、应急工作人员和技术顾问应就以下问题达成一致——哪些信息最为重要？哪些问题由谁来回答？要传达的关键信息点是什么？媒体可能会提出哪些疑问？可以使用哪些图形图像？由谁来记录需要跟进的问题？参与新闻发布会的人员应当做自我介绍，包括姓名、职责、代表的机构，这样可以方便发布会主持人的工作。发布会后发布人员应当做一个小结，确定是否有需要更正的信息。

4. 危机事件过后的风险交流

公众对信息的需求会随着时间推移发生变化，即便危机事件已经缓解，风险交流工作仍不能终止，应当继续对风险交流和风险应对措施的效果进行评估。通过总结经验教训，方便更好地应对未来再次发生类似的状况，也是对公众进行食品安全教育的重要机遇期。在危机事件过后应当把握时机进一步加强相关风险知识的科普和宣教，要提供信息帮助各利益相关方、公众和媒体从危机事件的紧急状态恢复到常态。

🔍 思考题

1. 什么是食品安全风险分析？其基本框架包含哪些内容？
2. 食品安全风险评估由哪几部分组成？各部分的主要工作是什么？
3. 危害特征描述的核心内容是什么？采用的方法有哪些？
4. 风险特征描述有哪些方法？分别针对哪些评估对象？
5. 什么是风险管理？风险管理的原则是什么？
6. 什么是风险交流？有什么重要意义？

第七章 CHAPTER 7

食品安全标准体系

【学习要点】

1. 掌握食品标准与标准化的概念和基础知识，标准的分类及代号。

2. 了解食品安全标准的定义和分类，明确标准制定的原则、标准质量的评价要素；了解标准的实施与监督。

3. 了解我国食品标准与标准化的发展历程和国家食品安全标准体系发展概况。

标准是衡量事物的准则，是实践经验的总结，食品标准是从事食品生产、开发利用、监督检测、质量管理以及合格评估认证的行为准则，是规范市场经济秩序、实现食品安全监督管理的重要依据。标准化是以科学、技术与实验的综合成果为依据，以实现各行各业现代化管理作为基本前提来进行标准制定和实施的过程，是国民经济建设和社会发展的重要基础工作。

本章主要介绍我国食品标准的基本情况与分类、食品安全标准的制定原则与执行，以及我国食品安全标准体系的现状与发展。掌握食品标准与标准化的概念和基础知识，了解我国食品标准与标准化的发展历程和国家食品安全标准体系发展概况，为健全我国食品安全标准体系和确保食品安全提供保障。

第一节 标准概述

一、标准基本情况

（一）标准的定义及含义

1. 标准的定义

我国国家标准 GB/T 20000.1—2014《标准化工作指南 第 1 部分：标准化和相关活动的通用术语》对标准定义为：通过标准化活动，按照规定的程序经协商一致制定，为各种活动或其结果提供规则、指南或特性，供共同使用和重复使用的文件。标准以科学、技术和经验的综合成果为基础。规定的程序指制定标准的机构颁布的标准制定程序。GB/T 20000.1—2014 修改采用 ISO/IEC（国际标准化组织/国际电工委员会）第 2 号指南，此指南将标准定义为：由一个公认机构经过协商共识制定和批准的，

标准基本情况

为了重复使用和共同使用，以达到预定领域最佳秩序的文件。

WTO/TBT 协定规定：标准是经公认机构批准的、非强制性执行的、为了通用或重复使用的目的，为产品或其加工和生产方法提供规则、导则或特性的文件。该文件还可适用于产品、工艺或生产方法的专业术语、符号、包装、标志或标签要求。

标准从本质上属于技术规范范畴。标准同其他规范一样，都是调整社会秩序的规范，但标准调整的重点是人与自然规律的关系，它规范人们的行为，目的是要建立有利于社会发展的技术秩序。

2. 标准的含义

（1）制定标准的出发点　获得最佳秩序和促进最佳共同效益是制定标准的出发点。最佳秩序指通过制定和实施标准，使标准化对象的有序化程度达到最佳状态；最佳共同效益指相关方的共同效益，这是作为国际标准、国家标准必须做到的。"最佳"有两重含义：一是努力方向、奋斗目标，要在现有条件下尽最大努力争取做到；二是要有整体观念，局部服从整体，追求整体最佳。"获得最佳秩序"和"促进最佳共同效益"集中地概括了制定标准的目的和作用，同时又是衡量标准化活动及评价标准的重要依据。

（2）标准产生的基础　将科学研究的成就、技术进步的成果同实践中积累的先进经验相互结合，纳入标准，奠定标准科学性的基础。这些成果和经验需经过消化、提炼和概括，再经过分析、比较选择后加以综合。标准的社会功能，是将截至某一时间点的、社会积累的科学技术和实践的经验成果予以规范化，以促成对资源更有效的利用和为技术的进一步发展搭建平台并创造稳固的基础。

标准反映的不应是局部的、片面的经验和局部的利益，应同有关人员、有关方面（如用户、生产方、政府、科研及其他利益相关方）进行认真的讨论，充分地协商并达成一致，从共同利益出发做出规定。这样制定的标准才能既体现出它的科学性，又体现出它的民主性和公正性。标准的这两个特性越突出，在执行中越有权威性。

（3）标准化对象的特征　制定标准的对象，已经从技术领域延伸到经济领域和人类生活的其他领域，其外延已经扩展非常广泛。因此，对象的内涵便缩小为有限的特征，即重复性事物。例如，成批大量生产的产品在生产过程中的重复投入、重复加工、重复检验等；同一类技术活动在不同地点、不同对象同时或相继发生；某一种概念、方法、符号被反复应用等。事物具有重复出现的特性，才有制定标准的必要。对重复事物制定标准的目的是总结以往的经验，选择最佳方案，作为今后实践的目标和依据。标准可以最大限度地减少不必要的重复劳动，扩大"最佳方案"的重复利用次数和范围。标准化过程就是人类实践经验不断积累与不断深化的过程。

（4）由公认的权威机构批准　国际标准、区域性标准以及各国的国家标准，是社会生活和经济技术活动的重要依据，是人民群众、广大消费者以及标准各相关方利益的体现，是一种公共资源，它必须由能代表各方面利益并为社会所公认的权威机构批准，才能为各方所接受。

（5）标准的属性　ISO/IEC 将标准定义为规范性文件；WTO 将标准定义为非强制性的提供规则、指南和特性的文件。这其中有细微差别，但本质上标准是为公众提供一种可共同使用和反复使用的最佳选择，为各种活动或其结果提供规则、导则、规定特性的文件。

（二）标准的特点

1. 非强制性

TBT 协定明确规定了标准的非强制性的特性，非强制性也是标准区别于技术法规的一个重要特点。标准虽是一种规范，但它本身并不具有强制力。因为标准中不规定行为主体的权利和义务，也不规定不履行义务应承担的法律责任，标准与其他规范制定的程序完全不同。多数国家的标准是由国家授权的民间机构制定，即使由政府机构颁发的标准，它也不是像法律、法规那样由象征国家的权力机构审议批准，而是由各方利益的代表审议，政府行政主管部门批准。因此，标准是通过利益相关方的平等协商达成，不存在一方强加于另一方的问题，更多的是以科学合理的规定，为人们提供一种适当的选择。但是，标准本身虽不具有强制性，一旦出于自愿而选定执行则带有强制性和约束力，要相关方共同遵守。

2. 应用的广泛性和通用性

标准的应用非常广泛，影响面大，涉及各种行业和领域。食品标准除了大量的产品标准以外，还有生产方法标准、试验方法标准、术语标准、包装标准、标志或标签标准、卫生安全标准以及合格评定标准、质量管理标准等，广泛涉及人类生产、生活的各方面。

3. 标准对贸易的双向作用

对市场贸易而言，标准是把双刃剑。设计良好的标准能提高生产效率、确保产品质量、促进国际贸易、规范市场秩序，但利用标准技术水平的差异也可设置国际贸易壁垒，保护本国市场和利益。标准对产品及其生产过程的技术要求是明确具体可量化的，因此对进入国际贸易的货物其影响显著，即显性的贸易壁垒。反之，技术法规的技术要求虽然明确，但通常是非量化的，因此，技术法规对进入国际贸易的货物是隐性贸易壁垒。

4. 标准的制定出于合理目标

标准的制定总的来说是出于保证产品质量、保护人类（或动物、植物）的生命或健康、保护环境，防止欺诈行为等合理目标，需要排除恶意的、针对特定国家、特定产品而制定的歧视性标准。

5. 标准对贸易壁垒作用的跨越

标准对国际贸易的壁垒作用多是由于各国经济技术发展水平的差异造成的。这种壁垒由于其制定初衷的合理性不能打破，因此只能通过提高产品生产的技术水平、增加产品的技术含量、改善产品的质量达到标准的要求等方式予以跨越。

（三）标准的功能

1. 获得最佳秩序

制定标准的过程是以科学性和先进性为基础，将科学技术成果与实践积累的先进经验结合起来，经过分析、比较、选择并加以综合，进而归纳和提炼的优化过程。由于标准为最佳秩序，才使人们无需任何强制力而自愿遵守。

2. 实现规模生产

标准的制定减少了产品种类，使得产品品种呈系列化，促进了专业化生产，实现产品生产的规模经济，降低生产成本，提高生产效率。

3. 保证产品质量安全

技术标准不仅对产品性能做出具体要求，还对产品的卫生安全、规格、检验方法及包装和储运条件等做出明确规定，严格按照标准组织生产，依据标准进行检验，产品的质量安全就能得到可靠的保障。标准还是生产需求的正确反映，只有将消费者的需求转化为标准的质量安全特性，再通过执行标准将质量安全特性转化为产品的固有特性，才能保证产品的质量符合消费者的需求。

4. 促进技术创新

一项科研成果，如新产品、新工艺、新材料和新技术，开始只能在较小的范围内应用，一旦纳入标准，则能迅速得以推广和应用。目前，国际上很重视通过标准来大力推进先进技术。

5. 确保产品的兼容性

许多产品如果单独使用没有任何价值。若一台电脑仅有主机，没有显示器、键盘、鼠标、软件等与之匹配的产品将毫无用处，这些相关产品一般又是由不同的生产商生产，标准确保了产品与部件的兼容与匹配，使消费者能享用更多的通用产品。

6. 减少市场中的信息不对称

对于产品的属性和质量，消费者掌握的信息远少于生产者，由此产生了信息不对称。这使消费者在交易前了解和判断产品的质量十分困难，但是借助于标准，就可以表示出产品所满足的最低要求，帮助消费者正确认识产品的质量，提高消费者对产品的信任度。

（四）食品标准制定的意义

食品标准是食品行业的技术规范，涉及食品行业各个领域的不同方面，包括食品产品质量标准、食品卫生标准、食品工业基础及相关标准、食品包装材料及容器标准、食品添加剂标准、食品通用检验方法标准、各类食品生产卫生管理标准等。因而，食品标准从不同方面规定了食品的技术要求和质量卫生要求，并与食品安全息息相关，也是食品安全的重要保证。制定食品标准在确保人身安全、提高生活水平、保证社会的长治久安和稳定等方面具有极其重要的作用，概括起来主要表现在以下几个方面。

1. 保证食品质量卫生与安全

食品是供人食用的产品，衡量食品质量卫生是否合格，标准就是其对应的食品标准。食品标准在制定过程中充分考虑了食品可能存在的有害因素和潜在的不安全因素。通过规定食品的微生物指标、理化指标、检验方法、保质期等内容，确保符合标准的食品具有安全性。可见，食品标准可以保证食品卫生与安全、保证食品质量、防止食品污染以及有害化学物质对人体的危害。

2. 国家管理食品行业的依据

食品工业的发展水平已成为衡量一个国家或地区文明程度和人民生活质量的重要标志。国家对食品行业进行宏观调控与管理的主要依据是食品标准，通过食品标准可有效地对食品行业进行监督管理。

3. 食品企业科学管理的基础

食品标准是食品企业科学管理的基础，是提高食品质量与安全的前提和保证。在生产过程的各个环节，都要以标准为准，检测质量控制指标，把不合格因素消灭在产品的生产过程之中，确保产品最终达到标准规定的要求。

二、标准分类

（一）标准的分类

我国的标准有多种分类方法，按效力性质可分为强制性标准和非强制性标准；按层次可分为国家标准、行业标准、团体标准、地方标准和企业标准；按标准内容可分为技术标准、管理标准和工作标准。

1. 标准按效力性质分类

强制性标准是由法律规定必须遵照执行的标准。强制性标准以外的标准是自愿执行的非强制性标准，即推荐性标准。依据《中华人民共和国标准化法》（2017 年 11 月 4 日修订）规定，国家标准分为强制性标准和推荐性标准，强制性标准必须执行，推荐性标准国家鼓励采用。涉及公共健康、人身安全、财产保护和环境方面内容及其相关法律法规为强制性执行标准，除此以外的内容为推荐性标准。行业标准、地方标准是推荐性标准。省、自治州（区）和直辖市标准化行政主管部门制定的地方标准中涉及工业产品安全、卫生要求等，在本地区内是强制性标准。制定推荐性标准，由相关方组成标准化技术委员会，承担标准的起草、技术审查工作。制定强制性标准，一般由相关标准化技术委员会承担标准的起草、技术审查工作。

2. 标准按层次分类

标准按层次可分为国家标准、行业标准、地方标准、团体标准和企业标准。

（1）国家标准　体现在全国范围统一技术要求，在国家经济发展和技术进步中的重要性。强制性国家标准由国务院批准发布或者授权批准发布。对满足基础通用、与强制性国家标准配套、对各有关行业起引领作用等需要的技术要求，可制定推荐性国家标准。推荐性国家标准由国务院标准化行政主管部门制定。

（2）行业标准　指我国某个行业领域作为统一技术要求制定的标准。《中华人民共和国标准化法》规定对没有推荐性国家标准、需要在全国某个行业范围内统一的技术要求，可以制定行业标准。行业标准由国务院有关行政主管部门制定，报国务院标准化行政主管部门备案。行业标准比国家标准的专业性和技术性更强，是对国家标准的补充，当相应的国家标准实施后，该行业标准应自行废止。

（3）地方标准　在没有国家标准和行业标准的情况下，由省、自治州（区）或直辖市标准化行政主管部门统一制定的标准。标准法规定为满足地方自然条件、风俗习惯等特殊技术要求，可以制定地方标准。地方标准由省、自治区、直辖市人民政府标准化行政主管部门制定；设区的市级人民政府标准化行政主管部门根据本行政区域的特殊需要，经所在省、自治区、直辖市人民政府标准化行政主管部门批准，可以制定本行政区域的地方标准。地方标准由省、自治区、直辖市人民政府标准化行政主管部门报国务院标准化行政主管部门备案，国务院标准化行政主管部门通报国务院有关行政主管部门。地方标准仅适用于当地行政管辖区域内。

（4）团体标准　由团体按照团体确立的标准制定程序自主制定发布，由社会自愿采用的标准。标准法规定国家鼓励学会、协会、商会、联合会、产业技术联盟等社会团体协调相关市场主体共同制定满足市场和创新需要的团体标准，由本团体成员约定采用或者按照本团体的规定供社会自愿采用。制定团体标准遵循开放、透明、公平的原则，保证各参与主体获取相关信息，反映各参与主体的共同需求，经过调查分析、实验和论证。

（5）企业标准　企业根据需要制定或者与其他企业联合制定。国家支持在重要行业、战略性新兴产业、关键共性技术等领域利用自主创新技术制定企业标准。

推荐性国家标准、行业标准、地方标准、团体标准、企业标准的技术要求不得低于强制性国家标准的相关技术要求。国家鼓励社会团体、企业制定高于推荐性标准相关技术要求的团体标准、企业标准。

为了适应某些领域标准快速发展和变化的需要，作为对国家标准的补充，我国出台了《国家标准化指导性技术文件》。指导性技术文件是为仍处于技术发展过程中（如变化快的技术领域）的标准化工作提供指导或信息，供科研、设计、生产、使用和管理等有关人员参考使用而制定的标准文件。对技术尚在发展中、需要引导其发展或者具有标准化价值的项目，可以制定国家标准化指导性技术文件；采用国际标准化组织、国际电工委员会及其他国际组织（包括区域性国际组织）的技术报告的项目可以制定国家标准化指导性技术文件。

3. 标准按内容分类

标准按内容可以分为技术标准、管理标准和工作标准三类。

（1）技术标准　对标准化领域需要统一的技术事项制定的标准。技术标准按功能可以进一步分为基础技术标准、产品标准、工艺标准、检验和试验方法标准、设备标准、原材料标准、安全标准、环境保护标准、卫生标准等。每一类还可以进一步细分，如基础技术标准还可再分为术语标准、图形符号标准、数系标准、公差标准、环境条件标准和技术通则性标准等。

（2）管理标准　对标准化领域中需要协调统一的管理事项制定的标准。主要是针对管理目标、管理项目、管理业务、管理程序、管理方法和管理组织作出的规定，包括管理基础标准、技术管理标准、经济管理标准、行政管理标准、生产经营管理标准等。

（3）工作标准　为实现工作（活动）过程的协调，提高工作质量和工作效率，对每个职能和岗位的工作制定的标准。按岗位制定的工作标准通常包括岗位目标、工作程序和方法、业务分工和联系（信息传递）方式、职责权限、质量要求与定额、对岗位人员的基本技术要求、检查考核办法等内容。

4. 标准按信息载体分类

标准按信息载体可以分为标准文件和标准样品。

（1）标准文件　标准文件是以文字形式表达，以文件形式颁布，为了规范某行业内某种工作而制定的统一标准，以便促进该行业的工作。

（2）标准样品　标准样品是以实物形式表达，分内部标准样品和有证标准样品。内部标准样品是在企业、事业单位或其他组织内部使用的标准样品，其性质是一种实物形式的企业内控标准；有证标准样品具有一种或多种性能特性，经过技术鉴定附性能特征说明的证书，并经国家标准化管理机构批准的标准样品，其特点是经国家标准化管理机构批准并颁发证书，由经过审核和准许的组织生产和销售。

（二）标准的代号及表示方法

我国标准代号在《国家标准管理办法》《行业标准管理办法》《地方标准管理办法》《团体标准管理规定》《企业标准管理办法》及《关于规范使用国家标准和行业标准代号的通知》中都有相应规定。国家标准代号、行业标准代号、地方标准代号、团体标准代号和企业标准代号如表7-1所示，标准的表示方法如表7-2所示。

表7-1　　　　　　　　　　　部分标准代号

分类	代号	含义	主管部门
国家标准	GB	中华人民共和国强制性国家标准	国务院标准化行政主管部门
	GB/T	中华人民共和国推荐性国家标准	
	GB/Z	中华人民共和国国家标准化指导性技术文件	

续表

分类	代号	含义	主管部门
行业标准	HJ	环境保护	中华人民共和国生态环境部
	QB	轻工	中华人民共和国工业和信息化部
	SB	商业	中华人民共和国商务部
	NY	农业	中华人民共和国农业农村部
	SC	水产	中华人民共和国农业农村部
	SN	商检	中华人民共和国海关总署
	WS	卫生	中华人民共和国国家卫生健康委员会
	YC	烟草	国家烟草专卖局
地方标准	DB	中华人民共和国强制性地方标准	省级标准化行政主管部门
	DB/T	中华人民共和国推荐性地方标准	
团体标准	T	中华人民共和国团体标准	国务院标准化行政主管部门
企业标准	Q	中华人民共和国企业产品标准	企业

表7-2　　　　　　　　　　　　　标准表示方法

按标准层次分类	表示方法	应用举例
强制性国家标准	GB 标准发布顺序号—标准发布年代号	GB 2760—2024《食品安全国家标准 食品添加剂使用标准》
推荐性国家标准	GB/T 标准发布顺序号—标准发布年代号	GB/T 19883—2018《果冻》
国家实物标准（样品）	GSB 一级类目代号—二级类目代号 三级类目内的顺序号—四位数年代号	GSB 11-3624—2019《大米中镉定量分析标准样品》
推荐性行业标准	推荐性行业标准代号 标准发布顺序号—标准发布年代号	WS/T 652—2019《食物血糖生成指数测定方法》
强制性地方标准	强制性地方标准代号 标准发布顺序号—标准发布年代号	DB 31/2015—2013《食品安全地方标准 餐饮服务单位食品安全管理指导原则》
团体标准	T/社会团体代号 团体标准顺序号—标准发布年代号	T/XYSCA 0001—2022《城市物流配送企业分类与评估指标》
企业标准	Q/企业标准代号 标准发布顺序号—标准发布年代号	Q/FMT 0011S—2022《食品及其加工环境采样通则》

思政案例：迎二十大·数说食品标准这十年

　　为迎接党的二十大胜利召开，中国网推出《迎二十大·数说十年》系列报道，用数字盘点十年伟业。在食品安全标准发展领域，国家卫生健康委员会食品安全标准与监测评估司刘司长介绍，党的十八大以来，国家卫健委全面打造最严谨标准体系，吃得放心有章可依。截至 2022 年 6 月，已发布食品安全国家标准 1419 项，包含 2 万余项指标，涵盖了从农田到餐桌、从生产加工到产品全链条、各环节主要的健康危害因素。标准体系框架既契合中国居民膳食结构，又符合国际通行做法。我国连续 15 年担任国际食品添加剂、农药残留国际法典委员会主持国，牵头协调亚洲食品法典委员会食品标准工作，为国际和地区食品安全标准研制与交流发挥了积极作用。

　　合理膳食行动实施 3 年以来，国家卫健委会同国民营养健康指导委员会 17 个成员部门齐心协力，组织实施国民营养计划和合理膳食行动。监测结果显示，我国居民营养健康状况持续改善，城乡差异逐步缩小。2020 年我国 18～44 岁居民身高分别为男性 169.7 厘米、女性 158.0 厘米，比 2015 年分别增加 1.2 厘米、0.8 厘米；农村 6 岁以下儿童生长迟缓率由 2015 年的 11.3% 下降至 5.8%；人均每日烹调用盐 9.3 克，比 2015 年下降 1.2 克；定期测量体重、血压、血糖、血脂等健康指标的人群比例显著增加。我国各级疾控部门与教育部门密切配合，逐年开展监测评估显示，贫困地区学生贫血率从 2012 年的 16.7% 下降到 2021 年的 11.4%，学生的生长迟缓率下降更多，从 2012 年的 8.0% 下降到 2021 年的 2.5%。

　　习近平总书记提出"用最严谨的标准、最严格的监管、最严厉的处罚、最严肃的问责，确保广大人民群众舌尖上的安全"。食品安全和营养关系到每个家庭、每个人的健康。随着健康中国建设的推进和食品安全最严谨的标准落实，食品安全和营养健康工作已经取得积极进展和明显成效。

第二节　食品安全标准的制定原则与执行

一、食品安全标准的定义和分类

（一）食品安全标准的定义

　　《食品安全法》对食品安全作出规定：食品安全，指食品无毒、无害，符合应当有的营养要求，对人体健康不造成任何急性、亚急性或者慢性危害。食品安全标准是指产品标准与操作规范配套、限量标准与检验方法配套、专项标准与基础标准协调为原则建立的标准体系，对食品生产、加工、流通和消费（即从农田到餐桌）中影响食品安全和质量的各种要素和关键环节进行控制、管理，保证食品无毒、无害以及符合健康需求等要求，经食品安全有关方协商一致制定并经公认机构批准，以供共同使用和重复使用的一种规范性文件。《食品安全法》第三章规定，食品安全标准是强制执行的标准，除此之外不能制定其他食品强制性标准。食品安全国家标准由国务院卫生行政部门会同国务院食品安全监督管理部门制定、公布，国务院标准化行政部门提供国家标准编号。制定食品安全国家标准需依据食品安全风险评估结果并充分考虑食用农产品安全风险评估结果，参照相关的国际标准和国际食品安全风险评估结果，并将食品安全国家标准草案向社会公布。食品安全国家标准经食品安全国家标准审评委员会审查通过，省级以上人民政府卫生行政部门应在其网站公布制定和备案的食品安全国家标准、地方标准和企业标准，供公众免费查阅、下载。

（二）食品安全标准的分类

《食品安全法》第二十六条规定，食品安全标准应当包括下列内容：食品、食品添加剂、食品相关产品中的致病性微生物，农药残留、兽药残留、生物毒素、重金属等污染物质以及其他危害人体健康物质的限量规定；食品添加剂的品种、使用范围、用量；专供婴幼儿和其他特定人群的主辅食品的营养成分要求；对与卫生、营养等食品安全要求有关的标签、标志、说明书的要求；食品生产经营过程的卫生要求；与食品安全有关的质量要求；与食品安全有关的食品检验方法与规程；其他需要制定为食品安全标准的内容。

1. 致病性微生物、农兽药残留等污染物质以及其他危害物的限量规定

此分类中主要包括的内容有：食品中真菌毒素、致病菌限量及散装即食食品中致病菌限量；食品中农兽药最大残留限量；食品中铅、镉、汞、砷、锡、镍、铬、亚硝酸盐、硝酸盐、苯并芘、N-二甲基亚硝胺、多氯联苯、3-氯-1,2-丙二醇的限量指标。

2. 食品添加剂的品种、使用范围、用量

食品、食品接触材料及制品用添加剂的使用原则、允许使用的添加剂品种、使用范围、最大使用量、特定迁移量或最大残留量、特定迁移总量限量及其他限制性要求。

3. 专供婴幼儿和其他特定人群的主辅食品的营养成分要求

食品营养强化剂使用标准，包括食品营养强化的主要目的、使用营养强化剂的要求、可强化食品类别的选择要求以及营养强化剂的使用规定；特殊膳食食品标准，包括婴幼儿配方食品及谷类和罐装辅助食品、运动营养食品通则、孕妇及乳母营养补充食品等。

4. 与食品安全要求有关的标签、标志、说明书的要求

食品添加剂和食品营养强化剂的标识、质量规格及相关标准；预包装食品（含营养标签）通则以及预包装特殊膳食用食品的标签（含营养标签）均属于此分类。

5. 食品生产经营过程的卫生要求

食品生产通用卫生规范，如食品生产过程中原料采购、加工、包装、贮存和运输等环节的场所、设施、人员的基本要求和管理准则；食品经营过程卫生规范，如食品采购、运输、验收、贮存、分装与包装、销售等经营过程中的食品安全要求；餐（饮）具消毒及餐饮服务；各类食品及相关卫生规范，如乳制品、粉状婴幼儿配方食品、食品接触材料及制品等。

6. 与食品安全有关的质量要求

如食品产品（动物性食品、植物性食品等）及食品相关产品（洗涤剂、消毒剂、食品接触材料及制品等）标准。

7. 与食品安全有关的食品检验方法与规程

理化检验方法标准，包括相对密度、水分、灰分、蛋白质、脂肪、糖、淀粉、重金属及有毒有害物质、食品添加剂等的测定方法；微生物检验方法标准，如菌落总数、乳酸菌、大肠菌群、致病菌、产毒霉菌等测定方法；毒理学检验方法与规程标准，包括评价食品及其原料、食

品添加剂、食品相关产品以及食品污染物等生产、加工、贮藏、运输和销售过程中所涉及的可能对健康造成危害的化学、生物和物理因素的安全性等；农兽药残留检测方法标准，如乳及乳制品、肉及肉制品、动植物源性食品等的农药残留和水产品、动物性食品等的兽药残留测定方法。

（三）食品安全标准的规定

根据《中华人民共和国食品安全法实施条例》规定，国务院卫生行政部门会同国务院食品安全监督管理、农业行政等部门制定食品安全国家标准规划及其年度实施计划。国务院卫生行政部门在其网站公布食品安全国家标准规划及其年度实施计划的草案，公开征求意见。省、自治区、直辖市人民政府卫生行政部门制定食品安全地方标准前需公开征求意见，并自食品安全地方标准公布之日起 30 个工作日内，将地方标准报国务院卫生行政部门备案，国务院卫生行政部门进行审核，废止的地方标准需及时在网站公布。保健食品、特殊医学用途配方食品、婴幼儿配方食品等特殊食品不属于地方特色食品，不得制定地方标准。食品生产企业不得制定低于食品安全国家标准或者地方标准要求的企业标准。

二、制定标准的原则

为了保证技术标准的质量和水平，在制定技术标准时，必须严格遵循一些基本原则。

1. 贯彻国家有关政策和法律法规

制定技术标准是一项技术复杂、政策性很强的工作，它直接关系到国家、企业和广大人民群众的利益。国家的法律法规是维护全体人民利益的根本保证。因此，凡属国家颁布的有关法律法规都应贯彻，技术标准中的所有规定均不得与有关法律法规相违背。

2. 积极采用国际标准

国际标准通常是反映全球工业界、研究人员、消费者和法规制定部门经验的结晶，包含了各国的共同需求。采用国际标准也是消除贸易技术壁垒的重要基础之一。出于保护国家安全、防止欺诈行为、保护人身健康和安全、保护环境、保护动植物的生命或健康等原因，在任何情况下完全采用国际标准可能不切合实际，WTO/TBT 承认国家标准与国际标准存在差异。

3. 合理利用国家资源

资源是发展经济最基本的物质基础，由于矿产资源大都不可再生，未来经济的发展将依靠提高资源的利用效率。因此，在制定技术标准时，必须密切结合自然资源情况，注意节约资源和提高资源的利用效率，以及珍稀资源的替代。

4. 充分考虑使用要求

社会生产的根本目的是满足用户和广大消费者的需要，改善人们生活品质和提高全社会的经济效益。在制定技术标准时，要把提高使用价值和用户满意度作为主要目标，正确处理好生产和使用的关系。因此，对各种技术事项的规定，要从社会需要出发，充分考虑使用要求。

5. 确保技术先进、经济合理

制定技术标准应力求反映科学、技术和生产的先进成果，因为只有先进的技术标准才能促进生产、推动技术进步。但任何先进技术的采用和推广都受经济条件的制约。因此，制定技术标准，既要适应科学技术发展的要求，也要充分考虑经济的合理性。既能适应参与国际市场竞争的需要，也要考虑当前生产的实际可能，把提高技术标准水平、提高产品质量和取得良好的经济效益统一起来。

6. 有关技术标准协调配套

技术标准的许多对象经常构成一个系统，彼此密切联系、相互配合。例如，产品的尺寸参数与性能参数之间、产品的连接尺寸与安装尺寸之间、整机与零部件或元器件之间都应协调。因此，一定范围内的技术标准都是互相联系、互相衔接、互相补充、互相制约的。技术标准间实现相互协调、衔接配套，才能保证科研、生产、流通和使用等各环节协调一致。此外，不仅产品标准本身必须统一，与其相关的各种基础标准以及原材料和配套件标准也要相互协调，还要与配套使用的包装、运输、储存标准相衔接。原材料、半成品、成品、试验方法、检测设备、检验规则、工装、工艺等相关的技术标准都应衔接配套。有的还应有包装、储存、运输标准，以保证产品在储运销售过程中的质量和安全，保证生产的正常进行和技术标准的有效实施。

7. 充分调动各方积极性

技术标准要以科学技术和实践经验的综合成果为基础，必须充分调动各方的积极性，发挥行业协会、科研机构、学术团体、生产企业的作用，广泛吸收有关专家和有实践经验的人参与技术标准的起草和审查工作，广泛听取各方的意见，充分发扬民主，力求经过协商达成一致。

8. 适时制定和复审

技术标准的制定必须适时。如果过早地制定技术标准，可能因缺乏科学依据而脱离实际，甚至妨碍技术的发展；反之，如果错过时机，既成事实以后，技术标准的制定和实施会有许多困难，高新技术领域的许多产品都有这样的特点。因此，一定要加强项目论证，通过调查研究，掌握生产技术的发展动向和社会需求，不失时机地开展工作。技术标准制定后，应保持相对稳定。技术标准实施后，应当根据科学技术的发展和经济建设的需要，尤其是市场和消费者要求的变化，适时进行复审，以确认技术标准继续有效或者予以修订、废止。

9. 阶梯发展的原则

标准化活动过程是一个阶梯状的上升发展过程。科学技术的发展和进步以及人们认识水平的提高，对标准化的发展有明显的促进作用，也使得标准的修订不断满足社会生活的要求。如我国 GB/T 1.1《标准化工作导则 第 1 部分：标准化文件的结构和起草规则》已经经历了五次修订，其发展过程就是最好的例证。

三、标准质量的评价要素

对标准质量的评价，主要依据以下三个要素：标准的适用性、标准的先进性和合理性、标准编写的规范性。

（一）标准的适用性

标准的适用性是评价标准质量好坏的首要要素。标准应当适应当前经济、技术和生产等形势的发展，便于在实际生产及检验中广泛实施。标准发布实施以后，应该产生较好的社会效益和经济效益，对我国市场经济的发展起到很好的促进作用。一项标准具有较好的适用性才能成为各机构和人员共同遵守的规则，得到社会的广泛关注并被接纳。

（二）标准的先进性和合理性

标准技术内容具有先进性和合理性是评价标准质量的第二要素。在保证标准先进性的同时还要考虑标准的可操作性，从而提高标准的实际作用。

标准的先进性是指标准中规定的各项指标和要求能够适应国家技术经济的发展，并能和国际上的发展协调一致。标准内容能够反映科学、技术的先进成果，有利于促进技术进步、提高产品质量、开展贸易，使标准真正起到指导生产和促进经济发展的作用。标准的合理性是指标准内容具有较强的可操作性和经济上的合理性。如在制定产品标准时，受到资金、设备等制约，在制定分析方法标准时，受到试验仪器、环境等因素的影响。因此，标准的合理性是多种因素综合考虑的结果。

标准的先进性和合理性有时是相对矛盾的。在制定标准时，如果只重视其先进性、准确性，而所用设备、仪器昂贵，检测工艺复杂，加大了投资成本，就会降低经济效益；反之，如果只考虑指标或方法对生产的适用性，求简便、快速，不重视先进性、准确性，就会影响产品质量，失去市场竞争力，增加贸易纠纷，甚至造成负面的经济效果。因此，在制定标准时，应尽量掌握好先进性和合理性，既要从实际出发，又要充分考虑科学技术的发展，既要满足当前的生产需要，又要能适应国际市场竞争的要求，把提高标准的水平、提高产品的质量和取得良好的经济效益统一起来。

（三）标准编写的规范性

标准编写的规范性是标准质量好坏的第三要素。标准有其自身特殊的外部形态，应按照标准的编写规定编写标准。标准编写应符合 GB/T 1.1—2020《标准化工作导则　第 1 部分：标准化文件的结构和起草规则》的要求，并细化不同类别标准的编写要求。标准是一种特殊的文件，必须以特定形式出现，这是标准区别于其他文件的重要特点。标准的特定形式是指标准编写有一定的要求，在技术内容和表达方式（包括标准的结构、体裁、章条编号、文字叙述等）上均应符合规定。这就是标准编写的规范化，应严格按照标准编写的要求、格式来编写标准。

总之，标准的制定首先应当反映特定时期经济社会发展以及技术发展水平，在标准立项前和编制过程中应当对相关内容进行深入调查论证，确保标准内容的适用性。其次，标准是公认的技术准则，是利益相关方协调一致的产物，因此标准的制定需要广泛征求意见，获得专家的认可、利益相关方的广泛认同，这样才能够有效地实施。再次，标准的制定还应当遵循相应的制定程序和编写规则。

四、标准的实施与监督

（一）标准的实施

标准化是为了在既定范围内获得最佳秩序，促进共同效益，对现实问题或潜在问题确立共同使用和重复使用的条款以及编制、发布和应用文件的活动。标准化工作的任务是制定标准、组织实施标准以及对标准的制定、实施进行监督。标准化的重要意义是改进产品、过程和服务的适用性，防止贸易壁垒，促进技术合作。

标准的价值在于实施。食品标准实施是指有组织、有计划、有步骤地贯彻执行食品标准的活动，是标准制定者和使用者将标准规定的内容贯彻到食品生产、加工、流通等各个领域的过程。标准的实施，有利于充分发挥标准的作用和效果，验证食品的质量和水平；在标准实施过程中，可能发现的问题，为进一步修订标准提供依据，保证国家、企业和消费者利益。

《中华人民共和国标准化法》对实施标准规定，不符合强制性标准的产品、服务，不得生产、销售、进口或者提供；出口产品、服务的技术要求，按照合同的约定执行；国家实行团体标准、企业标准自我声明公开和监督制度。企业应当公开其执行的强制性标准、推荐性标准、团体标准或者企业标准的编号和名称；企业应当按照标准组织生产经营活动，其生产的产品、提供的服务应当符合企业公开标准的技术要求。企业研制新产品、改进产品，进行技术改造，应当符合本法规定的标准化要求。国家建立强制性标准实施情况统计分析报告制度。国务院标准化行政主管部门根据标准实施信息反馈、评估、复审情况，对有关标准之间重复交叉或者不衔接配套的，会同国务院有关行政主管部门作出处理或者通过国务院标准化协调机制处理。

（二）实施的监督

保证标准高效准确地实施，不仅需要依靠企业自觉遵守相关标准，还要充分发挥政府部门对标准实施的监督作用，以体现标准化的公共性、公平性、回应性和长效性。《中华人民共和国标准化法》从法律角度对政府部门的相关职责提出了明确要求。国家市场监管总局印发的《贯彻实施〈深化标准化工作改革方案〉重点任务分工（2019—2020年）》中明确要求强化标准实施与监督。

1. 行政监督

县级以上政府标准化行政主管部门、有关行政主管部门负责对标准实施进行监督检查。国务院标准化行政主管部门统一负责全国标准实施的监督。国务院有关行政主管部门分工负责本部门、本行业的标准实施的监督。

2. 技术监督

县级以上政府标准化行政主管部门，可以根据需要设置检验机构，或者授权其他单位的检验机构，对产品是否符合标准进行检验和承担标准实施的监督检验任务；其检验数据，作为处理有关产品是否符合标准的争议的依据。国家检验机构由国务院标准化行政主管部门会同国务院有关行政主管部门规划、审查。地方检验机构由省、自治区、直辖市人民政府标准化行政主管部门会同省级有关行政主管部门规划、审查。

3. 社会监督

国家机关、社会团体、企事业单位及全体公民均有权检举、揭发违反强制性标准的行为。

思政案例：我国食品安全国家标准跟踪评价

《食品安全法》第三十二条明确规定，省级以上人民政府卫生行政部门应当会同同级食品安全监督管理、农业行政等部门，分别对食品安全国家标准和地方标准的执行情况进行跟踪评价，并根据评价结果及时修订食品安全标准。标准的跟踪评价是完善标准体系的重要手段，是落实"最严谨的标准"要求的重要环节。2018年，国家卫生健康委员会联合农业农村部、国家市场监督管理总局联合发布《关于印发食品安全标准跟踪评价工作方案的通知》（国卫办食品函〔2018〕1081号），各省级卫生健康部门根据当地食品产业发展情况，按照食品类别组建省级标准跟踪评价协作组，会同农业、市场监管部门合作开展现场调研、专家论证、指标验证、在线填写等活动，并结合标准宣贯培训，了解标准执行情况，发现标准存在的问题，为标准立项和制定修订提供依据。

我国食品安全国家标准跟踪评价工作目前已初步构建起常态跟踪评价和专项跟踪评价互为补充的食品安全国家标准跟踪评价模式，为完善我国食品安全国家标准体系提供了重要参考。但是，我们要看到，目前我国食品安全国家标准跟踪评价工作还只是起步阶段，需要不断地与时俱进，这需要各部门协作，需要大量的人力物力收集信息，因此基层的食品安全工作需要扎扎实实地完成，这为我们未来的工作提出了挑战。

第三节　食品安全标准体系现状与发展

一、我国食品标准化发展历程及现状

食品安全标准体系
现状与发展

食品安全关系人民群众身体健康和生命安全，关系中华民族未来。党的十九大报告明确提出实施食品安全战略，让人民吃得放心。这是党中央着眼党和国家事业全局，对食品安全工作做出的重大部署，是决胜全面建成小康社会、全面建设社会主义现代化国家的重大任务。党中央坚持以人民为中心的发展思想，从党和国家事业发展全局、实现中华民族伟大复兴中国梦的战略高度，把食品安全工作放在"五位一体"总体布局和"四个全面"战略布局中统筹谋划部署，在体制机制、法律法规、产业规划、监督管理等方面采取了一系列重大举措。《中共中央、国务院关于深化改革加强食品安全工作的意见》（2019年5月9日）用最严谨的标准、最严格的监管、最严厉的处罚、最严肃的问责，进一步加强食品安全工作，确保人民群众"舌尖上的安全"。经历了半个多世纪标准化管理体制变革，我国食品标准化工作日趋规范和科学。

20世纪60年代初，我国食品工业标准化拉开序幕，第一批食品标准开始发布实施，其中包括国家标准和原国家轻工业部、原商业部、原卫生部等批准发布的行业标准，主要涉及白糖、粮食、罐头及蛋品等重要食品标准和卫生标准。20世纪70年代初，原卫生部组织先后完成了全国多地食品中铅、砷、镉、汞、黄曲霉毒素等污染物的流行病学和污染状况调查等基础研究工作。在此基础上，1977年原卫生部下属的中国医学科学院卫生研究所负责并组织全国专家制定了54项食品卫生标准，发布了中国第一批真正意义上的有食品安全意义的标准。1978年我国成立国家标准总局。1979年7月，国务院颁布了《中华人民共和国标准化管理条例》，成为中国工业标准化全面发展的开端。1980年，国家标准总局成立了食品行业第一个标准化技术委员会——食品添加剂标准化技术委员会（代号TC11）。1982年《中华人民共和国食品卫生法（试行）》发布，进一步明确了食品卫生标准的法律地位。1985年，全国食品工业标准化技术委员会（代号TC64）成立。到1986年底，我国共发布食品标准671个，包括食品卫生标准、食品质量标准、包装材料卫生标准、食品卫生管理办法、食品检验方法和评优办法，涉及粮、油、肉、蛋、乳、茶、糖、盐、糖果、糕点、冷饮、蜂蜜、罐头、水产、调味品、烟及食品添加剂。1988年，我国颁布《中华人民共和国标准化法》，规定工业产品的品种、规格、质量、等级或者安全、卫生要求应当制定标准。食品作为一种工业产品，需要在品种、规格、质量等方面做出规定，以使产品符合应有的品质要求。同时，按照《中华人民共和国标准化法》及其实施条例的要求，保障人体健康，人身、财产安全的标准和法律、行政法规规定强制执行的标准是强制性标准，其他标准是推荐性标准，食品标准化工作逐渐全面展开，除强制性的食品卫生标准之外，我国在食品领域制定和颁布了一系列与食品质量相关的标准。1992年国家标准总局发布了GB/T 13494—1992《食品标准编写规定》，我国开展了食品标准的修订与补充。到2000年底我国发布的食品国家标准达到了1035项，食品行业标准达到了

1089 项。

2000 年 12 月 20 日，原国家质量技术监督局批准发布了 GB/T 1.1—2000《标准化工作导则 第 1 部分：标准的结构和编写规则》。2001 年 6 月 1 日开始实施后，我国食品标准的修订与补充工作又一次全面展开。我国食品标准化工作初步形成了以国家标准为主，行业、地方和企业标准相互配套，门类齐全、结构较为合理的标准化体系。2001 年，中国加入 WTO 后，加强了对国际食品法典委员会活动的参与和国际标准的借鉴，中国食品卫生标准的架构逐渐与国际食品法典的标准接轨，并在标准制定中初步引入了风险评估概念。2001—2002 年，原卫生部组织专家组对当时实施的近 200 个标准进行全面清理和修订，并分别于 2003 年和 2005 年与国家标准化管理委员会联合批准发布了新标准。与原来的标准相比，新标准更多地建立在风险评估基础上，提高了与国际食品法典标准的一致性，更加科学、合理（把同类标准合并），而且增强了适用性。截至 2008 年 10 月，我国食品卫生标准的数量达到 454 项，形成了与《食品卫生法》相配套的食品卫生标准体系。

2009 年 6 月 1 日，《中华人民共和国食品安全法》正式施行，国务院卫生行政部门对现行的食用农产品质量安全标准、食品卫生标准、食品质量标准和有关食品的行业标准中强制执行的标准予以整合，统一公布为食品安全国家标准。从 2009 年开始，原卫生部会同其他部委和相关行业协会对各部门制定发布的 4800 多项标准进行了清理、整顿，加上不断颁布的新标准，至 2019 年 6 月食品安全国家标准已达到 1260 项，分为通用（基础）标准、产品标准、生产经营过程卫生要求和检验方法标准四大类，基本覆盖了所有食品原料和加工食品的大类，对影响食品安全的主要健康危害因素均做了限量要求，在覆盖面和水平上都比 2009 年以前的标准有明显进步。2010—2013 年，原卫生部组织完成主要食品安全通用标准的清理和修订工作，发布了 GB 2760—2011《食品安全国家标准 食品添加剂使用标准》、GB 2761—2011《食品安全国家标准 食品中真菌毒素限量》、GB 2762—2012《食品安全国家标准 食品中污染物限量》、GB 29921—2013《食品安全国家标准 食品中致病菌限量》、GB 14880—2012《食品营养食品安全标准 强化剂使用标准》、GB 7718—2011《食品安全国家标准 预包装食品标签通则》、GB 28050—2011《食品安全国家标准 预包装食品营养标签通则》、GB 14881—2013《食品安全国家标准 食品生产通用卫生规范》等通用标准，同时还完成 3000 多个食品包装材料物质的清理工作。

2013—2016 年，食品标准的全面清理正式启动，并在此基础上进行食品安全国家标准的整合工作。原卫生计划与生育委员会对 4934 项食用农产品质量安全标准、食品卫生标准、食品质量标准和相关行业标准，按照《食品标准清理工作方案》设定的清理原则，进行逐项评价并做出废止、修订、纳入食品安全标准等清理结论。在食品标准清理工作基础上，整合形成食品安全国家标准 412 项，食品安全国家标准体系框架初步形成。2017 年 7 月，我国历时 7 年建立起现行的食品安全标准体系，完成对 5000 项食品标准的清理整合，审查修改了 1293 项标准，发布了 1224 项食品安全国家标准。截至 2018 年，我国现行的食品国家标准共计 7493 项，行业标准共计 14876 项，覆盖了食品及与食品相关的其他行业。截至 2024 年 3 月，我国已发布食品安全国家标准 1610 项（图 7-1），其中包括通用标准 15 项、食品产品标准 72 项、特殊膳食食品标准 10 项、食品添加剂质量规格及相关标准 643 项、食品营养强化剂质量规格标准 75 项、食品相关产品标准 18 项、生产经营规范标准 36 项、理化检验方法标准 256 项、微生物检验方法标准 45 项、寄生虫检验方法 6 项、毒理学检验方法与规程标准 29 项、农药残留检测方法标准 120 项、兽药残留检测方法标准 95 项，被替代（拟替代）和已废止（待废止）标准 190 项。

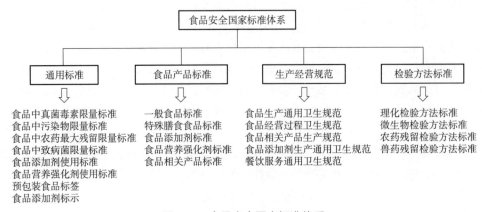

图 7-1 食品安全国家标准体系

二、我国食品标准的现状与发展

（一）食品安全标准体系

食品标准是食品工业领域各类标准的总和，与《食品卫生管理条例》《食品卫生法》《产品质量法》《食品安全法》等协同保障我国食品健康规范发展，满足人民日益增长的美好生活的基本需求，发挥了标尺与防火墙的作用。食品标准在食品工业中占有十分重要的地位，也是食品卫生质量安全和食品工业持续发展的重要保障。食品安全问题是关系到人民健康和国计民生的重大问题。食品安全标准体系是指以系统科学和标准化原理为指导，按照风险分析（包括风险评估、风险管理、风险交流）的原则和方法，对食品生产、加工和流通（即从农田到餐桌）整个食品链中的食品生产全过程各个环节影响食品安全和质量的关键要素及其控制所涉及的全部标准，按其内在联系形成的系统、科学、合理且可行的有机整体。通过实施食品安全标准体系，能够实现对食品安全的有效监控，提升食品安全整体水平。

（二）我国食品安全标准体系现状与发展

1. 各级标准相互配合形成了较为完整的标准体系

我国食品安全标准体系中，强制性标准与推荐性标准相结合，国家标准、行业标准、地方标准、团体标准及企业标准相配套，形成了一个较为完整的标准体系。

2. 标准基本满足了食品安全控制与管理的目标和要求

食品安全标准类型较为齐全，覆盖面广，涵盖了主要的食品种类、食品链全过程各环节及有毒有害污染物危害因子等方面，基本能满足和实现对整个食品链，即从农田到餐桌全过程（包括初级生产、生产加工、市场流通和餐饮消费等）进行食品安全危害控制的目标要求。

3. 我国标准体系与国际标准体系基本协调一致

通过比较发现，中国食品安全标准体系无论是结构组成，还是主要标准指标或技术要求，与 CAC 国际标准基本协调一致。污染物限量指标一致率为 80%，农残标准限量指标一致率达 85% 以上。

4. 标准体现了科学性原则和 WTO/SPS 协定的原则

我国制定的食品安全标准充分考虑 WTO/SPS 协定原则框架，与国际接轨，尽量采用和转化国际标准。针对中国独特的地理环境因素、人文因素等特殊要求，也是以适当的健康保护水平为目标和原则，以充分的危险性评估为科学依据，制定中国的食品安全标准。

5. 发展标准需要加强技术研究

食品安全标准体系的构建涉及食品、农业、卫生、营养、微生物等多个领域，标准的制修订应建立在前期深厚的专业技术、检测技术等基础之上，加强食品质量安全标准的前期研究，特别是开展食品中有毒有害物质、农药、兽药残留限量、致病菌以及转基因产品等检验方法方面的标准研究，提高标准的科学性，完善现有体系的不足。要关注市场发展新技术、新业态的需要，快速制定规范市场经营秩序的标准，提高标准的及时性。此外，标准从制定到发布的过程应广泛吸纳技术专家、标准化专家意见，标准制定过程中的技术内容应广泛征求各界意见，保障标准的协调一致性。

6. 发展标准需要创新管理模式

食品安全标准体系是动态的，需要不断更新迭代，当前标准体系的完善应激发市场主体活力，借鉴国外的建设经验，充分调动企业和产业界的积极性，引导社会团体、行业协会等根据市场需求、行业自律需要，制定快速反应的团体标准，及时补充现有标准体系的不足，加大与国际标准接轨程度。食品安全标准切实关系公众健康，企业、公众取用是发挥标准实施效能的关键，同时也是促进体系完备的逆向措施，建立涵盖食品安全国家标准、地方标准、团体标准、企业标准的统一标准信息公共服务平台是提升标准服务社会，发挥标准保障食品安全的有效途径。

为推进我国食品安全管理工作进一步深化开展，有效提升食品的安全管理质量，需要有完善的食品安全标准体系作为支持，保障食品的安全管理工作规范开展。食品安全标准体系的建设要和我国的国情相适应，针对当前阶段的发展需要，合理借鉴国际上的先进体系标准经验，经过不断地调整，必将建立起一套完善、科学合理、协调统一、使用方便的食品安全标准体系，使我国的食品安全标准真正发挥其作用，为我国的食品安全服务，促进食品行业的健康发展，建成适用性强和可操作性强的管理体系，为实际食品安全管理工作的开展起到积极作用。

思政案例：我国食品安全国家标准的完善

作为食品安全的法律法规体系，除了有国家层面的法，还有一系列部门规章和国家的食品安全标准。2009 年至今，不同主管部门（如农业、食品药品监管、卫生、质监等），制定了很多部门规章，体系更加完善。2009 年以前至少有 3 套食品方面的国家标准，3 套标准都有食品安全方面的指标，都是强制性的，内容出现交叉重复、相互矛盾、互不衔接，造成评价标准不一致。针对这种情况，2009 年《食品安全法》规定只有一套标准是强制性的。国家食品质量标准仍然会保持，但是它不能再包括任何卫生和安全指标。2009 年卫生部清理整顿大概 5000 个食品安全方面的标准，到 2015 年完全清理整顿，形成了按照《食品安全法》要求的一套强制性的食品安全国家标准。现在的标准经过多部门协商讨论形成一致意见。最后按照法律的规定颁布实施。与此同时，根据社会发展需要，新的标准也在陆续推出。

🔍 思考题

1. 标准的定义及含义分别是什么？
2. 食品安全标准的主要内容有哪些？
3. 根据《中华人民共和国标准化法》，我国标准按层次可分为哪几大类？请简述其不同。
4. 我国标准现存的问题有哪些？试简述其解决方案。
5. 简述标准质量的三个评价要素。
6. 简述食品安全标准制定的原则。
7. 食品标准的制定有哪些意义？
8. 请展望一下我国食品安全标准体系的未来发展。

第八章

食品安全控制及预警

【学习要点】

1. 掌握主要食品安全控制体系，包括良好操作规范（GMP）、卫生标准操作程序（SSOP）、危害分析与关键控制点（HACCP）的定义，明确食品安全控制体系的作用，了解 GMP、SSOP 和 HACCP 之间的关系。

2. 了解 ISO 质量管理体系和环境管理体系的主要内容。

3. 了解质量认证的作用；熟悉质量认证的分类及不同认证的特点；明确产品认证、管理体系认证、实验室和检验机构认可的主要工作。

4. 了解常见质量认证具体的认证程序。

5. 了解食品质量安全追溯的基本概念，明确食品安全追溯方式，熟悉关于食品质量安全追溯体系的相关规定；了解食品质量安全预警的相关概念和国内外食品安全预警体系的发展，熟悉预警体系的建立过程和流程，掌握有效预警指标体系应遵循的原则。

近年来，食源性疾病已引起全社会公众的空前关注，食品加工与食品卫生安全时刻面临着新的挑战。许多国家积极推行食品安全相关保障制度，保证食品免受危害。《食品安全法》规定：国家鼓励食品生产经营企业符合良好操作规范要求，实施危害分析与关键控制点体系，提高食品安全管理水平。食品安全管理中的良好操作规范、卫生标准操作程序、危害分析与关键控制点体系及其相应的食品质量认证标准和程序成为食品质量与安全管理的重要环节。

建立食品追溯和预警管理系统对于提升我国食品安全监管水平具有良好效果。食品及相关企业通过完善安全追溯体系，实现企业与政府、社会平台相连接，提升问题食品追溯效率，有利于切实地保障人民群众舌尖上的安全。通过食品安全预警系统及时发布食品安全预警信息，可减少食品安全事故对消费者造成的危害及损失，加强政府对重大食品安全危机事件的预防和应急处置。

第一节　主要食品安全控制体系

目前，食品质量安全的控制方法已经从原来的抽样检验向体系管理方向发展。食品企业为了给消费者提供卫生安全、品质合格的食品，适应市场激烈的竞争环境，相继实行了各种国际管理体系以提高其规范化管理水平。当前正在实施的管理制度和体系有食品质量安全市场准入制度（QS 认证/SC 许可）、ISO 系列国际管理体系，如食品安全管理体系（ISO 22000：2018），质量管理体系（ISO 9001：2015）和环境管理体系（ISO 14001：2015）。

　　从食品管理体系的角度而言，HACCP 体系是以企业良好的食品卫生管理为基础建立的管理体系，也是一套控制食品加工过程中危害的预防体系，它的实施能更经济地保障食品安全。从关注点而言，HACCP 关注的重点不在于如何制定和实现总体方针目标；相反，ISO 标准管理体系通过确立方针和目标并通过实现这些目标达到对质量的指挥和控制，其重点在于使与质量目标有关的实现结果适当地符合各相关方的需求、预期和要求。因此，HACCP 和 ISO 系列管理体系的结合，有利于实现产品加工过程的安全控制、整体策划、资源整合以及提高效率和收益。

一、 QS 认证/SC 许可

　　QS 认证作为一种质量安全市场准入制度，自 2004 年起在我国正式实行。QS 认证用质量标准的英文"quality standard"缩写"QS"表示，表明食品达到了质量安全这一根本要求，其依据的是《工业产品生产许可证管理条例》。随着 2015 年 10 月 1 日我国完成《食品安全法》的修订，《食品生产许可管理办法》作为其配套规章同步更新并实行，食品生产许可不再以《工业产品生产许可证管理条例》为依据，而是按照《食品生产许可管理办法》规定，由"生产"的汉语拼音缩写 SC 和 14 位阿拉伯数字组成食品生产许可证编号，无标志。对于广大消费者而言，实行 SC 许可的食品生产许可证涵盖更加全面的商品信息，其编号是与食品企业对应的唯一编码，消费者可以通过编码实现食品的溯源。以往 QS 的责任主体是政府部门，体现的是由相关部门担保的食品安全；而 SC 的责任主体是食品生产企业本身，体现的是由食品生产企业全程监管的食品安全。实行 SC 许可是提高产品质量、保障消费者安全和健康的有效手段，也是保证食品生产加工全过程监管的重要举措。

二、良好操作规范

（一）良好操作规范概述

　　GMP 即良好操作规范，又称良好生产规范，是为保证食品质量而制定的贯穿于食品生产过程的一系列方法、技术要求和监控措施。食品 GMP 要求食品生产企业生产工艺设备先进、生产工艺合理、质量管理完善、检验体系完善、食品加工人员健康，以确保最终产品的质量符合质量安全标准。

（二）良好操作规范的起源

　　GMP 是从药品生产实践中获取的经验总结。美国是最早在食品工业中采用 GMP 的国家。早在一次世界大战期间，美国食品工业和药品的发展，催生了美国食品、药品和化妆品的法规，并以法律的形式对食品和药品的质量进行保障，成立了世界首个国家食品药品监管机构 FDA。1963 年由美国议会首次颁布开始实施 GMP 制度。1967 年 WHO 在《国际药典》的附录中收录了 GMP 制度，并在 1969 年的第 22 届世界卫生大会上建议各成员采用 GMP 作为药品生产的监督制度。1979 年第 28 届世界卫生大会上 WHO 再次向成员推荐 GMP，并确定为 WHO 的法规。此后 30 年间，日本、英国以及大部分的欧洲国家都先后建立了本国的 GMP 制度。中国自 1988 年正式推广 GMP。

（三）良好操作规范的标准

我国食品企业的质量标准从 20 世纪 80 年代中期开始制订，1994 年，原卫生部参照 CAC/RCP Rev. 2—1985《食品卫生通则》并结合我国国情，制定了国家标准 GB 14881—1994《食品企业通用卫生规范》，之后又陆续发布了 GB 17405—1998《保健食品良好生产规范》和 GB 17404—1998《膨化食品良好生产规范》等国家 GMP 强制性产品质量标准，初步形成了我国食品行业的 GMP 体系。许多 GMP 标准不断更新，我国目前的 GMP 体系主要包括出口食品企业注册 GMP、食品加工企业 GMP、有机食品 GMP 以及农业农村部发布的 GMP。

（四）良好操作规范的作用

GMP 实质上是一种质量保障体系，它包含了 4M 的管理因素，即选择符合标准的原材料（material），以合乎标准的厂房设备（machine），并由合格的员工（man）根据既定的工艺（method）生产出既稳定又卫生的产品。GMP 是一种对食品生产各个环节进行严密监督的特殊要求，并对其进行有效的监督，使其得以建立和健全。GMP 把食品安全的重心放在产品出厂前的所有工序，而不是把注意力集中在最终的产品上，从根本上保证了食品的质量。

食品 GMP 的推行，给生产工艺提供了一整套的组合标准，让生产企业了解到食品生产的特殊性，从而产生一种积极的工作态度，对食品的质量产生高度的责任感，降低生产中的人为错误，避免生产中的不良习惯，避免食品在生产过程中受到污染和质量的恶化，对原料、辅料和包装材料进行了严格的规定。GMP 的执行对食品生产工艺的安全起到了保障作用；预防食品的物理、化学和生物危害；实行双重检查，避免人员伤亡；针对标签管理、人员培训、生产记录、报告归档，制定完善的管理体系。GMP 为食品卫生行政部门、食品卫生监督员进行监督、检查提供依据，对确保人民生命健康安全起到重要作用。食品 GMP 是一种在生产过程中必须遵循的技术标准，它是当今世界先进的食品质量管理方法，是保证食品卫生质量的关键。

三、卫生标准操作程序

卫生标准操作程序（sanitation standard operation procedures，SSOP）是食品加工企业必须遵守的基本卫生条件，也是在食品生产中全面实现 GMP 目标的卫生操作规范。SSOP 的目的是在加工处理过程中排除不合理的因素，以保证所处理的食物达到卫生标准，用于指导食品加工过程如何实施清洗、消毒和保持卫生状态。科学制定和执行 SSOP 是控制危害的关键。根据法规和自身需要，企业可以编制文件化的 SSOP。美国《水产品 HACCP 法规》强制规定加工企业必须执行有效的卫生控制措施，以满足 GMP 的要求，并建议加工企业按照八大卫生管理重点，制订卫生作业控制文件，并执行该文件，以消除与环境相关的危险。

（一）SSOP 的主要内容

与食品或食品表面接触的水或冰的安全；与食品接触的表面的卫生状况及清洁程度；防止交叉污染；手的清洗、消毒和卫生设施的维护；防止食品被污染物污染；有毒化学物质的标志、保存和使用；职工的健康状况；昆虫和鼠类的防治。

（二）SSOP 的建立和运行

为确保企业的健康需求，必须制定企业的健康管理规范，即 SSOP 方案。SSOP 方案应该由食品生产商按照卫生标准和企业的实际情况编制，充分考虑实际性和可操作性，并对执行者需完成的工作给予充分的细节描述。SSOP 方案包括：监测对象、监测方法、监测频率、监测人员、纠偏措施和监控、纠偏结果的记录。卫生标准作业流程说明了如何控制工厂的各种健康需求，为每天的健康检查提供依据；预先制定可能的合格情况，以便在需要时采取适当的措施，为员工提供持续的培训，以确保从管理人员到生产人员都了解有关的健康标准作业流程。在企业建立 SSOP 后，要制定监控流程，定期安排人员进行检查，发现不符合标准的情况要及时改正，并对监测行为、检查结果和改正行为进行记录。以上流程表明公司不但制定和执行了 SSOP，而且是行之有效的。食品生产过程中的日常健康监测数据是生产过程中一项重要的质量记录与管理数据。健康监测的基本内容包括：特定的健康状态或监测操作，需要采取的改正行动。

GMP 和 SSOP 实施都是为了有效地保证食品的安全卫生，两者相辅相成，可以更有效地保障食品安全。SSOP 是执行 GMP 标准总则的程序，即 GMP 标准的实施规则。为贯彻 GMP 相关规定，食品企业建立 SSOP 操作文件，指导食品加工过程中可采取哪些措施对整个加工环境进行清洁、消毒和维护，消除生产中的不利因素，使生产的食品符合卫生要求。

四、危害分析与关键控制点体系

HACCP 即危害分析与关键控制点，是由危害分析（HA）与关键控制点（CCP）两部分组成的一个系统的食品安全管理模式。HACCP 体系已经被证实是保证和管理食品安全最有效的体系，主要通过对每一个生产过程的检测和控制来预防危害食品安全的主要潜在问题。通过 HACCP 体系控制的食源性疾病主要由物理、化学以及微生物等污染物引起，食品被消化时这些污染物可能会对人类身体健康产生潜在的不良影响，近些年微生物污染以及过敏原已经成为公共卫生关注的焦点。HACCP 体系要求食品生产者为消费者提供安全的食品，来保证消费者的健康。

美国 FDA 在 20 世纪 70 年代以 HACCP 体系为基础，颁布了《低酸罐头食品法规》。1995 年，FDA 规定在鱼类、海产品强制使用 HACCP 认证体系。1998 年，美国农业部食品安全检验局授权 HACCP 体系在全国肉类和家禽加工厂使用。2001 年，FDA 颁布了在果汁加工和包装工厂强制使用 HACCP 体系的规定。在欧洲，欧盟通过立法对食品卫生准入市场进行了严格的规定。所有以进入欧盟市场为目的的食品生产者、包装人员以及经销商都必须采用合适的卫生检验方法，这种卫生检验方法必须建立在 HACCP 体系的基础之上，以此达到食品安全要求。

（一）HACCP 体系基本原理

HACCP 运用食品加工、食品微生物学、食品质量控制和危害评价等有关原理和方法，对食品原料至最终产品全过程实际存在的潜在性危害进行分析判断，找出影响最终产品质量的关键控制环节，并采取相应控制措施防止危害发生。确保食品在生产、加工、制造、包装和食用等过程的安全。HACCP 体系有一整套的措施来分析控制食品安全风险，食品法典委员会在《食品卫生通则》附录《危害分析与关键控制点（HACCP）体系应用准则》中，规定了 HACCP 体系的七个原理。

1. 进行危害分析并确定预防措施

危害（hazard）是指所有可能引起食品不安全的风险因素。有些危害可以忽略，有些显著危害必须防控。显著危害与一般危害的区别体现在显著危害是极有可能发生的风险，从历史经验、流行病学调查可预判；还体现在危害是否严重到消费者不可接受，如在规定限量内使用的食品添加剂危害很小，致病菌则危害程度很高。HACCP 体系中的危害分析仅指分析出显著危害进行控制。

2. 确定关键控制点

关键控制点（critical control point，CCP）是指加工过程中控制某一节点，可以降低某种危害。有效的控制分为两个层面：第一，预防危害，如将食品的 pH 降低到 4.6 以下，可以抑制致病菌生长；防腐剂可以防止细菌的生长。第二，消除危害或将危害降低到可接受水平，即确定能够实施控制且可以通过正确的控制措施达到预防危害、消除危害或将危害降低到可接受水平的 CCP。

3. 确定 CCP 的关键控制限值

关键控制限值是某一关键控制点的某项监控参数超过限定值，就会采取纠正措施的参数，即指出与 CCP 相应的预防措施必须满足的要求。

4. 建立监控程序

食品在生产加工制作过程中，必须有具体的监控程序来全程监督体系的有序运行，当发生关键控制限值等参数超标时，及时采取措施并准确记录何时参数超标以及采取的处理措施。生产者要时刻控制生产的节奏，随时查看监控的结果，确保整个过程的合理运行。通过一系列有计划的观察和测定活动来评估 CCP 是否在控制范围内，同时准确记录监控结果以备将来核实或鉴定。

5. 建立纠正措施

如果监控结果显示加工过程失控，应立即采取适当的纠正措施。

6. 建立有效的记录保存体系

验证 HACCP 体系有没有发生偏差，有没有按照预定轨道发展，同时可以查看体系是否有问题，是否需要修改。

7. 建立验证 HACCP 体系是否正确运行的程序

HACCP 体系在实施过程中会有大量的运行过程和记录需要保存，如运行的过程、发生偏差的时间和原因、负责处理的人员等，便于日后查看。

（二）实施 HACCP 体系的意义

采用 HACCP 体系的主要目的是建立一个预防为主的食品安全控制体系，最大限度地消除/减少食源性疾病。这种理性化、系统性强、约束性强、适用性强的管理体系，对政府监督机构、消费者和生产者都有利。HACCP 是一种结构严谨的控制体系，它能够及时识别出所有可能发生的危害（包括生物、化学和物理的危害），并在科学的基础上建立预防性措施；该体系也是保证生产安全食品最有效、最经济的方法，因为其目标直接指向生产过程中的有关食品卫生和安全问题的关键部分。HACCP 体系能够通过预测潜在的危害并提出措施，使新工艺和新设备的设计与制造更加容易和可靠，有利于食品企业的发展与改革；它为食品生产企业和政府监督机构提供了一种最理想的食品安全监测和控制方法，使食品质量管理与监督体系更完善、管理过程更科学。HACCP 体系已被政府监督机构、媒体和消费者公认为目前最有效的食品安全控制体系。

（三） HACCP 体系相关标准

在我国，自 20 世纪 90 年代初引入 HACCP，原国家进出口商品检验局、卫生部门和农业部门陆续开展了 HACCP 的宣传、试点等工作。2009 年 6 月，《食品安全法》发布，鼓励食品生产经营企业符合 GMP 要求，实施 HACCP 体系（表 8-1）。至此，明确了 HACCP 体系的法律地位。

表 8-1　　　　　　　　　　　　　我国部分现行 HACPP 相关标准

序号	标准号	标准名称
1	GB/T 19538—2004	《危害分析与关键控制点（HACCP）体系及其应用指南》
2	GB/T 27341—2009	《危害分析与关键控制点（HACCP）体系　食品生产企业通用要求》
3	GB/T 27342—2009	《危害分析与关键控制点（HACCP）体系　乳制品生产企业要求》
4	GB/T 19838—2005	《水产品危害分析与关键控制点（HACCP）体系及其应用指南》
5	GB/T 25007—2010	《速冻食品生产 HACCP 应用准则》
6	GB/T 20809—2006	《肉制品生产 HACCP 应用规范》
7	GB/T 22656—2008	《调味品生产 HACCP 应用规范》
8	GB/T 24400—2009	《食品冷库 HACCP 应用规范》
9	GB/T 31115—2014	《豆制品生产 HACCP 应用规范》
10	GB/T 20572—2019	《天然肠衣生产 HACCP 应用规范》
11	GB/T 20551—2022	《畜禽屠宰 HACCP 应用规范》

（四）GMP 和 HACCP 的关系

GMP 是保证 HACCP 体系有效实施的基本条件，HACCP 体系是保证 GMP 实施的有效管理方法。GMP 是对食品生产的各个环节进行检测和控制，而 HACCP 强调的是确保食品安全的关键控制点。CAC 在《HACCP 体系及其应用指南》中明确规定：HACCP 应用于食品链任何环节之前，部门应按照食品法典总则进行操作规范和适用的食品安全法规运行操作。GMP 是实施 HACCP 系统的先决条件之一。GMP 的实施可以更好地促进食品企业加强自身的质量保证措施，更好地利用 HACCP 体系保障食品安全卫生。在制定食品 GMP 的过程中，必须利用 HACCP 技术对产品生产的全过程进行调查分析，增加规范的科学性，所以 HACCP 体系是保证 GMP 实施的有效管理方法。

（五）SSOP 与 HACCP 的关系

SSOP 可以控制一般危害和重大危害，HACCP 用于控制重大危害。SSOP 控制的一些重大危害只能在 HACCP 中通过 SSOP 控制。因此，SSOP 简化了 HACCP 的关键控制点，使 HACCP 更有针对性，避免了 HACCP 因关键控制点过多而导致的操作复杂。事实上，通过 HACCP 关键控制点和 SSOP 的有机结合，可以有效控制重大危害。当 SSOP 包含在 HACCP 中时，HACCP 变得更加有效。因为它不仅可以关注加工厂中的环境健康危害，还可以关注与食品和加工相关的其他危害。SSOP 侧重于解决卫生问题，HACCP 更侧重于控制食品安全。

（六）GMP、SSOP 和 HACCP 之间的关系

GMP、SSOP 和 HACCP 之间实际上是一个三角形的关系（图 8-1），整个三角形代表了一个食品安全控制体系的主要组成部分。GMP 是整个食品安全控制体系的基础；HACCP 是食品安全控制的关键计划；SSOP 是根据 GMP 中的卫生要求制定的卫生控制程序，是 HACCP 实施的前提计划之一。任何食品企业都必须首先遵守 GMP 规定，然后建立并有效实施 SSOP 计划和

其他前提方案。GMP 和 SSOP 是相互依存的，只强调卫生 SSOP 及其相应 GMP 条款的满足而不遵守其他 GMP 条款是错误的。只有将企业的良好卫生与 GMP、SSOP 有机结合，HACCP 才能更完整、更有效地实施。同样，仅依靠 GMP 和 SSOP 控制也不能彻底消除食品安全隐患，因为良好的卫生控制不能代替必要的危害分析与关键控制点。总之，HACCP、GMP、SSOP 三大体系从不同方面对食品安全和质量管理进行规范，三者有机结合、协调、相得益彰，才能构建完整的食品安全防控体系。

主要食品安全控制体系及其关系

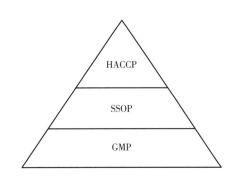

图 8-1 HACCP、 GMP、 SSOP 三者之间的关系

五、 ISO 9000 质量管理体系

1. ISO 9000 概述

在参考各国质量管理经验的基础上，1979 年 ISO 成立了第 176 技术委员会（ISO/TC 176），负责组织制定世界性的质量管理和质量保证 ISO 9000 族标准。借鉴各国质量保证及管理标准，ISO/TC 176 于 1986 年制定并发布了 ISO 8402《质量管理和质量保证术语》标准，次年又发布了 ISO 9000、ISO 9001、ISO 9002、ISO 9003、ISO 9004 标准。这六项标准统称为 ISO 9000 系列标准。自 1988 年 12 月起，我国先后等效采用 ISO 9000—1987 和 ISO 9000—1987 系列标准、ISO 9000—1994 标准、2000 版 ISO 9000、ISO 9001 和 ISO 9004 标准，发布了 GB/T 10300—1988《质量管理和质量保证》系列国家标准、GB/T 19000《质量管理体系》系列国家标准和 GB/T 19001、GB/T 19004 和 GB/T 19011 系列国家标准。2000 年后，我国陆续等同采用 ISO 9000 系列新标准为国家标准，它的实施对提高产品质量、保护消费者权益、满足顾客的需求和期望、提高组织的运作能力等方面起到了关键作用，对开展国际贸易及消除贸易壁垒方面起到不可替代的作用。

2. 质量管理体系的建立和实施

质量体系建立之初，需要做好相关的准备工作，如资源调动、思想动员等。良好的总体策划和准备是建立有效的质量管理体系必不可少的环节，主要包括：统一思想、组织落实以及进行质量意识和标准的贯标培训等。质量体系的策划和总体设计阶段，首先要调查企业组织现状，识别差距有利于调整和完善现有组织，制定实施工作的计划，明确具体安排。接下来，确定质量方针和目标，主要体现在其适应性、层次性、量化性、全面性和可实现性。随后，执行实现质量目标必需的过程、职责、资源，确定质量体系结构。企业依据自身特点，制定可操作性强的质量体系文件是建立质量体系的中心任务，这项工作主要涉及如何策划质量体系文件结构，编制体系文件，审核、批准和发放文件。

完成以上工作后，进入质量管理体系的试运行阶段，主要包含质量管理体系文件的发布和实施、学习、运行三个环节。当体系运行一段时间后，组织应对该体系进行内部审核，以证实质量管理体系与质量手册和程序文件的规定是否符合，能否正常运行，对企业质量方针的实现是否有效等。内部审核时，审核员参考审核准则，形成文件化的审核过程。通过质量体系的试运行，不仅可以判断实际应用条件下的有效性，还可以快速度过磨合期。

六、 ISO 22000 食品安全管理体系

ISO 为了协调和统一国际食品安全管理体系，由 ISO/TC 34 制定了一套适用于食品链内的食品安全管理体系 ISO 22000，该体系吸纳了多年 HACCP 应用经验，借鉴了 ISO 9001 标准的编写结构，于 2005 年 9 月 1 日正式颁布。随后，我国于 2006 年 3 月 1 日颁布了《食品安全管理体系适用于食品链中各类组织的要求》（ISO 22000：2005）的等同采用标准 GB/T 22000—2006《食品安全管理体系 食品链中各类组织的要求》，于同年 7 月 1 日实施。ISO 22000 标准的结构框架与 ISO 9001 和 ISO 14000 相似，它涵盖 HACCP 全部要求，可以用于审核和认证，具有更强的专业要求，具有更广泛的实用性，更重要的是它为国际间 HACCP 的交流提供平台。对于食品企业而言，ISO 22000 认证不仅可以高效识别和控制危害，减少企业的运营成本，降低企业的风险，还可以提升企业的市场知名度，提高消费者的信任度，增加食品企业投标成功率，并且促进国际贸易的发展。

七、 ISO 14001 环境管理体系

1. ISO 14001 概述

1996 年 9 月，ISO 在借鉴发达国家环境管理经验的基础上，制定并颁布 ISO 14000 环境管理系列标准中的 ISO 14001 和 ISO 14004，这对环境管理体系标准化的发展起到里程碑式的作用。我国于 2005 年 5 月 10 日颁布了 ISO 14001：2004《环境管理体系要求及使用指南》的等同条款 GB/T 24001—2004《环境管理体系 要求及使用指南》，并于同年 5 月 15 日开始实施。此后等同转化了 ISO 14004、ISO 14010、ISO 14011、ISO 14012 系列标准。ISO 14000 管理体系的建立可以节能降耗、降低成本，提升企业的管理水平，树立企业良好的形象，突破国际贸易的绿色壁垒，避免非关税贸易壁垒，提高我国在国际市场竞争中的优势。

2. ISO 14001 在食品企业的建立流程

建立环境管理体系的准备阶段，一定要做好最高管理者的决策与支持、建立完善的组织结构、人员培训三方面的工作。环境管理体系建立的基础是初始环境评审，即规划阶段的准备性程序。结合企业环境管理的汇总和企业实际情况，找出目前存在的薄弱环节和问题，为确立改革奠定基础。初始环境评审的内容包括：体系是否符合法律、法规和其他相关要求；识别重要环境因素；审查现行环境管理活动和程序；核查以往发生的违规事件，确定相关要求，以争取竞争优势的机遇，明确有利或不利环境的职能和活动。初始环境评审的一般程序：准备工作、现场调查及收集客观证据、分析和评价、编写初始环境评审报告。

体系策划和设计主要是在领导承诺基础上制定环境方针、以确保方针的落实。依据 ISO 14001 标准的要求，按照企业特点和基础编制适合的体系文件，来满足体系有效运行的要求。随后，环境管理体系进入试运行阶段，该阶段可以及时发现问题，进行整改并制定预防措施。

为确认环境管理制度是否符合相关规范要求，是否被适当地实行和保持，组织应针对环境管理制度定期开展方案和程序审核。审核方案要依据所涉及活动的环境重要性和先前的审核结果进行，审核程序应具有全面性，涵盖审核范围、方法、频次及实行审核和报告结果的责任和要求。最后的环节是管理评审，最高管理者对整体体系做综合评价，确保体系的持续适用性、有效性和充分性，并以此为基础提出新的要求、以期实现体系的持续改进。

思政案例：HACCP 体系蕴含的哲学思想

哲学是一种方法，研究基于理性的思考，寻求能经得起审视的假设。哲学可以通过对社会弊端和思想的批判，更新人的观念，解放人的思想。哲学可以为生活和实践提供积极有益的指导。

HACCP 体系渗透着哲学思想，如利用质变和量变的关系阐释 HACCP 体系化学、生物、物理三大危害的问题；利用主要矛盾和次要矛盾的关系阐述危害与显著危害之间的辩证关系，关键限值与操作限值之间的关系；利用整体与部分的关系研究 HACCP 体系与七大原理之间关系，HACCP 体系中多体系融合的问题；利用哲学运动静止的观点来解释关键控制点（CCP）动态变化的过程；利用本质与规律的关系解释 HACCP 体系运行的未来发展规律。

从 HACCP 体系渗透的哲学思想可以看出，HACCP 体系内容并非一成不变，也不是片面的，这个体系依据我们对世界认识的改变来解释现象并说明问题。这体现了对客观世界的认识需要基于知识的积累、认知的提升，这也是我们每个从事科学研究的人最需要的思想。

第二节　食品质量认证

《中华人民共和国产品质量认证管理条例》中定义产品质量认证（conformity certification）为：产品质量认证是依据产品标准和相应技术要求，经认证机构确认，并通过颁发认证证书和认证标志来证明某一产品符合相应标准和相应技术要求的活动。质量认证又称为合格评定，包括产品认证和体系认证。质量认证是由有资质的第三方认证机构对产品质量进行全方位的审核，并将审核结果告知参与产品生产、加工、运输、营销或消费的所有参与者。质量认证既是符合性评定，又是公示性证明活动。

一、质量认证概述

（一）质量认证的起源

英国是最早（1903 年）实行现代质量认证活动的国家，以英国工程标准协会制定的有关标准为依据，对通过检测的铁轨产品进行认证并加施"风筝"标志，这是世界上最早的产品认证制度。20 世纪 30 年代，欧洲、美国、日本等工业国家陆续制定了符合各自国家的认证制度。

20 世纪 70 年代初期质量认证逐渐兴起，基于全球经济贸易发展的形势，质量认证在提高产品质量和造成非关税技术壁垒两方面的作用逐步凸显。由于各个发达的资本主义国家逐步制定了适用自己国家的质量认证制度，出现了标准不统一的问题。为了统一标准同时减少国际间贸易壁垒，国际标准化组织的合格评定委员会（Committee on Conformity Assessment，CASCO）于 1979 年首次出版关于认证的书籍，明确关于认证方面国际社会已经达成的共识。国际上通用八种认证模式，第五种认证模式被 ISO 和 IEC 采用，它采用型式试验、工厂质量体系评定、认证后监督（质量体系复查+工厂或市场抽样）结合的认证方式，适用范围非常广泛，也称为合格认证标志制度，我国的认证制度也是以此为缘由和基础发展而来。

（二）质量认证的作用

质量认证体系在多方面发挥着重要作用，如改善国际市场准入、降低交易成本、提高认证效率、推广先进的产品认证标准、提高产品质量和安全标准等，使产品更具竞争力，此外，还可以解决交易过程中生产方与需求方之间信息不对称的问题，在此基础上建立双方的信任。获得权威、独立、专业的第三方认证，会显著提升市场各方之间的信任，降低市场交易过程中可能出现的安全风险。认证制度诞生后，被迅速广泛地应用到国内外的各种经济贸易活动之中，同时也向广大消费者、政府、企业、社会各界传递信任。质量认证的实施对国际贸易的发展具有一定的促进作用，然而它也可能成为国际贸易中的技术壁垒。

与其他形式的合格评定相比，质量认证的优势是它的实施过程是由权威、独立、专业的第三方机构进行的，同时它会将评定结果以书面形式进行公示。其他形式的合格评定主要指第一方声明和第二方合格评定，第一方是指生产方或供应商，是负责提供产品的个人或组织，是对产品负责并能保证产品质量的一方；第二方是指使用者或购买方，是产品的接受者。由于这两种评定方式均受到一定程度的限制，如自身专业能力或公信力，既难以符合标准和技术规范，其评价结果又很难得到需求方的充分信任，因此通过这两种评定方式很难解决信息不对称的问题。

（三）质量认证的分类

基于不同的分类标准，产品认证可分为不同类型，如，根据产品认证标准属性分类的合格认证与安全认证，根据产品认证标准约束性分类的自愿性认证与强制性认证。我国的质量认证采取自愿性认证和强制性认证结合的方式。企业具备符合国家标准或行业标准的产品，可根据实际情况自愿申请认证。对于国家法律、法规和联合规章规定未经认证不得销售、进口或使用的产品必须进行强制性认证。

质量认证的
分类及类别

1. 合格认证和安全认证

合格认证是指按照产品标准，通过第三方产品认证机构证实某一产品是否达到认证标准的活动，即由第三方对产品、过程或服务符合规定的要求给予书面保证的程序。

产品的安全性是指产品在生产、贮存和使用的过程中确保消费者人身财产免受危害的程度，这是现代产品质量的主要内容。因此，以《中华人民共和国标准化法》为认证依据的产品安全认证应运而生。通过安全认证合格的产品使用特定的标志，如图 8-2（1）（2）所示，分别是世界上著名的安全认证实验室美国保险商实验室（Underwriter Laboratories Inc.，UL）和美国电工产品检验所（Electrical Testing Laboratories，ETL）组织和管理的 UL 和 ETL 安全认证。目前，很多国家的产品认证都分为合格认证和安全认证两类，如欧洲的 CE（Conformite Europeenne，CE）认证［图 8-2（3）］，日本的电气产品安全认证等都是安全认证。

（1）UL　　　　　　（2）ETL　　　　　　（3）CE

图 8-2　安全认证标志

2. 自愿性认证和强制性认证

（1）自愿性认证　自愿性认证是组织根据组织本身或其顾客、相关方的要求自愿申请的认证。通常情况下，自愿性认证都是管理体系认证，也包括未列入中国强制性产品认证（China compulsory certification，CCC，也称 3C）目录的产品所申请的认证。大多数的工农业产品、无公害产品、有机产品、节能产品、服务和软件产品认证均可实行此认证。

（2）强制性认证　强制性产品认证制度，是各国政府为保护国家安全、保护消费者人身和动植物生命安全、保护环境，依照法律法规实施的一种产品合格评定制度，它要求产品必须符合国家标准和技术法规。强制性产品认证，由国家认证认可监督管理委员会指定的认证机构进行，通过实施强制性产品认证程序，对列入强制性认证产品目录中的产品实施强制性的检测和审核。对于列入强制性产品认证目录内的产品，若未获得指定认证机构颁发的认证证书或未按规定提供认证标志，一律不得进口、销售和在经营服务场所使用。常见的强制性产品认证制度如 CCC 国家强制性认证（图 8-3）和 CE 欧盟安全认证。

图 8-3　3C 认证标志

强制性产品认证制度作为国家保护消费者的一种强制性手段，它的实施在推动国家技术法规和标准的发展、规范市场经济秩序、打击假冒伪劣行为、提高产品质量管理水平和保护消费者权益等多方面，具有重要的作用和优势。因其具有科学性和公正性，已经被很多国家普遍应用。实行市场经济制度的国家，以是否实行强制性产品认证制度为产品进入市场的标准，这在保障产品安全方面起到了有效的拦截作用，具有重要的实际意义。

二、质量认证的类别

（一）产品认证

产品认证是指第三方认证机构通过出具认证证书和标志的方式来证实某一产品或服务是否

达到了相应标准和技术要求，是对该产品或服务的执行情况进行监督的一种质量活动。

我国产品认证的种类同国外大致相同，主要以强制性安全认证和自愿性合格认证为主。2001 年，我国实行"四个统一"（目录、标准和技术法规及合格评定程序、标志、收费标准）的强制性产品认证制度，并首次公布了实行强制性产品认证的 19 个行业类别的产品，主要涉及电工、消防、安全防范等，现在重新分类为 7 个行业类别。

针对强制性认证以外的产品，为了帮助消费者选择物有所值的产品，促进企业之间的良性竞争，全面提高产品质量，国家非常倡导和支持有能力的企业实行自愿性产品认证活动，由此可知自愿性产品认证活动对质量认证制度的整体布局而言具有重要作用。实行自愿性产品认证在保护消费者权益、提高产品竞争力、促进国际贸易发展等方面具有重要作用。自愿性产品认证按产品特性类别可以划分为涵盖工业、农业、信息安全在内的 48 个类别。

（二）管理体系认证

管理体系认证是第三方机构根据公开发布的体系标准，对组织的管理体系进行评定，证明组织有能力提供合格的产品或服务。认证机构评定组织合格后，向其颁发认证证书，予以注册公布并进行定期监督。目前，我国开展的体系认证都属于自愿性认证。随着认证制度的不断完善，我国已经形成了涉及质量、环境、食品安全等的管理体系。

1. 质量管理体系

质量管理是组织内部为达成质量目标而建立的，必要的、系统的质量管理模式，是组织的一项战略决策。实践是检验质量管理的重要方式，随着科技的发展，生产和加工技术的不断革新，新材料的不断出现，使消费者对产品的期望不断增加、品质要求不断提高。此外，由于市场竞争激烈，为了更好地迎合市场的变化，企业对质量管理和控制越来越关注，这是促使质量管理发展的重要原因，同时也是组织的战略决策。

质量管理发展经历了几个关键时期。20 世纪 30 年代，统计质量控制的理论被提出，对于大规模流水作业方式的管理而言具有重要作用，主要体现在如何提高检验效率及加强质量控制等方面。1961 年，全面质量管理的理论被提出，该理论体现了全过程控制产品质量的理念，其中心思想是以预防为主、持续改进为辅，它对质量管理的发展影响深远。1959 年，美国发布了世界上最早的质量保证标准《质量大纲要求》。随后，一些国家将美国针对军用产品实施质量保证标准取得的成功经验，应用于民用产品中，相继制定适合本国的质量保证标准。

2. 环境管理体系

近代工业的快速发展推动了物质文明的进步，与此同时，由于人们对大力发展工业带来的负面影响预判不足，缺乏应对措施，导致了众多严重的环境问题，如草原退化、全球变暖、土地沙漠化等。环境问题已经严重限制经济发展、威胁人类生存。人们开始思考应对措施，可持续发展是解决环境问题的重要战略，可持续发展涉及环境、社会和经济等多个方面，1987 年题为《我们共同的未来》的报告中对可持续发展做出了明确定义，提倡推行清洁生产、合理利用自然资源、加强环境管理，并指出不可持续生产和消费是环境恶化的主要原因。20 世纪 80 年代以来，各国政府对环境问题高度重视，并先后制定了环境标准。1985 年，荷兰首先提出了企业环境管理体系的建立并于 1988 年实行。1990 年，欧盟专门讨论了环境审核的相关问题。1992 年召开的环境与发展大会，意味着在全球范围内开启了谋求可持续发展的时代。

3. 食品安全管理体系

食品安全问题即是民生问题，一直备受关注。因而，食品行业更迫切地需要科学、规范、有效的管理体系来确保食品安全、保障人们身体健康，满足各方面的要求。在客观需求的背景下，各种食品安全标准先后颁布，如国际食品标准（International Food Standard，IFS）、HAC-CP、欧盟食品零售组织良好操作规范（Euro-Retailer Produce Working Group Good Agricultural Practice，EUREPGAP）等。面对如此繁多的标准，不仅消费者很难区分各种标准的差异，食品企业也不知所措，只能按照不同经销商和市场的要求进行多次认证，这导致了不必要的支出和重复工作。

为了改变现状，2001年，国际标准化组织的食品技术委员会（ISO/TC 34）第 8 工作组（WG8）成立，开始制定 ISO 22000《食品安全管理体系食品链中各类组织的要求》。2004年，ISO 22000 草案稿（ISO/DIS 22000）发布，指出食品加工过程中存在众多因素影响食品安全，涵盖食品链的各个环节为了确保最终消费的安全，应对存在食品安全危害风险的各个环节及全食品链进行充分控制。ISO 22000 不仅是传统意义上的食品加工规则，还是一个协调了世界范围内关于食品安全管理的一般要求，更为系统的食品安全管理体系，它的实施对于保证食品安全和推动国际贸易具有重要意义。

（三）实验室和检验机构认可

实验室的主要工作是检测、校准以及相关的抽样，从事上述工作中一种或多种活动的机构称为实验室（GB/T 27025—2019《检测和校准实验室能力的通用要求》）。检验机构是从事检验活动的组织或组织的一部分（GB/T 27020—2016《合格评定　各类检测机构的运作要求》）。实验室和检验机构认可就是认可机构按照法律法规及技术要求，对实验室和检验机构进行评审，确认其是否具备开展检测或校准活动的资质。实验室和检验机构认可为消除国内外贸易中因产品不同检测方法而导致的技术壁垒提供了一种有效措施。

20 世纪 80 年代，我国制定了《产品质量检验机构计量认证管理办法》，这是我国法定的实验室认可活动。1994 年 10 月，中国实验室认可国家委员会成立，相继发布了一系列规范性文件，按照相关标准和规章进行实验室认可。2001 年 8 月，新的中国实验室认可国家委员会成立，并按照 ISO/IEC 17025 修订了实验室认可的规范性文件。2006 年，中国合格评定国家认可委员会（China National Accreditation Service for Conformity Assessment，CNAS）成立，根据相关准则统一开展实验室和检验机构认可的工作。参考《实验室认可领域分类》（CNAS-AL06）和《检验机构认可领域分类》（CNAS-AI03），我国实验室认可领域可以分为 14 个大类，涵盖化学、生物、机械、电气、日用消费品等；我国检验机构认可的领域分为 18 大类，包括农产品及其初级加工品、自然资源及其初级产品、化工产品、非金属矿物制品、金属材料和金属制品等。

三、质量认证的程序

（一）SC 许可

SC 是食品生产许可证编号中"生产"的汉语拼音首字母缩写。食品生产企业根据所生产的食品类别提出申请，食品企业应具有一定的资质，满足食品生产加工过程中的各种要求。申请人所在地县级以上地方市场监督管理部门接受 SC 许可申请并接收相关材料，并根据申请人提出的申请作出是否受理的决定，若予以受理，应审查申请人提供的材料，涉及实质内容核实的，应去现场并按照申请材料进行核查。现场核查应由食品安全监督管理人员进行。除现场直

质量认证的程序

接作出决定的以外，县级以上地方市场监督管理部门也可作出决定。食品生产许可证有效期内发生信息变更，要根据实际情况提出变更申请或重新申请，县级以上地方市场监督管理部门对变更或延续食品生产许可的材料进行审查并作出决定。县级以上地方市场监督管理部门依法对食品生产企业进行监督检查。

（二）HACCP

实施 HACCP 的第一个环节是组建 HACCP 小组，并由其负责制定、修改、验证和监督 HACCP 计划的执行情况，同时编制卫生标准操作程序 SSOP 文件及负责全体人员的相关培训等。HACCP 小组全面描述产品及其特性、规格、安全性等，并以用户和消费者的角度阐明产品销售的地点和消费人群，特别关注敏感人群是否可以使用。随后，绘制生产工艺流程图及工厂人流物流示意图，以说明从原料到产品的整个过程和涉及的所有原料、成品包装的情况，此环节由 HACCP 小组现场验证，以确保生产流程图和实际生产过程相符。

根据 HACCP 原理的要求，HACCP 小组参照流程图对生产加工过程中的各个环节进行危害分析，确定危害的种类及其来源，进而建立预防措施。接下来，确定工艺过程中所有 CCP 及其对应的关键限值，以区分食品是否达到安全的分界点。为了评估 CCP 是否受控，建立监控程序，以备将来验证时使用。当监控结果显示某一 CCP 偏离 CL 时，应该立即采取措施加以纠正。纠偏主要有两个任务：制定使工艺重新处于控制之中的程序，确定 CCP 失控时期生产的食品的处理办法。建立验证程序是至关重要的环节，其目的是通过科学、严谨、系统的方法判断所规定的 HACCP 体系是否处于准确无误的工作状态中，确定 HACCP 体系是否需要修订和再确认，能否保障食品安全。验证活动主要涉及确认 CCP、验证 CCP、验证 HACCP 体系、执法机构验证四个环节。HACCP 实施过程中要及时准确的做好记录，文件和记录要符合相关规范，这有助于及时发现问题并解决问题，确保 HACCP 原理得到正确应用。

（三）GMP

GMP 是 HACCP 体系的基础，其实施对于保证食品安全和质量具有十分重要的意义。进行食品 GMP 认证时，首先，由申请企业提交申请书和一系列技术与管理资料。认证机构受理申请后，审查资料，确认是否符合申报要求。接下来，认定委员会根据相关要求对其进行现场评审，通过评审后，认证机构的执行人员在工厂进行现场抽样和检验。申请企业经现场审核和产品检验后，向认证执行机构报备认证产品的包装样品，认证执行机构确定认证产品编号后，附相关资料报认定委员会认定。申请企业通过确认函后，推广宣传执行机构应函请申请企业办理认证合约书，并出具食品 GMP 认证书。申请企业接受认证机构的追踪查验和监督管理。

（四）SSOP

SSOP 是指导食品在生产加工过程中如何进行清洗、消毒和保持卫生等工作的文件，也是企业食品安全管理体系建立和实施的重要前提。SSOP 制定过程中要说明食品工厂现行的卫生程序，同时提供其详细的时间计划；制定支持日常检测的计划，以便必要时采取措施加以改正；避免执行过程中出现同样问题，通过连贯性的培训保证全员理解 SSOP 文件精神和意义；体现对消费者和检查人员的承诺，改善食品工厂的卫生操作现状。建立 SSOP 文件之后，企业还需要在日常工作中派专人进行检查、记录和纠正，并将记录文件归档保存以证明企业制订并实行了 SSOP，且行之有效。检查结果不合格时，必须采取纠正措施。

（五）ISO

ISO 9000 质量管理体系认证前的准备分为三个环节，第一个环节是选择认证机构，第二个环节是对质量管理体系文件的全面整理，最后一个环节是接受有关审核的教育培训。认证机构受理申请后，审查资料，确认是否符合申报要求。质量管理体系认证流程如下：申请人向认证机构提出申请，提交相关材料。在认证机构收到正式申请以后，决定是否受理并签订合同。随后，建立审核组并确定成员，根据企业实际情况完成文件评审。通过文件审查后进行现场评审，重点核实文件的实际落实情况。最后，认证机构全面审查审核组提交的报告，若审批通过，出具证书并予以注册。认证机构对通过认证的企业进行监督和评审。

ISO 22000 的建立和实施同 ISO 9000 类似。食品企业在做好相关准备后，向认证机构提出申请并提交资料。认证机构确认受审核方资质后，决定是否受理。审核由两个阶段组成，第一阶段资料审查时若发现不符合处，可通知企业补正；第一阶段现场审查需要提前计划，按计划实施现场检查并编制审核报告。第二阶段主要检查申请企业对第一阶段中出现问题的整改，若确认企业已经建立完善的纠正措施并证实其真实有效，通过认证后由认证机构颁发证书并予以注册。

（六）认证人员与审核员

认证工作的顺利开展与认证人员的专业水平相关。随着行业竞争的加剧，认证工作也是一种商业行为，人们不仅关注认证机构和人员的服务质量，还重点关注人员资质、水平和业绩等。因此，认证人员的资质、培训、考核、认可与注册成为了认证部门和企事业单位十分重视的问题。

ISO 早在 1991 年就针对审核员资质制定了相关准则（ISO 10011-2），该准则在 1993 年部分修订后被我国等同使用。2004 年，国家质量监督检验检疫总局发布《认证及认证培训、咨询人员管理办法》，国家认证认可监督管理委员会和中国认证认可协会根据其要求制定了一系列规范性文件，主要涉及培训、考核以及注册等方面。获得国家注册资格的认证人员，可以被任何机构聘用和监督。聘用机构对审核员违反职业道德、有失公正、以权谋私等行为，有权根据情节轻重对违纪审核员进行处分或解除合同，及时上报 CNAS，CNAS 审核通过后向国家质量认证主管部门报告，获得批准后可暂停、撤销其注册资格，收回注册证书。情节严重构成犯罪的，依法追究其刑事责任。

思政案例：应用 HACCP 规避食品安全风险

2022 年 11 月，美国 FDA 对泰国海产行业巨头"泰万盛"发出警告，起因是 FDA 对"泰万盛"在泰国的 Samut Sakhon 海鲜加工厂进行评估，发现其违反海鲜生产 HACCP 规定的行为。评估结果显示该公司在生产预制金枪鱼时的工艺不足以控制组胺的形成，存在威胁消费者身体健康的风险。该案件体现出食品企业实施 HACCP 的重要性，组胺含量是 CCP，FDA 通过评估发现 HACCP 实施过程中出现问题，及时止损，规避了风险。HACCP 被认为是最有效的保障食品安全的管理体系，它的实施减少因标准不同发生的贸易壁垒，这对企业节约成本、有序发展、维护消费者健康具有重要的意义。

通过这个案例，体现出食品生产把控细节的重要性，要注重每一个环节，不能急于求成，否则可能会带来不可估量的损失。

第三节　食品安全追溯及预警技术

　　2020 年新型冠状病毒疫情在全球暴发后，进口冷链食品成为"外防输入、内防反弹"任务关键点，我国多个省份在进口冷链食品中采用追溯技术实现进口冷链食品可追踪、可溯源、可管理，提升了我国进口冷链食品管理效能和食品安全管理效果。2021 年 9 月，《农产品质量安全信息化追溯管理办法（试行）》颁布实施，信息化追溯管理通过建立信息大数据系统，获得与生产流程、生产规模、配送渠道及销售体系相匹配的电子追溯信息记录，实现对产品配方成分、原辅料供应、产品生产批次、相关责任人员、产品检验、销售去向等关键信息的迅速收集、汇总，并实现产品生产企业从采购、生产、出厂检验到配送销售的全过程信息追溯。信息化追溯管理在提升农产品质量安全智慧监管能力、落实农产品生产经营者主体责任、保障公众消费安全方面又踏出坚实的一步。

一、食品安全追溯体系的建立

　　食品安全追溯通过对食品生产各环节信息的连接与记录，实现食品整个生命周期的跟踪（tracking）与溯源（tracing）。其中，食品安全的跟踪指从食品供应链的上游至下游，跟踪一个特定的单元或一件（批）食品运行过程的能力。食品安全的溯源指从供应链下游至上游识别一个特定的单元或一件食品（一批食品）来源的能力，即通过记录标识的方法回溯某个实体的来源、用途和位置的能力（图 8-4）。

食品安全追溯体系

种植/养殖　　　加工　　　仓储　　　运输　　　销售

图 8-4　产品的跟踪与溯源

　　建立食品安全追溯体系是保证食品安全的一部分，是为了实现食品质量安全顺向可追踪、逆向可溯源、风险可管控，发生质量安全问题时产品可召回、原因可查清、责任可追究，切实落实质量安全主体责任，保障食品质量安全。食品安全追溯体系可以根据企业内外部、生产目的等进行分类，如表 8-2 所示。大力推动食品生产经营企业建立食品安全追溯体系，才能实现从农田到餐桌全过程追溯，落实企业安全主体责任，提升食品安全整体水平，保障食品行业规范、健康地发展。

表 8-2　　　　　　　　　　　　　食品安全全程追溯分类

分类方式	类别	核心区别
企业	内部	对企业内部的生产过程的追溯
	外部	参与供应链的所有过程，如材料购买、生产、包装、贮运、销售等信息的记录

续表

分类方式	类别	核心区别
目的	跟踪	从供应链上游至下游
	溯源	从供应链下游至上游
现状	自愿	我国目前鼓励采用
	强制	欧美国家已经采用

（一）可追溯系统概述

可追溯系统能识别直接供方的进料和最终产品的销售途径，查明其前因后果。直接供方的进料包括原料、辅料、包材、加工助剂、清洁消毒剂及其他生产物资。上游供方需了解其产品标准、加工工艺、贮存方法、保质期等内容。分销的途径主要体现在出货记录上。追溯的不只是加工产品所需物料名称出处，还有物料使用量的问题及工艺、环境卫生、物流、仓储、相关人员、产品标准等。

追溯主要依靠查询相关记录。对生产企业来说，追溯内容包括生产所用原物料、生产工艺、质量检验、销售记录、留样等。原材料的基本信息，如果是果蔬原料，需要有农田的基本信息、耕作者的基本信息、种籽的来源、耕作过程中的基本情况（化肥使用、各种病虫害等）、采摘情况等。如果是畜产原料，需要有牲畜的性别、出生年月、饲养地等。原物料和成品可以参照原物料和产品的批号进行追溯，因此批号编制必须具有一定规则，如物料批号一般以同一时间验收的同一物料为一批次，批次编号为验收日期；成品批号编制以同一品种、同一班次为一批次；批次编号为"日期编号+班次编号"等。

（二）产品追溯的方式

产品的追溯可依据产品产出路线和批号路线进行。从生产企业来看，产品产出路线包括物料验收、生产物料领用与使用、形成产品、检验入库、出厂检验、出厂记录、运输记录等；批号路线包括物料批号、记录使用物料、设定产品批号、发货信息等。追溯是由产品倒推原料的过程，所以制作的记录要无缝衔接，从原料的验收、入库、领用及报废到成品、出库、运输都必须相互衔接，确保原料批号、产品批号、运输车辆等信息完整可追溯。

（三）国内外食品安全追溯体系的建立和相关规定的制定

1. 国外食品安全追溯体系的建立

国外食品安全追溯体系的建设较早，从 20 世纪 90 年代开始，许多国家和地区已经开始应用可追溯体系进行农产品的质量管理，并逐渐从单一的牛肉制品向蔬菜、粮食领域渗透，从仅针对出口领域向整个农产品市场扩展。

欧盟成立欧洲食品安全局对食品安全管理承担主要责任，成员国和欧盟共同执行食品安全管理政策。食品产业接受成员国有关机构的监督，这些机构同时接受欧盟的管理，欧盟委员会也参与对欧盟的食品安全管理。2001 年，欧盟开始在成员国内部建立牛肉产品追溯系统。2002年进一步将追溯范围扩大到全部食品，规定对食品、饲料、供食品制造用的家畜，以及与食品、饲料制造相关的物品在生产、加工、流通的各个阶段强制建立可追溯体系，并明确提出禁止进口非追溯产品。欧盟各国普遍采用由国际物品编码协会（European Article Number，EAN）和美国统一代码委员会（Uniform Code Council，UCC）共同开发、管理和维护的全球统一和通用的商业语言系统 EAN·UCC 系统开展质量安全追溯，要求为每一地块建立农药、肥料等的使用情况报备体系，以监控有机农产品的生产过程。其中英国率先建设了基于互联网的牲畜跟踪系统（central tracker subsystem，CTS），实现了牲畜整个生命周期的情况记录。目前已经有 40 多个国家和地区采用 EAN·UCC 系统对食品生产和销售过程进行跟踪和追溯，获得了良好效果。

澳大利亚于 2001 年建立了国家牲畜标识计划（national livestock identification system，NLIS），即畜产品质量安全追溯系统。该系统采用由 NLIS 认证的瘤胃标识球或耳标对牛、羊进行身份标识，由国家中央数据库对记录的信息进行统一管理，从而对动物个体从出生到屠宰的全过程实现追踪。

美国强制要求企业建立食品可追溯制度，同时控制食品进出口流通，强制生产企业严把食品安全关。美国 FDA 制定农场初级原料生产标准和召回追溯系统，强制召回受污染食品、扣留不安全食品、限制或禁止来自某个地区的不安全食品进入流通领域以及就可能违规情况索取相关数据等。

2000 年起，英国农业联合会和全英 4000 多家超市合作，建立了食品安全一条龙监控机制，目的是对上市销售的所有食品进行追溯。如果消费者发现购买食品存在问题，监管人员可以很快通过电脑记录查到来源。

2. 我国食品安全追溯体系的建立和相关规定的制定

2003 年以来，中国物品编码中心参照国际编码协会出版的相关应用指南，并结合我国的实际情况相继出版了《牛肉产品跟踪与追溯指南》《水果、蔬菜跟踪与追溯指南》和《食品安全追溯应用案例集》，此外中国物品编码中心还在国内建立了多个应用示范系统。

食品生产经营企业建立食品安全追溯体系的核心和基础是记录全程质量安全信息。食品生产经营者需要依照安全法的相关规定，建立食品安全追溯体系，保证食品可追溯。国家鼓励食品生产经营者采用信息化手段采集、留存生产经营信息，建立食品安全追溯体系。《食品安全法》第四十二条规定国家建立食品安全全程追溯制度。国务院食品药品监督管理部门会同国务院农业行政等有关部门建立食品安全全程追溯协作机制。2017 年 4 月 1 日，国家食品药品监督管理总局发布《关于食品生产经营企业建立食品安全追溯体系的若干规定》，规定要求食品生产经营企业要建立食品安全追溯体系，客观、有效、真实地记录和保存食品质量安全信息，实现食品质量安全可追踪，风险可管控。一般来说，依据不同类型的食品生产经营企业，记录的主要信息包括：

（1）生产企业记录的信息　生产企业记录的基本信息包括原辅材料信息、产品信息、生产信息、销售信息、设备和设施信息、人员信息、召回信息、销毁信息和投诉信息。原辅材料信息包括企业需建立食品原料、食品添加剂和食品包装材料等食品相关产品进货查验记录制度。产品信息需记录食品生产的相关信息，包括产品名称、执行标准及标准内容、配料、生产工艺、标签标识等。生产信息记录生产过程质量安全控制信息，主要包括原辅材料入库出库、生产使用、生产过程及检验、成品入库、贮存、出库、销售等内容。销售信息需建立食品出厂检验记录制度，查验出厂食品的检验合格证和安全状况。设备信息记录与食品生产过程相关设备的材质、采购、安装、使用、监测、维护等信息。设施信息记录与食品生产过程相关的设施信息，包括原辅材料贮存车间、预处理车间、生产车间、包装车间、成品库、检验室、供水、排水、废弃物存放、通风、照明等设施基本信息，相关的管理、使用、维修及变化等信息，并与相应的生产过程信息关联，保证设施使用情况明晰。人员信息中企业需记录与食品生产过程相关人员的培训、资质、上岗、编组、在班、健康等信息，并与相应的生产过程履职信息关联，将职责落实到具体岗位的人员。成品追溯过程可以归结为成品批号、核实发货记录、质检报告、生产日期、生产记录、原辅料、包材等使用批次、物料领用验收记录、生产厂家及合格供应商名录等。同时，企业建立召回记录管理制度，包括对客户意见及投诉的记录和处理。

（2）销售企业记录的信息　销售企业记录的信息包括进货、贮存、销售等信息。从事食品批发的食品、食用农产品经营企业建立进货查验记录制度，查验供货者的许可证和食品出厂检验合格证或其他合格证明，记录食品的产地、名称、规格、数量、生产日期或生产批号、保质期、进货日期及供货者名称、地址、负责人姓名、联系方式等内容，并保存相关凭证。按照保证食品安全的规定贮存食品，定期检查库存食品，清理变质或超过保质期的食品，记录贮存的相关信息。

（3）餐饮企业记录的信息　餐饮企业建立进货查验记录制度，查验供货者的许可证和食品出厂检验合格证或其他合格证明，制定并实施原料控制要求，记录原料的产地、名称、规格、数量、生产日期或生产批号、保质期、进货日期及供货者名称、地址、负责人姓名、联系方式等内容，并保存相关凭证。实行统一配送经营方式的食品经营企业，可由企业总部统一查验供货者的许可证和食品合格证明文件，记录进货查验信息。企业按规定维护食品加工、贮存、陈列等设施、设备，清洗、校验保温设施及冷藏、冷冻设施，并记录相关信息。

（4）生产经营企业记录信息的其他要求　食品安全法明确要求食品生产经营企业应记录运输、贮存、交接环节等基本信息。其中，运输信息包括由食品生产企业、食品和农产品经营企业、餐饮企业及相关的运输企业或其他负责食品、食用农产品运输企业的运输行为。贮存信息包括由食品生产企业异地贮存采购的原辅材料和成品，食品、食用农产品经营企业异地贮存采购的产品，餐饮企业异地贮存采购的产品，相关的贮存企业或其他负责食品、食用农产品贮存企业的贮存行为。交接信息是交接环节保存的信息。交接环节是指食品、食用农产品在食品生产经营企业之间的交付接收过程。该过程要保证各食品生产经营企业建立的食品质量安全追溯体系与食用农产品生产者，即种植养殖环节食用农产品追溯体系有效衔接，并保存相关凭证。

其他记录的基本信息包括食品、食用农产品销售企业，餐饮企业，食品、食用农产品运输、贮存企业应当记录的设备、设施、人员、召回、销毁、投诉等信息，相关信息内容需如实记录和保存。

（四）食品可追溯信息的价值和作用

（1）对于食品生产制造商，商品实现信息化可追溯管理后，食品一旦发生质量问题，可马上确认事故发生的原因，并及时召回问题食品，将企业的经济损失和信誉损失降低到最小范围。通过对追溯信息的查询，快速应对客户的索赔，及时回答客户对产品原材料提出的质疑。通过对食品的生产过程追溯，对产品生产或种植过程进行重要节点管控，对产品存在的问题进行剖析，提升企业自身内部管控水平，实现企业规范化管理。追溯有利于企业从内及外地打造企业竞争力，提升产品价值，带动市场销售，实现品牌化进程。

（2）对于食品的运输仓储方，全程记录物料仓库作业人员收发记录，明确责任。通过批次和条码，实现产品、物料的质量追溯、产品窜货的管理。追溯系统也实现订单信息、库存数据的实时共享，打破食品流通过程信息孤岛，让食品供应链更加高效可控，提升企业核心竞争力和服务客户的能力。

（3）对于食品的销售商，食品追溯可以准确地获知食品的市场流通状况，掌握产品在流通中的销量和消费者的喜好，有利于产品销售商依据产品来源和销量选择规范的生产者和受消费者欢迎的产品；同时，保护经销商的利益，防止窜货，避免恶性竞争。

（4）对于食品的监督管理部门，通过追溯系统可以对企业与产品进行核查及检验，保证企业主体资质与产品质量；了解和掌握企业生产和流通等各个环节，及时防止重大食品安全事件的发生。

（5）对于消费者，利用超市终端或手机平台，通过追溯体系对食品种植、生产、加工、运输等情况进行查询，判定产品质量，决定购买意向。

总之，通过食品可追溯的实施，可以强化产业链中各企业的责任，有力地保护企业信誉。通过实施追溯能够查询到市场上流通产品的源头信息，精准对应产品质量负责人，迫使有安全隐患的企业退出市场，生产质量好的企业由此建立信誉。在食品质量安全危机爆发时，企业可以减少承担自己产品被禁止销售、固定资产被没收、丧失企业信誉及自身质量管理体系崩溃等负面影响的风险。采用可追溯体系，企业与政府面对出现的危机可以快速识别风险，帮助企业寻找危害的原因，了解风险的程度，通过管理将生产过程中的风险降低到最低水平，减少对人类健康的危害。食品供应链的可追溯在不同维度的食品质量管理实践和可持续绩效之间起到部分或完全的中介作用。

食品可追溯体系的实施可促进全球贸易一体化。食品安全追溯系统在食品物流各个环节建立与国际接轨的标准标识体系，实现对供应链各个环节的正确标识，增强农产品来源的可靠性，加快信息传输处理速度，为信息数据储备和交换、电子商务和全球贸易一体化奠定基础。

二、食品安全预警技术与方法

安全预警，最早起源于德国的风险防范法则，其核心是强调公众通过前期的有效规划准备，减少或避免出现严重的破坏行为。通过有效的计划来减少破坏的行为，降低或避免对环境的破坏。这一法则在环境等领域逐步应用。食品安全突发事件具有突然性、广泛性、偶发性等特点，其后果影响范围广、波及人员多，往往会对经济与社会发展带来重大的负面影响。因此，建立并完善快捷、高效的食品安全检验检测预警系统对消除公众的忧虑、提高公众对政府的信任度、树立政府形象、提升人民幸福感具有重要意义。

食品安全预警技术

（一）食品安全预警系统概述

当前在食品安全和粮食安全领域，食品安全预警系统成为全世界政府关注的焦点。食品安全预警是对食品中有毒有害物质的扩散与传播进行早期警示和积极防范的过程。通过对食品生产、加工、配送和销售过程中的安全隐患进行监测、跟踪和分析，建立有针对性的预测和预报体系，对潜在的食品风险及时发出预警，以便及时有效地预防和控制食品安全事件，最大限度地降低损失，避免对消费者的健康造成不利影响。一般认为政府对食品安全进行的社会性监督管理，是以保障劳动者和消费者的安全、健康、卫生，防止公害为目的进行的政府干预。政府通过颁布法律、法规、行政规章等方式，动员社会各种力量，积极做好危机准备工作和保障措施，对食品原材料及食品的生产、加工、流通、销售等环节的企业和个体的行为进行严密监控，对其发展趋势、危害程度等做出科学合理有效的判断，通过危机传导流程，发出正确的警报，并在政府其他各部门的协同工作下，充分保证各系统有效运行的组织体系，对食品安全进行早期预报和早期控制。食品安全预警主要是为消费者提供安全、放心的食品起到提前预防的作用，保护消费者利益，维护公共健康和安全。食品安全预警系统的建立对食品安全具有重要意义。建立食品安全信息管理体系，构建食品安全信息的交流与沟通机制，可为消费者提供充足、可靠的安全信息。政府和监管部门及时发布食品安全预警信息，帮助社会公众采取防范措施。通过预警机制，对重大食品安全危机事件进行应急管理，尽量减少食源性疾病对消费者造成的危害与损失。只有建立了食品安全预警系统才能在缺乏信息或准备不足的情况下，避免发生严重的食品安全问题。建立和发展食品安全预警系统，是提高我国食品安全与风险管理水平的要求，也是全球食品安全管理的发展趋势。

（二）食品安全预警系统的内容和功能

食品安全预警系统是一套为保障食品安全而进行风险预警的信息系统，能够实现预警信息的快速传递和及时发布，类似于欧盟 RASFF 系统。食品安全预警系统是通过风险分析、输入信息、预警指标的计算和分析，由预警系统的功能输出预警的对应措施，如分析报告、情况通报等，最终实现食品安全的目标。食品安全预警系统具有发布信息、沟通、预测、控制和避险等功能，是实现食品安全控制管理的有效手段。食品安全预警是食品安全管理战略的重要组成部分。预警的主要功能在于对风险的预防预测，这也是目前食品安全的前沿性研究课题。构建完善的食品安全预警系统可以通过监控食品质量和生产加工环节的安全状况，在食品安全风险尚处于潜伏状态时提前发出预警，防止影响人民群众健康的重大食品安全问题发生。

1. 食品安全风险分析

食品安全中的危害因素主要来自化学性、生物性和物理性危害物。化学性危害物包括农药残留、兽药残留、天然毒素、食品添加剂和其他化学危害物；生物性危害物通常只包括微生物危害物；物理性危害物包括碎骨头、碎石头、铁屑、木屑、头发、昆虫残体、碎玻璃以及其他可见的异物。食品在生产、加工、储存、运输和销售的过程中产生的化学性及生物性危害物是导致食品安全出现问题的主要因素。此外，由于食品中使用的原料种类繁多，受到环境污染的影响以及新型食品原料的不断开发使用，可能给人体健康带来的影响越来越难以进行科学有效的评估，由此可能引发的食品安全隐患也越来越突出。

目前食品中的物理性危害可通过一般性的控制措施，如参照相关卫生规范等加以控制，化学性和生物性危害可利用风险分析的方法进行危害管理。风险分析通过建立准确的分析方法并正确解释测定数据，实现对食品安全性科学有效的评价。

2. 确立食品安全预警指标

食品安全预警指标体系的分析结果是食品安全预警系统发挥预警功能的基础，它在食品安全预警系统中起到承上启下的重要作用，是建立科学有效的食品安全预警系统的核心。选取的食品安全预警指标的科学性和适用性对食品安全预警系统的预警效果具有直接的影响。因此，构建食品安全预警指标体系，先要对预警指标进行确定，在对可能影响食品安全的危害因素进行分析的基础上，对预警指标进行设计并建立系统性的食品安全预警指标体系。

3. 食品安全预警分析

食品安全预警分析系统主要是对信息源输入的信息进行分析，得出准确的警情通报结果，为预警响应系统做出正确及时的决策提供判断依据。因此，预警分析系统建立的是否科学直接决定了整个预警体系的有效性并起到了承前启后的作用。进行预警分析可用模型分析法、数据推算法或采用控制图原理对食品中的限量类危害物和污染物残留的检测方法进行分析等多种方式。

4. 食品安全预警响应

食品安全预警响应系统主要功能是对预警分析系统得出的警情警报进行快速反应并做出决策。当食品安全出现警情时，应对可能引发的后果的严重性进行分级识别，通常按从高到低的程度分为Ⅰ级预警、Ⅱ级预警、Ⅲ级预警和Ⅳ级预警。针对不同警情，预警响应系统应采取不同的预警信息发布机制和应急预案。

（三）食品安全风险预警流程

1. 建立完善的监测体系

我国目前形成以部门按照食品链环节进行分工为主、品种监管为辅的监管框架。这个框架的基础是强化地方政府对食品安全监管的责任。一般情况下，食品安全监管机构直接由当地政府管理，并接受中央监管机构的监管与技术方面的指导。但在有些情况下，地方的食品安全监管机构直接由中央监管机构负责管理。监管部门之间要明确分工，克服多头监管和漏点问题。按照责权一致的原则，建立食品安全监管责任制和责任追究制。

2. 建立食品安全风险警示报告制度和信息发布制度

农业、质量监督、工商行政管理和食品药品监督管理等有关行政部门获知有关食品安全风险信息后，立即向国务院卫生行政部门通报。卫生行政部门根据食品安全风险评估结果、食品安全监督管理信息，对食品安全状况进行综合分析，对经综合分析表明可能具有较高程度安全风险的食品，及时提出食品安全风险警示并予以公布。

3. 建立应急预案制度

各级政府和食品安全相关部门都必须有食品安全应急预案。当重大安全事件、突发安全事件发生时，立即启动应急预案以应对处理，快捷、迅速、果断、有力地处置和控制危机，使危害范围和危害后果最小化。

（四）国内外食品安全预警体系的发展

食品安全突发事件具有突然性、普遍性及非常规性的特点，其影响范围广、涉及人员众多，对经济和社会的稳定带来重大的负面影响。因此，多年来国内外政府部门一直致力于完善食品安全领域的食品安全预警体系，最大程度减少食品安全事件对国家和人民造成的损失。

1. 国外食品安全预警体系的水平

国外食品安全政策法规比较健全，食品的监管体系比较完善，预警系统、可追溯系统、监测系统与应急系统都比较健全，食品安全生产加工流通过程中的监控技术手段比较先进，一些监管措施包括食品的市场准入制度、食品安全认证制度、食品召回制度以及可追溯制度的食品数据库均较为完善。发达国家处理食品安全突发事件的手段包括建立法律法规体系，完善机构体系，健全信息收集、处理和传播机制，建立预设方案等。

国外预警理论方面的研究以政府干预理论为基础，主要集中在预警标准检测、预警指标体系、预警模型等定量分析研究，针对食品安全危机处理与预警机制等定性分析研究的较少，而且这种理论与模式的研究都是以国外发达的经济与严格的行业自律为前提条件。

2002 年欧盟对原有的安全预警系统实施了大幅度调整，实施欧盟食品与饲料快速预警系统，各成员国向欧盟快速通报各国关于食品和饲料对人体健康所造成的直接或间接风险，及其为限制某些产品出售所采取的措施等信息。系统运行后，内容不断深化，数量逐年增加，有效地对食品和饲料进行了监测和预警。

2. 国内食品安全预警体系的水平

相对于发达国家来说，我国食品安全预警方面的实践起步较晚。我国在 20 世纪 80 年代才开始做这方面的探索性研究，近些年国家较大规模投入资金和人力开展相应的研究，特别是 2002 年以来连续发生重大食品安全事件，引发政府和专家高度重视。近年来，中国政府正积极加强食品安全预警体系的建设工作。

中国食品安全管理主要采用分段式的监管模式，国家卫生健康委员会、农业农村部和国家市场监督管理总局分别建立了侧重点不同的食品安全监测预警体系。但是，我国有关食品安全突发事件的法律法规体系建设仍不完善，已制订的有关条例尚需改进和加强，公共卫生机构体系的反应速度和协调机制有待提高，突发事件的应急报告和信息公布制度尚需完善。

3. 我国代表性食品安全预警体系的建立和发展

（1）原卫生部食品安全监测预警体系　20 世纪 70 年代，FAO/WHO 联合发起了全球环境监测系统/食品污染监测与评估规划，其主要目的是监测全球食品中主要污染物的污染水平及其变化趋势。中国是全球食品污染物监测计划参加国，从 1992 年开始进行食品污染物的监测，并积累了部分数据，为制定我国食品中污染物限量标准提供了依据。2003 年 8 月，卫生部公布了《食品安全行动计划》，并从 2004 年起根据食品污染物监测情况发布预警信息。

（2）农业部门食品安全监测预警体系　为了全面、及时、准确地掌握和了解农产品质量安全状况，及时掌握风险隐患，有针对性地加以生产指导和过程控制，农业部门从 2001 年开始建立并启动实施农产品质量安全例行监测制度，对全国大中城市的蔬菜、畜产品、水产品质量安全状况实行从生产基地到市场环节的定期监督检测，并根据监测结果定期发布农产品质量安全信息。

（3）原国家质量监督检验检疫总局食品安全监测预警体系　国家质量监督检验检疫总局建立的全国食品安全风险快速预警与快速反应体系（RARSFS）于 2007 年正式推广应用，实现了对 17 个国家食品质检中心日常检验检测数据和 22 个省、市、区监督抽查数据的动态采集，初步实现了国家和省级监督数据信息的资源共享，构建了质监部门的动态监测和趋势预测网络。

（4）国家食品安全风险监测体系　2010 年，卫生部、工业和信息化部、商务部、工商总局、质检总局、食品药品监管局联合印发了《关于印发 2010 年国家安全风险监测计划的通知》。

自 2010 年起全面实施国家食品安全风险监测计划，初步建立了覆盖全国的食品安全风险监测体系。监测内容包括食品中化学污染物和有害因素的监测、食源性致病菌监测、食源性疾病监测、食品中放射性物质监测。如对乳制品中三聚氰胺的监测、饮料产品中塑化剂的监测、明胶中铬的监测，以及针对每年新出现的食品安全问题采取的应对监测，都属于国家食品安全风险监测体系的任务。2021 年，国家卫生健康委员会印发了《食品安全风险监测管理规定》。

（五）我国食品安全预警机制建设中的问题

1. 检测行业体系的不完善

食品安全预警管理过程中，在从农田到餐桌一系列监管过程中起决定性作用的是技术检测能力。近年来发生的食品安全事件往往监督有效，但缺乏专业的检测机构和方法。由于国家检测标准繁多、复杂、专业，检测成本较高，在实际食品检测工作中实施的可能性较小，加上现场快速检测技术不完善，检测人员技术水平有限。食品安全预警的关键是检测行业提前对原材料开展分析测试，如果食品进入流通的最后环节，仅进行简单的市场抽查，即使发现问题也很难控制，所以食品安全预警工作在风险监测基础上关注对生产环节的监管，对原材料与生产过程监督，对没有进入市场的危害食品进行处理，从而有效控制危害。有力的监督依赖先进的分析检测技术，因此进一步提高检测的科研开发水平尤为重要。

2. 行业协会的组织作用力不够

行业协会是市场经济发展的产物，发达完善的行业协会是市场经济成熟的显著特征。在市场经济发达的国家，行业协会及类似于行业协会的组织，形成了一套既定的社会规范，在维护市场秩序、保护知识产权中起着不可替代的作用。我国行业协会、维护消费者权益的民间组织等社会参与力量的作用还没有完全释放。同时，食品行业应该加强行业的统一规范，使食品生产标准统一，避免存在不公平竞争行为。同行企业要以行业协会为平台，相互监督。企业要借助行业协会这个平台相互结盟，保护同行企业的整体利益。

（六）建立有效的预警指标体系应遵循的原则

1. 系统性原则

要求在制定指标时必须全面考虑整个食品生产链的情况，较为全面地涵盖所有的食品安全预警问题。由于食品安全问题以及与其相关的信息都处于动态发展的过程中，因此指标体系的完整性也是相对的，需要不断完善和提高对食品安全问题的认识，并及时地对体系中的指标进行调整，才能确保食品安全预警指标体系的完整性。同时还应关注到整个预警体系的系统性，即在进行指标设计的过程中既要考虑单个指标设计的合理性，也要重视指标之间的关联性。

2. 灵敏性原则

在选择指标时应能够对食品安全风险的变化情况进行及时准确地反映，具有较强的反应能力，能够成为反映食品安全风险变化情况的风向标。

3. 最优化原则

指标体系的最优化原则就是建立的指标体系应有的放矢，从众多相关因子中选择能超前反映食品安全态势的领先指标。着重考虑对预警效果指导性强且意义较大的指标，从而减少工作量，排除部分无效因素的干扰，达到指标分析最快的速度和最优的效果。

4. 可操作性原则

预警体系以切合食品安全问题实际情况为首要，因此它的指标体系要切合实际并有利于操作。指标的选取应具有针对性，要考虑到指标数值的统计计算及其量化的难易度和准确度。要选择主要的、基本的、有代表性的综合指标作为食品的安全指标，便于横纵向比较。

思考题

1. 什么是 GMP、SSOP、HACCP？

2. HACCP 的基本原理是什么？

3. 简述 GMP、SSOP 和 HACCP 之间的关系。

4. 请谈一谈实施 GMP、SSOP 和 HACCP 的意义。

5. 食品认证的类型有哪些？质量认证的要点是什么？

6. 什么是管理体系认证？

7. 简述 ISO 9000 质量管理体系的认证程序。

8. 试述 ISO 9000 食品安全管理体系认证的过程。

9. 什么是食品安全追溯？如何进行食品安全追溯？

10. 食品安全预警的意义何在？

参考文献

[1]O.G. 皮林格，A.L. 巴纳．食品用塑料包装材料：阻隔功能、传质、品质保证和立法[M].张玉霞，译．北京：化学工业出版社，2004.

[2]艾志录．食品标准与法规[M].北京：科学出版社，2016.

[3]陈昌云．现代食品安全分析综合实训指导[M].南京：南京大学出版社，2019.

[4]陈高乐，李紫君，刘一凡，等．感官实验室建设及应用——以上海交通大学为例[J].当代农机，2021，369(4)：73-74.

[5]陈君石．食品安全的前沿进展[J].中华预防医学杂志，2022，56(5)：545-548.

[6]陈艳．食品安全风险分析微生物危害评估[M].北京：中国标准出版社，2021.

[7]邓明俊，鱼艳荣，肖西志．食源性寄生虫病及其防治措施[M].北京：中国质检出版社、中国标准出版社，2014.

[8]胡秋辉．食品标准与法规[M].2版．北京：中国质检出版社、中国标准出版社，2013.

[9]黄继磊，王耀，周霞．我国常见食源性寄生虫病流行现状与防治进展[J].中国血吸虫病防治杂志，2021，33(4)：424-429.

[10]黄昆仑．食品安全风险评估与管理[M].北京：中国农业大学出版，2021.

[11]贾玉娟，刘永强，孙向春．农产品质量安全[M].重庆：重庆大学出版社，2017.

[12]焦新安．食品检验检疫学[M].2版．北京：中国农业出版社，2016.

[13]李丹，岳林明．人异尖线虫病的研究进展[J].中国病原生物学杂志，2021，16(9)：1107-1112.

[14]李宁．食品毒理学[M].北京：中国农业出版社，2021.

[15]李树清，黄维义．水产品中重要食源性寄生虫检疫手册[M].北京：中国农业出版社，2016.

[16]李龚风，王静，刘晓雷，等．旋毛虫 Ts-DNase Ⅱ-7 蛋白对 Caco-2 肠上皮细胞屏障的影响[J].中国兽医科学，2022，52(3)：351-357.

[17]林金祥，李友松，周宪民，等．食源性寄生虫病图释[M].北京：人民卫生出版社，2009.

[18]刘雷．食品安全监管视角下 HACCP 体系在食品行业中的应用研究[D].上海：上海海洋大学，2021.

[19]刘文，戴岳，袁姗姗，等．食品质量标准体系构建要素与框架设计研究[J].标准科学，2022(5)：76-81.

[20]柳增善，卢士英，崔树森．人兽共患病学[M].北京：科学出版社，2014.

[21]吕学莉，于航宇，樊永祥，等．我国食品安全国家标准跟踪评价发展历程[J].中国食品卫生杂志，2022,34(5)：1005-1009.

[22]宁喜斌．食品安全风险评估[M].北京：化学工业出版社，2017.

[23]钱和，王周平，郭亚辉．食品质量控制与管理[M].北京：中国轻工业出版社，2020.

[24]任媛媛.食品安全概论[M].北京：北京师范大学出版社，2021.

[25]邵雅文，田曼.陈君石：四十载食品安全标准之路[J].中国标准化，2016（14）：25-29.

[26]汪鹏，赵方杰.我国主要粮食作物中镉限量标准问题的若干思考[J].科学通报，2022，67（27）：3252-3260.

[27]王春雷，王坤.食品检测中农药残留检测技术分析[J].食品安全导刊，2022，（2），25-27.

[28]王春艳，韩冰，李晶，等.综述我国食品安全标准体系建设现状[J].中国食品学报，2021，21（10）：359-364.

[29]王际辉，叶淑红.食品安全学[M].北京：中国轻工业出版社，2020.

[30]王铁龙，杨倩，许凌云，等.HACCP体系蕴含思想的研究[J].中国食品卫生杂志，2022，34（4）：799-803.

[31]王智博.一种 N-亚硝基化合物总量筛选方法的可行性实验研究[D].北京：北京工业大学，2006.

[32]吴国华.食品用包装及容器检测[M].北京：化学工业出版社，2006.

[33]吴永宁.中国总膳食研究三十年之演变[J].中国食品卫生杂志，2019，31（5）：403-406.

[34]曾杨清.食品微生物检验技术[M].成都：西南交通大学出版社，2016.

[35]张东杰.重金属危害与食品安全[M].北京：人民卫生出版社，2011.

[36]张鸿雁.食品安全风险分析理论与应用[M].北京：科学出版社，2019.

[37]张水华，余以刚.食品标准与法规[M].北京：中国轻工业出版社，2010.

[38]张涛.食品安全法律规制研究[D].重庆：西南政法大学，2005.

[39]张小莺，殷文政.食品安全学[M].2版.北京：科学出版社，2017.

[40]张哲，朱蕾，樊永祥.构建最严谨的食品安全标准体系[J].中国食品卫生杂志，2020，32（6）：604-608.

[41]张正红，蔡惠钿.食品理化检验技术[M].成都：电子科技大学出版社，2020.

[42]钟耀广.食品安全学[M].北京：化学工业出版社，2010.

[43]朱军莉.食品安全微生物检验技术[M].杭州：浙江工商大学出版社，2020.

[44]Abate, G. T., Bernard, T., Janvry, A. D., et al. Introducing quality certification in staple food markets in sub-saharan africa：four conditions for successful implementation[J]. Food Policy, 2021, 105：102173.

[45]Alahi, M., Mukhopadhyay, S. Detection Methodologies for Pathogen and Toxins：A Review [J]. Sensors, 2017, 17（8）：1885-1904.

[46]Anirudhan, T. S., Christa, J., Deepa, J. R. Extraction of melamine from milk using a magnetic molecularly imprinted polymer[J]. Food Chemistry, 2017, 227：85-92.

[47]Babushkin, V., Spiridonov, A., Kozhukhar, A. Application of NIR and FTIR in Food Analysis[J]. Journal of Physical Science and Application, 2016, 6（2）：47-50.

[48]Bahmani, K., Shahbazi, Y., Nikousefat, Z. Monitoring and risk assessment of tetracycline residues in foods of animal origin[J]. Food Science and Biotechnology, 2020, 29：441-448.

[49]Benvidi, A., Abbasi, S., Gharaghani, S., et al. Spectrophotometric determination of syn-

thetic colorants using PSO – GA-ANN[J]. Food Chemistry, 2017, 220: 377-384.

[50] Bozza, A., Campi, C., Garelli, S., et al. Current regulatory and market frameworks in green cosmetics: The role of certification[J]. Sustainable Chemistry and Pharmacy, 2022, 30: 100851.

[51] Di Cola, G., Fantilli, A. C., Pisano, M. B., et al. Foodborne transmission of hepatitis A and hepatitis E viruses: A literature review[J]. International Journal of Food Microbiology, 2021, 338: 108986.

[52] Esteki, M., Shahsavari, Z., Simal-Gandara, J. Use of spectroscopic methods in combination with linear discriminant analysis for authentication of food products[J]. Food Control, 2018, 91: 100-112.

[53] Fernanda, C. O. L., Martins, A., Djenaine, D. S. Analytical methods in food additives determination: Compounds with functional applications[J], Food Chemistry, 2019, 272: 732-750.

[54] Gottstein, B., Pozio, E., Nockler, K. Epidemiology, Diagnosis, Treatment, and Control of Trichinellosis[J]. Clinical Microbiology Reviews, 2009, 22(1): 127-145.

[55] Hu, X. T., Collier, M. G., Xu, F. J. Hepatitis A Outbreaks in Developed Countries: Detection, Control, and Prevention[J]. Foodborne Pathogens and Disease, 2020, 17(3):66-171.

[56] Jalalian, S. H., Karimabadi, N., Ramezani, M. et al. Taghdisi. Electrochemical and optical aptamer-based sensors for detection of tetracyclines[J]. Trends in Food Science and Technology, 2018, 73: 45-57.

[57] Karst, S. M., Tibbetts, S. A. Recent advances in understanding norovirus pathogenesis[J]. Journal of Medical Virology, 2016, 88(11): 1837-1843.

[58] Majdinasab, M., Mitsubayashi, K., Marty, J. L. Optical and electrochemical sensors and biosensors for the detection of quinolones[J]. Trends in Biotechnology, 2019, 37: 898-915.

[59] Majdinasab, M., Yaqub, M., Rahim, A., et al. An overview on recent progress in electrochemical biosensors for antimicrobial drug residues in animal-derived food[J]. Sensors, 2017, 17: 1947-1967.

[60] Malekzad, H., Jouyban, A., Hasanzadeh, M., et al. Ensuring food safety using aptamer based assays: Electroanalytical approach[J]. TrAC – Trends in Analytical Chemistry, 2017, 94: 77-94.

[61] Mallet, V., Pereira, J. S., Martinino, A., et al. Hepatology Snaoshot: The rise of the hepatitis E virus[J]. Journal of Hepatology, 2021, 75(6): 1491-1493.

[62] Narenderan, S. T., Meyyanathan, S. N., Babu, B. Review of pesticide residue analysis in fruits and vegetables. Pre-treatment, extraction and detection techniques[J]. Food Research International, 2020, 133, 109141.

[63] Nescatelli, R., Carradori, S., Marini, F., et al. Geographical characterization by MAE-HPLC and NIR methodologies and carbonic anhydrase inhibition of Saffron components[J]. Food Chemistry, 2017, 221: 855-863.

[64] Odenwald, M. A., Paul S. Viral hepatitis: Past, present, and future[J]. World Journal of Gastroenterology, 2022, 28(14): 1405-1429.

[65] Randazzo W, Sánchez G. Hepatitis A infections from food[J]. Journal of Applied Microbiolo-

gy. 2020, 129(5):1120-1132.

［66］Santos, I. C. , Schug, K. A. Recent advances and applications of gas chromatography vacuum ultraviolet spectroscopy［J］. Journal of Separation Science, 2017, 40(1): 138-151.

［67］Sierra-Rosales, P. , Toledo-Neira, C. , Squella, J. A. Electrochemical determination of food colorants in soft drinks using MWCNT-modified GCEs［J］. Sensors and Actuators B: Chemical, 2017, 240: 1257-1264.

［68］Truong, V. A. , Lang, B. & Conroy, D. M. When food governance matters to consumer food choice: consumer perception of and preference for food quality certifications［J］. Appetite, 2022 (168): 105688.

［69］Vasilescu, A. , Hayat, A. , Gáspár, S. , et al. Advantages of Carbon Nanomaterials in Electrochemical Aptasensors for Food Analysis［J］. Electroanalysis, 2018, 30(1): 2-19.

［70］Wang, B. , Pang, M. , Xie, X. , et al. Quantification of piperazine in chicken and pig tissues by gas chromatography-electron ionization tandem mass spectrometry employing pre-column derivatization with acetic anhydride［J］. Journal of Chromatography A, 2017, 1519: 9-18.